[美] 伊迪丝·威德 著

郑昕远 译

探索
生物发光奥秘的
生命之旅

A MEMOIR OF EXPLORING
LIGHT AND LIFE IN THE DEEP SEA

EDITH WIDDER

BELOW
THE EDGE OF
DARKNESS

中信出版集团 | 北京

图书在版编目（CIP）数据

深海有光：探索生物发光奥秘的生命之旅 /（美）
伊迪丝·威德著；郑昕远译 . -- 北京 : 中信出版社，
2022.4
书名原文 : Below the Edge of Darkness: A Memoir
of Exploring Light and Life in the Deep Sea
ISBN 978-7-5217-4111-7

Ⅰ . ①深… Ⅱ . ①伊… ②郑… Ⅲ . ①海洋生物－发
光－普及读物 Ⅳ . ① Q178.53-49

中国版本图书馆 CIP 数据核字（2022）第 041637 号

深海有光：探索生物发光奥秘的生命之旅
著者 :［美］伊迪丝·威德
译者 : 郑昕远
出版发行 : 中信出版集团股份有限公司
（北京市朝阳区惠新东街甲 4 号富盛大厦 2 座　邮编　100029）
承印者 : 捷鹰印刷（天津）有限公司

开本 : 880mm×1230mm　1/32　　　印张 : 10
插页 : 8　　　　　　　　　　　　字数 : 216 千字
版次 : 2022 年 4 月第 1 版　　　　印次 : 2022 年 4 月第 1 次印刷
京权图字 : 01-2021-4485　　　　　书号 : ISBN 978-7-5217-4111-7
定价 : 68.00 元

目 录

第三卷　龙出没

与众不同的光

　　潜水器右舷传来尖锐的鸣响，我向右探过身，探查声音的源头。这声尖鸣谈不上骇人，却有些不同寻常。从过去的潜水器驾驶经验中，我早已学会关注一切**反常情况**。我所在的"深海漫游者"（Deep Rover）是一艘无缆单人潜水器，这也就意味着，除我以外驾驶器内再无其他驾驶员或船员，自然无从询问："你刚刚听到了吗？"我独自一人潜入大洋深处，距海平面已有 350 英尺[*]，目力所及一片汪洋，我正驶向黑暗。然而，那最初被换气扇轰鸣掩盖的尖鸣越发响亮，让人更加忧虑。我坐在驾驶椅的软垫上东挪西探，在这仅有 5 英尺高的丙烯酸透明球罩中奋力寻找原因。我弯下腰，几乎将右耳贴到扶手的仪器上，与此同时，双脚探入球罩深处。我竟透过袜子感觉到一种绝不愿在潜水器中碰到的东西——海水，大量的海水。

---

* 英尺，英美制长度单位，1 英尺等于 12 英寸，合 0.304 8 米。——编者注

这可谓是飞来横祸。无边的绝望与恐惧向我袭来，但幸运的是，我尚且保留些许能力，得以采取行动自救。第一步是定位进水口。问题不大：水是从我座位下方右侧一个打开的阀门处流进来的。第二步是阻断进水。到这里问题就大了：**阀门的手柄不见了！**只剩下阀杆，没有杠杆根本扳不动。海水持续从阀口灌入，不断升高的杂音证明潜水器越来越重，随着水位上升，下沉速度逐渐加快。在大脑的飞速运转下，我当即排空压载水舱并猛按垂直助推器。**还来得及吗？会不会已经回不去了？**

当然，此刻我能写下这段经历，就证明一切不算太晚。我最终抵达海面并被拖至安全地带，但过程中的恐怖与惊惧远超预料。不可否认，这段记忆至今萦绕不散。[*]作为一名海洋科学工作者，我曾数百次驾驶潜水器深入海洋，这意味着我已经屡次置身险境——并不频繁，但也足够受了。上文所述的经历不是最凶险的一次，[†]但它发生在我职业生涯的早期，险些夺走了我的生命。你或许会问，既然如此，我为何还坚持潜水？说实话，我从未想过放弃。

1984年，我第一次身穿"黄蜂"（Wasp）金属潜水服深入水下，从此便无可救药地沉迷其中。在圣巴巴拉海岸附近夜潜时，我初次兴奋地观测到深海生物发光现象。当时我悬吊在缆绳末端，身处海面以下800英尺的地方，这深度已经超出当时学界的

---

[*] 尽管如此，我发现这段记忆有助于应对高压处境。"这还不是最坏的，好歹不是潜水器进水"，后来成了我恢复客观判断力的一句"咒语"。

[†] 算是第二凶险吧。

认知范围，我的金属保护壳承受着每平方英寸*355磅†的压力（相当于 24 个大气压）。我在那里探索和了解地球上最广阔的生存空间——海洋的中层水域。我希望能看到生物发光现象，因此关掉了照明设备。眼前的景象并未让我失望。事实上，炫目的光芒简直使我眼花缭乱，也彻底改变了我的职业生涯。

***

1940 年，埃德·里基茨（Ed Ricketts）和约翰·斯坦贝克（John Steinbeck）针对科尔特斯海（加利福尼亚湾）的生物多样性组织了第一次大型科学采集巡航。两人共同撰写的《科尔特斯海日志》（*The Log from the Sea of Cortez*）记述了这次探险经历与科学发现，但该书常被误认为是斯坦贝克独自撰写的。他们租了一艘名叫"西部飞船"的围网渔船。科考过程中，斯坦贝克、里基茨和其他船员在退潮时进行大量采集工作，他们弯着腰，脑袋随视线缓慢移动，这些动作不免引起当地人的疑惑：

"你们丢什么东西了？"

"没丢东西。"

"那你们在找什么？"

---

* 英寸，英美制长度单位，1 英寸等于 1 英尺的 1/12。——编者注
† 磅，英美制重量单位，1 磅合 0.453 6 千克。——编者注

每当读到这段对话时，我总是忍不住笑起来，这主要是因为在这四十多年的海洋探索生涯中，我也常常碰到类似的提问。事实上，我甚至多次向自己提出这样的问题。

与大规模发光生物的相遇让这个问题透出一丝古老的趣味。开阔的海洋蕴藏着无穷奥妙，这是一片没有明显藏身之地的世界，每天上演着你藏我找的生死游戏。有一种成功的生存策略是白天躲在暗处，即我们所说的"黑暗边界"之下，只在夜幕降临、黑暗向浅海扩散时，才游至食物丰富的水域觅食。在缺乏藏身之地的情况下，这是一种常见的解决方案，甚至可以说构成了我们星球上最大规模的动物洄游模式。

在全球的各个大洋中，这种垂直洄游每天都在发生。日落时分，大量上浮的海洋生物连成一片，路过的轮船使用声呐探测时，常常误以为即将搁浅。太多海洋生物都采取这种生存策略，其生命中的大部分时间都在黑暗中度过。为此，它们几乎都能主动制造光亮。

无论航行至何处，若在船后拖一张渔网深入黑暗边界之下，捞上来的大多数动物都会发光。海洋广阔无垠，海面与海底之间容纳着巨量水体，构成了地球上最庞大的生态系统。因此，我们所谈论的可谓一个由"造光者"组成的世界。从这个角度来看，如果海洋中的大多数动物具有发光属性（从单细胞细菌到大王酸浆鱿），那么地球上的大多数生物都在以一种我们不理解的语言沟通交流——光的语言。

从每一位有幸亲临现场者的描述中，我们都能感受到生物发光那引人痴迷的力量。人们往往用"魔法般"来形容这番体验。有生命的光富有纯粹的魔力，让人回忆起童年时对秘密洞窟、巫师密穴和独角兽出没地的幻想——仙女环中的蘑菇燃起簇簇绿火，一挥手便从指尖迸出七彩的火花。有时，魔法也会在现实世界与我们相遇：温暖的夏夜，孩子们追寻着萤火虫；恋人们手牵手在银河下的海边漫步，闪烁的波光为沙滩上的脚印镀上一层金光；黑暗无月的夜晚，单人皮艇上每次划桨都激起蓝色的浪花，闪闪发光的液体随之飞溅。对于这些幸运的少数人而言，生物发光并非自然界中鲜为人知的隐秘怪事，而是一段最为难忘的宝贵回忆。

在我第一次深潜时，人类对于海洋深处壮丽的"灯光秀"还知之甚少。尽管测光表的观测结果以及渔网捕获到的生物（大多数已死亡）的发光器官等科学证据表明，生物发光现象确实存在，但直接的观察很少，仅有的观测成果也没能捕捉到我亲眼所见的奇观。那是一场超乎想象的光之盛宴。后来，当人们让我描述所见之景时，我脱口而出："好像美国独立日放的烟花一样！"这句毫无科学性的形容竟被本地报纸引用，让我被同事们嘲笑了好一阵子。然而在那之后，我多次带人一同深潜，已数不清有多少次听到同样的感叹——"像独立日烟花一样！"

烟花是一种非同寻常的艺术，在夜空的黑色画布上染出绚烂的光。一笔一画间飞溅的光子不仅由颜色与轮廓定义，更是由空间与时间的变化所定义。这巨幅画卷瞬息万变，不致落入黑色天鹅绒彩绘的肤浅庸俗之中。每束光都一刻不停地变换着形态，火箭般冲破天际，短暂绽放后，又如瀑布般泻下，顷刻消弭。千奇百怪的光束虽各不相同，却仍能识别出大致的形状——菊花状、棕榈叶状、罗马烟火筒状或木贼状。宛如轻爵士乐中的主旋律变换，频繁复现的图案创造出一种视觉（而非磨牙音乐般）的回声。

我曾经为一张照片买下一整本图集*。那张照片是《生活》杂志摄影师琼恩·米利（Gjon Mili）镜头下以光作画的巴勃罗·毕加索。据说，米利一直在尝试用光创作艺术，他在冰鞋上装上小灯，拍摄黑暗中起舞的溜冰者。毕加索原本对于接受这本知名杂志的拍照请求兴致寥寥，但在米利展示出这些实验后，他突然萌生了意向。毕加索被这些可能性吸引住了，最终他分5次参与了摄影，共创作出30幅光绘照片。而最初吸引我的正是其中最负盛名的一张。它拍摄于毕加索的陶器工作室，在这幅黑白图像中，著名艺术家半蹲着身子直视镜头，在黑暗中用小型照明灯泡画出一个半人半马像，其间相机的快门始终开着。那短暂的幻影便悬浮在艺术家与相机之间的空间里，或许在创作的瞬间已经消失，却被完整地保存在胶片上。

烟火是光的画作，生物发光亦如是。只不过，它并非白炽现象与人类智慧的产物，而是千百万年进化而来的冷色化学光。人类为这些奇妙的发光生物起了许多引人遐想的名字：水晶果冻水母、凤眼乌贼、胡须海魔、肩灯鱼、绿鹦鲷，还有天鹅绒肚灯笼

---

* 约翰·洛恩加德（John Loengard），《〈生活〉杂志经典摄影作品：个人解读》（*Life Classic Photographs: A Personal Interpretation*, Boston: Little, Brown, 1988）。

鲨。它们身体上有各种形式的发光结构——有的长着喷射蓝色液体火焰的管嘴；有的拥有高度复杂，看起来像包裹着肉的宝石般的眼睛状器官，其功能却是发出而非收集光；还有的身带奇形怪状却设计精良的发光附属肢体，乍一看仿佛游戏《魔域》（Zork）中的外星生命抽象雕塑。

身穿"黄蜂"第一次潜入水下时，我尚且不知那耀眼的光辉来自何处。它超乎凡世的极致之美让我只能道出"独立日烟花"这般蹩脚的赞美，这自然远远不够。

黑暗中，确实曾有闪亮的水雾与旋涡转瞬即逝，犹如烟花中的"轻爵士乐"表演，不过不是彩虹光谱中的颜色，而是艺术家的调色盘上最绚烂的蓝色混合色——蔚蓝色、钴蓝色、天蓝色、青石色、霓虹蓝色。这超自然的色彩并非阳光的反射，而是产生于自身。

况且，与观看独立日烟花不同，我不是站在远处遥望，而是身处这震撼景象的中心。事实上，我已成为**其中的一环**，因为我很快发现自己的每个动作都好比触发器，最轻微的晃动都能扩大海蓝色闪耀火花的延展范围。若是启动"黄蜂"助推器，灿烂的光流便从中喷涌而出，形成闪闪发光的钴蓝色漩涡与冰蓝色水雾，仿佛篝火添柴时腾升旋起的灰烬。但当我想打开泛光灯一探究竟时，又看不出发光的主体：这片空间内没有任何可辨认的生命形式。

生物发光现象自然是生命的产物，但在当时的情况下，发光者显然过于微小或透明，无法在泛光灯下现形。我很清楚，生命产生光亮需耗费巨大的能量[*]，因而迅速认识到这一现象绝不寻常。如此规模的能量消耗意义重大，但第一次潜水的我无从知晓这种现象到底是什么。疑云重重的谜团引诱我一次又一次地回到这片海域，欲进一步了解广阔大洋中的生命之光。而多少年来，海洋总是被错误地描述为亘古黑暗的所在。

海洋生物学或许是孩子们最感兴趣的行业之一。然而这项科学领域耗费大量人力物力，不无风险却并未得到足够的重视，其意义究竟在何方？我们到底在寻找些什么？最重要的是，我们又发现了什么？

认识大自然的愿望深藏于每个人的内心，探索与分享关乎世界运转的知识，是我们赖以生存的基础。在原始时代，人类揭示自然之谜的动力推动着基本生存技能的发展，比如寻找食物和住所，确认哪些动物会置人于死地，哪些食物可供安全食用。步入现代，我们在探索欲的引领下取得了惊人的发现、巧夺天工的发明，乃至人类历史上最卓越的成就。那么，我们又怎么可能不去探索深海——地球上最广阔的生存空间呢？

巨大的水压曾将我们拒之门外，这当然构成了严峻的挑战，但如今已被克服。高额开销是另一个绊脚石，但我们既已在月球与火星登陆上投入了天文数字，就不可能仅仅为经济问题所困。

---

* 即使在高效反应中，也需要六个腺苷三磷酸（ATP，简称腺三磷，生物体的"能量通货"）水解才能产生一个光子。而在低效的情况下，转化率可能不足其十分之一。因此，双鞭毛虫（microscopic dinoflagellate）每次闪光发出约 10^{10} 个光子，会消耗掉 600 亿至 6 000 亿腺三磷。

其实，海洋生物学面临的最大阻碍是一种普遍的错误认知，即人类对地球的考察已经穷尽，这个星球上的每一寸空间都已经过攀登、跨越与探察。有时候，这也被当作太空探索的理由之一。

而真实情况是，未知的大海广阔无垠，其范围远远超过我们已经涉足的地域。我们似乎已陷入一种矛盾的闭环——因缺乏探索而无法认识到深海那神秘奇幻、惊心动魄的魅力，结果更不可能提起兴趣一探究竟。雪上加霜的是，我们尚未了解海洋，却已开始肆意破坏。

在人类历史的长河中，我们始终先探索后开发，但这一模式在海洋中发生了逆转——尚未探清海洋环境，就率然大量开发资源。短短 60 年间，我们对海洋的改变就已超过了人类存在以来的其余 20 万年。渔船撒下足以容纳十几架巨型喷气式飞机的大网，肆意捕捞大型鱼类；用以捕捉金枪鱼、剑鱼、比目鱼等捕食者的多钩长线延伸 100 英里*，常常误伤海龟、海豚，乃至潜水的海鸟；无情的鱼叉之下，庞大而聪慧的鲸类几近灭绝；底拖网渔船拖着巨大的配重渔网横扫海底，富有生灵的水下花园瞬间化为荒芜的瓦砾堆，几百年内再无复苏的希望。

我们向海洋索取鱼虾、乌贼的同时，却"回馈"以塑料、垃圾与毒素。据估计，到 2050 年，海洋中塑料垃圾的重量将超过鱼类。大洋深处，放射性废物、多氯联苯、汞和氯氟碳化合物的踪迹屡见不鲜，已经影响到附近的生命。

---

* 英里，英美制长度单位，1 英里合 1.609 3 公里。——编者注

我们正处在大规模破坏海洋生态系统的边缘，若将地球上的所有生命比作一部精妙的机器，那么海洋生态正是其中的关键齿轮。长期以来，海洋以其浩瀚的水域保护着我们，使我们免受自身的伤害。但爆炸性的人口增长与错误的资源管理，已使具有强大缓冲能力的海洋不堪重负。

在过去的几个世纪里，海洋竭力吸收我们燃烧古老封存碳（化石燃料）而释放的大量二氧化碳，从而维持至关重要的碳循环平衡。在此过程中，二氧化碳溶于水产生的碳酸使海水不断酸化。等一等，我们必须充分理解这件事的严重性。我们正在改变足足 3 亿立方英里浩大水体的化学性质！水质的改变已经影响到食物网，使珊瑚、贝类、海蝴蝶*等重要物种的骨骼与外壳难以成形。

海洋还持续吸收着大气层中温室气体累积而产生的额外热量。温室气体包括二氧化碳、甲烷等，阻碍热量从地球表面辐射而出，像从前那样轻易逃散至太空。热量的聚集带来许多引人忧虑的影响。

海水变暖，冰川融化，海流的流向可能随之发生变化，墨西哥湾暖流（简称湾流）就是其中一例。湾流宽 60 多英里，深达半英里，输送的水量超过全世界河流总水量的 25 倍，将暖流从赤道沿北美东海岸，穿越浩瀚的大西洋，送至欧洲西北部。它以一种复杂的模式在海洋中流动，与其他大规模洋流一同构成温盐

---

* 海蝴蝶又称翼足目（pteropod），是许多鱼类、鲸类和海鸟的重要食物来源。

环流（又称输送洋流）。环流产生于盐度较高的冷水团与盐度较低的暖水团之间的密度差，在环球流动的过程中对气候产生了重大影响。流动模式的变化可能已经和日渐频发的干旱、洪涝、飓风与野火，农业与渔业的不稳定，以及人类承受的其他更深重的苦难相关联。

类似的灾难不胜枚举：塑料污染、化学污染、富营养化、过度捕捞、物种入侵、底拖网捕捞、海底采矿、深海钻探、河口与湿地破坏、珊瑚礁与海冰栖息地丧失，以及海底与陆地永久冻土 * 的融化——伴随其中微生物对有机物的转化作用，融化的冻土释放出大量温室气体，此情此景激起了我内心最深处的焦虑。或许就在不远的将来，事态将发展到一个爆发点，即所谓"永久冻土炸弹"。这就好比我曾在"深海漫游者"中遭遇的反馈闭环。一旦越过那个点，就再没有回头路了。

灾祸连连的黯淡前景已在无数书籍、科学论文、杂志文章、纪录片与社交媒体中被详细记述，却不过是蚍蜉撼树。地球已烧起熊熊大火，我们却仍只关心鸡毛蒜皮之事。这背后有几个关键的心理因素。

其中之一即是温水煮青蛙。若将青蛙直接扔进沸水中，它自然会烫得一跃而起，但若是缓慢将水加热，它只会原地打转直至被煮熟。我甚至怀疑青蛙都比人类聪明，当然我打心里愿意相信人类是聪明的。

---

* 地表以下厚厚的冻土层，富含有机物。

人类未能采取行动，还有另一个简单的原因：毁灭的警铃日益迫近，强烈的无助让人们闭目塞听。警钟长鸣，以低沉的巨响向人类寄予希望，但愿我们在意识到形势的凶险后采取恰当的制衡措施，比如征收碳排放税，并舍弃化石燃料，代之以太阳能、风能、水电、地热、核能等替代能源。但至少在必要的时间范围里，这期待显然已经落空。事实上，大自然的警示很多时候导致了相反的效果。

常言道，马丁·路德·金发动民权运动靠的绝不是"我有一个噩梦"。*但环保人士恰恰是以"噩梦"威吓民众。我们需要一种截然不同的见解，聚焦于我们的强大而非弱势。积极探索始终是人类赖以生存的关键，因此我相信，如今我们比任何时候都更需要伟大的探索者。这些探索者必将心怀乐观，超越想象的极限，寻找前进之路。他们能征服地图边缘的恐怖巨兽，以恒久的毅力应对那看似不可能完成的任务。这份坚韧不拔往往并非一腔孤勇，而是源于长久的好奇心。

在我们的人生之中，未曾探访之地始终以奇妙的未知引诱着我们展开想象。小时候，发现通往异世界大门的故事总是让我们着迷：挖出盛满宝藏的古墓的入口，发现通往秘密花园的隐秘大门，跟着兔子跳进洞里进入奇妙仙境。未经勘探的秘境始终吸引着我们。很少有人意识到，我们地球的大部分地区仍笼罩着神秘

---

* 我不确定这个说法由谁率先提出。许多人都用过这个说法，但我认为它最初来自统计学家尼克·马科斯（Nic Marks）在 2010 年发表的精彩 TED 演讲，题为《快乐星球指数》。

的面纱。海洋深处藏着地球生命最神奇的奥秘,能够回答那些我们甚至未能提出的问题。

从我办公室的窗子可以俯瞰佛罗里达州的一道海湾。我在窗边钉了一句名言:"世界不会因缺少奇迹而灭亡,却会因缺乏惊奇之心而陨落。"* 我们在地球上得以存续,有赖于与生命世界建立更深刻的联系,而惊奇之心正是其中的关键。我一直认为,生物发光能向更多人揭示这个隐秘世界的神奇之处。这些人对地球生命何以存在毫无认识,大多数人也因此漠不关心。我相信这是一盏激发想象力的明灯,能够点燃人们与生俱来的好奇心。而正是这种好奇心,定义着人类的内核。我希望生物发光能够燃起下一代探索者的想象之火,从而为未来地球生命竖起希望的灯塔。

---

* 此语通常认为出自诗人兼神学家 G.K. 切斯特顿(G. K. Chesterton),也有人认为出自科学家 J.B.S. 霍尔丹(J. B. S. Haldane)。

第一卷

看见深海

真正的发现之旅,并不在于探访陌生的风景,而在于拥有一双不同的眼睛,这也是永恒青春的唯一源泉。

——马塞尔·普鲁斯特

第一章

看见

光，究竟是**什么**？无质量之物，却承载着巨大的存在之重。它既是能量源，也是一种信息载体；既能造成伤害，也能治愈损伤。它有两种表现形式：未来的波态与过去的粒子态。真空之中，光以宇宙允许的最大速度穿行而不曾衰减。它只在与其他粒子相互作用时才会放弃能量，比如那些构成我们眼睛中视色素的粒子，而我们正是通过这些相互作用理解身边世界的。

对于地球上大多生命形式而言，光是最重要的刺激物，使世间生命呈现出当今的面貌。绿色植物利用光的能量，从二氧化碳与水中合成糖，在此过程中产生副产品氧气。大自然鬼斧神工，从无到有创造食物与可供呼吸的空气绝非易事。然而，这毕竟有些平淡。相比之下，从食物与空气中创造出炫目光芒可就精彩多了。这正是生物发光现象的魔力。当然，要欣赏这独特的魔术，你需要一种同样不可思议的东西：视觉。

在生命的角斗场上，视力是一个巨大的优势。正是出于这一原因，地球上 95% 的动物物种都进化出了眼睛。从极其微小的单细胞藻类到大王乌贼，这些生物的眼睛从直径不超人类发丝的十分之一，到大小与人的头部相当。*不同生物通过迥然相异的眼睛看世界，这也揭示出其背后的生物需求。事实上，探究不同眼睛适合观看何物，正是认识生命本质的绝佳手段。这已发展成一个名为"视觉生态学"（visual ecology）的全新研究领域。

如果将栖息于深海的大王乌贼与阳光下浅层水域的微型浮游生物进行对比，会发现眼睛大小的差异不无道理：大眼睛能收集更多光子，因此更适应昏暗的生存环境。然而，同样生活在深海的帆乌贼（Histioteuthis heteropsis，常称"草莓乌贼"）又如何呢？它因双眼极不协调而得名：朝向日光的左眼大而凸起，注视黑暗深海的右眼则小而凹陷。这似乎毫无意义，直到人们发现那只小眼睛被发光器官所环绕。较大的眼睛在上方黑暗的铅灰色海域搜寻暗淡、遥远的猎物剪影，下方的小眼则通过"内置闪光灯"照亮近处的猎物。很显然，若想构建地球最大生存空间的视觉生态学，我们必须同时了解眼睛与生物发光的本质与功能。

当我们试图弄清楚不同动物能看到什么的时候，我们会不可避免地将自己能看到的东西与之关联。然而，深海环境为科研工作带来了不小的挑战：人类的介入势必会改变附近的视觉环境。由于无法在自然状态下进行观察，我们很难提出设想。人类的肉眼适应明

---

* 以公制单位计算，分别是 10 微米和 30 厘米；以美制单位计算，前者相当于一美元钞票厚度的十分之一，后者则有丹尼·德维托（Danny DeVito）身高的五分之一。

亮的环境，这就意味着，我们在探索黑暗时，将不可避免地采用人工照明。而对于适应深海的视觉系统而言，人工照明可能好比直视太阳般刺眼。既然难以在低干扰的情况下展开观测，有时候，深入探究这些动物生存现状的最佳途径便是尽可能了解它们的眼睛。

关于眼睛，以下问题尤为重要：它们获取哪些信息，又阻隔了哪些信息？所有生物的眼睛都扮演着过滤器的角色，仅允许输入利于自身生存的外界信息流，任何不为这一目标服务的信息都**被排除在外**。例如，如果紫外线对于探测食物、配偶、捕食者等重要信息毫无益处，那么将时间与精力花在紫外线受体以及处理、解读其信息上只会妨碍生存繁衍。

以眼睛为思考对象，探究其可见与不可见，是对人类思维的一种拓展。人类能看见的世界极为有限，部分源于生物学方面的限制，更多是因为我们不知道如何去看。环境学家蕾切尔·卡森曾说："有一种方法能让我们睁开双眼发现未知的美，那就是向自己提问：**假设这是我第一次看到它，会是怎样？假设我今后再不能看到它，又会是怎样？**"当然，一个更好的方法能够帮助我们高度提升视觉感知力，那就是视力的失而复得。正如琼妮·米切尔（Joni Mitchell）所唱："我们不总是这样吗？直到失去了才知道拥有什么。"

***

琼妮·米切尔的这首《黄色出租车》发行时，我正读大学一年级。1969年秋，我进入塔夫茨大学学习生物学，梦想着将来能成为一名海洋生物学家。然而不到一个学期，我就意识到，不依靠医疗干预我实现不了这个目标。早在入学体检时，我就提到自己左腿后侧疼痛已久。我是个相当好动的人，冬天滑冰夏天滑水，因此以为是肌肉拉伤。然而，X光片却显示，我的脊椎错位了。医生双手握拳交叠，上方的拳头滑落至下方拳头的一半处，以此说明错位的严重程度。错位的部分压迫着我的左腿神经，导致我一坐下来便疼痛难忍。

我知道这伤是什么时候留下的。我在波士顿郊外草木繁盛的居民区长大，童年的大部分时光都在树丛中爬上爬下。附近池塘边*一棵年迈畸形的柳树让我情有独钟。它的树干呈45度角离岸生长，其后平行一分为二，粗壮的枝条顺其垂下，形成与世隔绝的空间，仿佛一艘完美的海盗船，也可想象为树屋或城堡。柳枝离地面大约7英尺，我曾轻松从上面跳下来几百次。但我记得在八九岁时的一个星期天，我穿着一身又蠢又累赘的褶皱裙去上主日学校。这身衣服妨碍了我正常跳跃。

从教堂回来以后，我因随后要前往一个体面的场所而不能换上我心爱的牛仔裤。但大人答应我，只要不弄脏衣服，就可以在出发前随意玩耍。我漫无目的地来到这棵柳树下，爬上树枝，但就在跳回地面的瞬间，我突然想起不能弄脏衣服。为了保持衣服整洁，我没能充分保护自己。一阵剧烈的疼痛撕裂了我的背脊，

---

* 事实上，这池塘足有41公顷，几乎可以称得上是一片湖。但在新英格兰，我们常常用"池塘"指代源于冰川消融的"锅穴湖"（kettle hole pond）。

我从未有过类似的体验。但这疼痛并未持续太久，就被我抛诸脑后。

直到大学体检，我都以为这是人人皆有的腰部酸痛。多年以来，这疼痛感一直伴随着我。大学第一学期，情况持续恶化，我既无法长时间站立，也不能久坐。我只能平躺在床上做作业，膝盖下垫一个枕头。这对形成良好的学习习惯极为不利，我常常困到不行，只能拿手边的大部头打自己的脸——这是一种有效的负面调节。这样下去显然不是办法，于是，我准备在 2 月初做一个脊柱融合手术。

***

当时我的情况急剧恶化，虽然脊柱融合手术很顺利，但我却在恢复室里走了一遭鬼门关。不到一分钟的时间[*]，我就从"还好"变成了"完蛋"。像码头上的鱼一样翻来覆去，几乎全身出血，我染上了一种名为"弥散性血管内凝血"（DIC）的血液疾病。这种病表现为血液中凝血因子过度活跃，促发小血管内栓塞，阻断重要器官供血，致病原因尚不明确，但往往与重大创伤有关。在极端情况下，凝血因子和血小板被过度消耗，导致严重出血。当时，不仅手术部位，肺部也在大出血，使我无法呼吸，就像一条出水的鱼。

事实上，我是奥本山医院**建院以来**第一个从中幸存的案例。

---

[*]　差不多是信号灯变绿到身后出租车开始按喇叭那么短的时间。

我最终挺过这场生死之战，仰赖于两个因素。第一个原因是，我的骨科大夫近期参加了美国医学协会有关 DIC 的会议，因此能够第一时间辨别症状。通常情况下，当病人大出血，医生会使用凝血剂止血，而这会加剧小血管的栓塞，增加器官衰竭的可能性。但我的医生为我开了抗凝药肝素，虽加剧了出血症状，却避免了器官衰竭。

第二个原因是，那一天，哈肯医生*大名鼎鼎的"胸外科团队"刚好来到奥本山医院。胸外科团队的首要任务是帮助我恢复心跳，而后是将我翻身至侧卧，清除肺部积血。整个过程重复了不止一次，因为我的心脏再次停止跳动，肺部也又一次灌满血液。我一共接受了三次抢救。

虽然经历了**三次**抢救，但我只有**一次**濒死的体验。临近死亡时，我出现了典型的灵魂出窍，仿佛升至半空俯视着自己。当时，另一团意识与我相伴，那是一种没有身体的非物质存在，我们共同对眼前的局势做出决断。我记得自己毫无倾向性，怎样都无所谓。有过这次濒死的经历，我开始理解宗教解释带来的诱惑。那**感受**绝不是一场幻梦，每个细节都如此真实。不过，作为一名科学工作者，我已经学会与解释不清的问题共存，决定在这个问题上保持开放的态度。

---

* 德怀特·哈肯（Dwight Harken，1910—1993）被誉为心脏外科之父。1948 年至 1970 年，他在波士顿的彼得·本特·布利格汉姆医院和剑桥的奥本山医院担任胸外科主任。这一人事变动说明，那天他与团队出现在奥本山医院倒也不完全是个奇迹——除非把波士顿与剑桥间的交通因素考虑在内。

不同人的濒死体验有许多共同点，这个现象深深吸引着我。不久之后，当我读到伊丽莎白·库伯勒-罗斯（Elisabeth Kübler-Ross）的《论死亡与临终》（*On Death and Dying*），才发现自己的经历并不特殊。不少有过此类体验的人都提到濒死体验中及之后旋踵而至的那份平静。所有关乎时间与行动的大脑活动皆已平息。临近死亡的状态让我第一次强烈感知到自己的存在，此后也再无相似的体验。我站在孤独隔绝的反面，与万事万物融为一体、密不可分。因此，直到恢复意识，我完全没有被身体的糟糕状态影响。我仿佛成了一块针垫，浑身上下插满了管子与电线，呼吸机插在喉管里，说不了话，也看不见东西。

现在想想，很奇怪当时这一切都没让我感到丝毫不安。在医生向我父母解释病情时，他们的话语听起来熟悉易懂，但不知怎的，我的内心竟毫无波澜。*其实我已完全接受了自己的失明，手术结束几天后才将这件事告诉旁人。而当我真的大声说出自己看不见的事实，似乎也不觉得这件事有多么严重。

我就怀着这样平和的心情在重症监护室躺了一个星期，而后被转移至怀曼楼儿科病房。年满 18 周岁的我本不能住在儿科病房，但只有那里有可使用的观察室，方便护士观察高危病人的情况。这一住就是 4 个月。

离开重症监护室后，医院允许家人以外的来访者探视。朋友

---

* 书呆子小贴士：我有时想，临近死亡状态是否可能是一种进化适应，在生命危急的极端关头带来理性的思考与冷静，否则肾上腺素与恐慌情绪或会导致进一步的自我伤害。

们带着鲜花来看望我，其中一束玫瑰尤为鲜艳美丽，每个进入病房的人都会谈起它。有一天，不知是谁说到了美丽的"黄"玫瑰。

等等！什么？黄色？ 我突然意识到这件事的严重程度，当即肾上腺素飙升。仿佛当头棒喝：我以为那玫瑰是红色的，但这不过是自己的**假设**。我的大脑分析区域活跃起来，迅速对我实际可以看到的东西进行评估。结论是：少得可怜。我看不到玫瑰的模样，只是凭经验想象出红色的花朵。我看不到病房的门，却根据人们进出的声音方位在脑海中将其勾勒出来。我甚至看不到面前伸出的手，只知道自己做出了这个动作，所以手应当就在那里。

我曾以为自己能看见拜访我的朋友，如今却意识到，他们不过是想象中捏造的幻影，因为我对那些每日进出病房，但我在生病前未曾见过的医生、护士和技术人员没有任何视觉记忆。眼前时而掠过短暂的光影，却没有真正的视觉信息。

***

明暗之间的惊人差异，往往在创世故事中占据一席之地。一片幽暗的虚无之中，光明乍现，万物萌发。在人类的认知中，黑暗常与混乱联系在一起，光明则代表秩序感，但这种秩序感有赖于看清并理解光之所示。能够感知明暗自然好过全盲，但这与视力健全者的巨大优势仍相距甚远。

视觉经由三个阶段产生。在第一阶段，眼睛就像相机一般，将世界的图像聚焦于一个感光面。相机依托于胶片，而我们的眼睛拥有视网膜，每个视网膜由 1.26 亿个感光细胞组成，即"光感受器"（photoreceptor）。第二阶段，光能被转换为电信号，通过一系列特定顺序的神经元传到大脑。第三阶段，大脑对这些电信号进行解析，形成心理图像。这就是视觉的目的：在物理世界与大脑这伟大的"中央处理器"之间建立联系。若要对威胁与机会做出恰当反应，从而获得生存优势，仅靠识别图像是不够的，更需要从多角度辨识事物、把握距离，计算其运动方式及轨迹，即使观察者自身正在移动。我们可能已经注意到，自己歪过头的时候，眼前的世界并没有随之倾斜，这便是人脑强大信息处理能力的一个体现。

我们的视觉系统处理信息的方式揭示出许多感官上的偏向。举例而言，相比于光的绝对强度，我们对光的相对强度，也就是对比度，更加敏感。在许多可供佐证的奇妙视觉幻象之中，我最喜欢"棋盘阴影错觉"（checker shadow illusion）。那是个黑白相间的棋盘，其中一角竖起一根圆柱。光从侧面打来，在棋盘上留下圆柱的阴影。一切看起来非常合理，直到有人告诉你，阴影中的"白色"方块与阴影外的"黑色"方块颜色完全相同。根本无人相信。若想说服自己，唯一的办法就是以某种方法擦除其余部分，因为大脑正是凭借这些线索来解读此景。比如，可以将这两个方块剪下来，并排放在一起。它们确实为同一颜色，但当我们将其视为整个场景的一部分时，大脑就会自动调整感知，提高阴影中方块的表面亮度，从而增强对比度。

在神经层面，这种对比度偏差可以通过测量视网膜神经节细胞的电活动得到检测。当神经节细胞接收来自一小块光感受器的输入时，光感受器中一小部分被光照射会触发更强烈的电反应，而整块光感受器被漫射照明时电反应明显较弱。而在链条的另一端，大脑中光学处理中心的神经元也分外关注对比度，而几乎对均匀照明毫无反应。

个体细胞还倾向于捕捉运动。若使某人面对一个静止场景，以头颅夹固定头部，以药物麻醉眼部肌肉，[*]视线所及之处毫无运动变化，那么此人基本会陷入失明状态。我们有时在放松状态下会拥有相似的体验。如果你一动不动地盯着一个点出神，不眨眼，就会感到视线边缘逐渐发白。

大脑根据投射在视网膜上的颠倒二维图像来理解三维世界，因此需要对海量模糊信息进行处理。事实上，任何视网膜成像都对应无数可能的三维形式，因此大脑不得不持续从七零八落的输入中推断信息。

最早研究大脑如何解读感官输入这一课题的是美国科学家卡尔·拉什利（Karl Lashley，1890—1958），他以学习和记忆方面的研究闻名。拉什利深受强烈偏头痛的折磨，常常痛到失明。在一次发作中，他发现了一个有趣的现象：虽然视域中心的完全失明区域遮住了面前同事的头，他却看到同事身后墙纸上的垂直条纹正好穿过消失的头部。如果能看到他的头，这些条纹本该被掩盖掉，但由于失去了实际输入，拉什利的大脑根据周围视界进行了推测填补。这是人类大脑的一个妙招，我们则应该在此驻足，

---

[*] 记得征询人家的同意。

好好想想这样一个问题：我们所看见的，有多少已被我们希望看见的所歪曲？

***

我的视力恶化尚处于初期。出血点位于（通过角膜和晶状体）聚焦光线的眼球前部与后部视网膜之间的较大区域。该区域被称为玻璃体腔，其中充满无色透明的凝胶状物质，即玻璃体液，主要功能是维持眼球形状，使光线不受阻碍地传送至视网膜上，并使之精确聚焦。

视觉的形成有赖于比较不同方向光线的能力。此处有两个决定性因素：敏感性与分辨率。敏感性是指产生一个可识别信号所需的光子数量，分辨率则类似于构成一张照片的像素数——在这里具体指单位视网膜上光感受器的数量，以及眼睛光学系统创造的图像的清晰度。

我眼中渗进的血液吸收并散射光线，导致敏感性和分辨率双重受阻。我的右眼尚能看到一丝光亮，但左眼前方出血严重，基本看不到东西。我的视野中是一片黑暗与无意义亮光交缠的旋涡。

悲惨的是，医生们无法为我的眼睛做出明确预断。玻璃体液中含血量过高，他们看不到视网膜，也就无法确定视网膜是否脱落。他们只会说，身体自会清除玻璃体腔中的血液，但可能需要几个月的时间。现在能做的，只有抱着希望等待。在重大创伤恢复的过山车上，我只能拼尽全力抓紧扶手。这是一趟恐怖怪异的旅程，我无数次直坠深渊，却鲜少上升。

后来，医生们发现我的手术部位大面积感染，需要紧急手术。由于全麻可能再次引发弥散性血管内凝血，我仅仅接受了局部麻醉。手术过程异常恐怖、剧痛难忍*，每隔一天进行一次，持续了整整一个月。与此同时，我接受着最大剂量的抗生素静脉注射，这些抗生素烧损了我的静脉，需要用针头多次戳刺维持注射。我对不同的抗生素产生了各种引人注意的不良反应，包括皮疹和疖子。好不容易熬到痛苦消退，我又患上了血清性肝炎，主要是因为此前接受的 23 次输血。伴随肝脏的剧烈疼痛，我呕吐不止，全身泛黄，仿佛用了廉价的美黑喷雾。

而就在这样的时候，医生告诉我，脊柱融合手术情况不佳。融合手术使用的"胶水"应该是由我髋部取下的骨片制成的，装在我的椎骨周围。然而，医生遗憾地向我解释道，我在恢复室桌子上经受的翻转治疗导致骨片飞出，X 光片显示，几乎什么都没融合。这简直是毁灭性的打击，无法想象，我承受的一切都毫无意义。

一切都失去了控制，我逐渐意识到自己拥有的唯一力量是心态与观念。专注于小事极为重要，而那些事关全局的大问题，光是想想就让人恐惧难安。我就像被困在悬崖边，不知要爬多久才能抵达安全地带。此时，最好的建议是不要向下看，否则会产生

---

* 要么是他们没给我注射足够的局部麻醉剂，要么是我的大脑将压力转化为疼痛。很久以后，当晚值班的一位外科护士承认，对于给我开刀后看到的景象，她此前闻所未闻。她说，清除所有坏死组织后形成的空腔足以伸进一整个拳头。

眩晕；最好也不要向上看，如果一眼看不到尽头的话。我意识到，自己唯一能做的就是集中精力寻找下一个抓握点。

这种转移注意力的能力成为我之后应对无尽挑战的关键策略。我没有紧盯着那毫无确定性的暗淡前景，也不去向后看，纠结于我所失去的一切，而是集中全部精力停止恐慌。后来的人生中，这种精神管理技巧也对我大有裨益。

***

人类的大脑被称为宇宙中最复杂的结构。我们对宇宙所知甚少，所以这个说法很可能是夸大其词，但大脑的细胞集合毫无疑问令人赞叹。我们眼中的现实只是大脑的一种构想。所有流入我们感官的数据都经过了大脑的过滤，我们无法认识到自己对世界的认知在多大程度上因此受到扭曲。

如果你认为自己的感官体验是对世界的真实解读，那么请想一想：来自人体各感官的电信号传导速度并不一致，它们不会同时到达大脑，但大脑却会进行调整，让你以为它们是同一时间到达的。举例而言，你看着自家小狗咬了自己一下，不管咬的是鼻子还是脚趾，你看见自己被咬和感到疼痛是同时发生的。但事实上，疼痛信号从脚趾传到大脑的时间比从鼻子到大脑的时间长（大约多出 30 毫秒）。除了应对传导距离差异，大脑还必须对不同的处理时间进行协调。大脑处理视觉图像的时间几乎是处理声音的 5 倍（前者需要 50 毫秒，后者仅需要 10 毫秒）。另一方面，光在空气中的传播速度比声音快 88 万倍，这就是为什么你会先看到闪电，后听见雷声。鉴于这些差异，人类感知外物的理想位置大概距观察者 30 英尺至 50 英尺，这就是所谓的同时性视域（horizon of simultaneity）。若是不足这个距离，你应会先听到后看见，而较远的地方则颠倒过来。然而，如果你看到别人拍手，不管他们近在眼前还是远在 50 英尺之外，大脑都会告诉你，视觉与声音是同时发生的。如果你并未对此感到惊奇，那么请闭上眼睛，试着把生活想象成一部音画不同步的电影。

关键问题在于，我们的大脑并非感官输入的被动接收者。我们如何体验这个世界是感官与大脑间对话的结果，即将外部世界的数据与来自人体内部"中央处理器"的计算与预测结果相结合。这种对话的演变有利于提高我们的生存概率。我们只会看到、听到、闻到、尝到和感受到我们需要的东西。很多东西被隐藏在后，但只要我们选择去**看**，人类的聪明才智就可以帮助我们发现被直接感受掩盖的东西。

***

康复的过山车上少有攀升，即使有，也很难产生信任，因为我知道随时可能被新的并发症拖回原地。我根本不知道视力何时会恢复，这个过程缓慢而痛苦。一开始，我的眼前就像有一幅厚重肮脏的蕾丝窗帘，不停移动。但若试图盯着不动的方位，就能通过右眼收集足够的画面片段拼凑出一个图像。等到视力最终恢复，父亲为我带来一本名为《爱情故事》（*Love Story*）的小说。他是看上了这本书的篇幅，却不知道故事中的女主人公死于血液疾病。薄薄的一本书，我却看了很久。我不得不将手指放在每个单词下方，等待那片血幕上短暂破开一个洞，但最终还是读完了。把书读完本身就是一种胜利，悲伤的结局也没给我带来什么影响。

最好的消息出现在 5 月初，我终于第一次坐了起来。为此，我被套上一个形似紧身衣的背部支架作为支撑，补偿我损失的肌肉量。我被告知背部肌肉的 50% 已被感染吞噬。洞口已开始被瘢痕组织填满，每隔几天就要更换一次无菌敷料。这一天，我已经等了几个星期了。医生带着支架来到病房，将支架滑到我身下绑好，等我侧躺身子，双腿伸至床边，将我转为坐姿。这是我 3 个月以来第一次直立上半身。坐在那里体验竖直的感受时，我最喜欢的一位护士从病房路过，我叫住她："嘿，阿德里安娜，快看看我！"快乐的泪水模糊了我的视线。

确实非常值得高兴。之前的结论受到严重质疑，医生所说的脊柱融合术失败并不是真的，我反而成了一种意外医学现象的受益者。背部的大规模感染使融合部位产生了更多钙化，尽管大部分骨片已经散开，但仍有少数留在原处，足以成为骨质生长的种子，形成一个坚实的融合体。

5 月底，我终于出院。视力恢复了许多，乘车之旅仿佛一场视觉的盛宴。我在 2 月初进入医院，当时树木光秃秃的，路旁还有积雪。如今万物复苏，绿意盎然，树叶焕发着色彩与生机。我迫切地想要吸收这一切，右眼前厚重的"蕾丝窗帘"已经破裂，变为悬浮的黑点在视野中飘荡，仅仅让我分神，并不会造成阻碍。我的左眼情况也在好转，更多光线投射进来，尽管往往位于边缘而非中心。汽车转入绿树成荫的街道，我家白色的双层木板房映入眼帘，步道旁栽种的鲜红郁金香正在盛放，谦卑的感恩与欣喜之情瞬间溢满我的内心。就连看到通往前门与我二楼卧室的两段楼梯都令我振奋不已。第一次上楼困难重重，但随着时间的推移，这变得容易许多，令我斗志昂扬。被"囚禁"了4个月后，我急切地想要来到室外。回家5天后，我努力走到池塘边那棵自己以前常常攀爬的树下，拍了拍它。

如今，那棵树早已被砍倒清除，换成更普通的树木。但我的感知已超越了现实，还能回想起那枝干的形状与方位，树皮的褶皱，以及伸向池塘的树根散发的泥土气息。从医院回来以后，我对拥有正常视力产生了更深的感恩之情，怀着这种感受望向那棵树，唤起了我对**所见之物**更深入的思考。

我们通过感官与自然建立联系，但这并不是**看见**事物的唯一方式。时间为我的记忆增添了更多层次，扩展了我对树木本质的认识。我知道一棵树如何将水与营养从根部输送至叶子，又把糖从叶端带到根部，也知道柳树皮藏有类似阿司匹林的化合物，这些都为记忆注入了新的意义。

在所有生命体中，树木最常用于象征人类与自然的联系，这背后的原因显而易见。诗人与环境保护主义者为"一棵名为生命的树"写下颂歌，因为树几乎是每个人都亲身接触过的生命体。但是，我们已对自然造成了巨大影响，我们要如何相应地与其建立起更广泛的联系呢？我们生活在一颗海洋星球上，却对其实际意义知之甚少。这是一个生机勃勃的海洋世界，充满了与人类迥然相异的生物，与其建立联系是一场艰巨的斗争。

我们的存在，一定程度上取决于我们选择如何感知世界。我们相信自己看到了世界的原本面目，其实不然。我们看到的世界，来自我们存在的需要。至少曾经如此。然而，世界变化如此之快，我们需要从宏观层面来认识是什么使生命得以存在。仅仅依靠树木，已不足以了解大自然的复杂运作方式，必须将海洋与其不计其数的神秘奥妙纳入我们更加广阔、不设限的视野之中。若只盯着海洋的表面，而不知闪耀在海洋深处那错综复杂的生命之网，便是对海洋奇迹的漠视，也是对海洋为我们存在所做贡献的忽视。

第二章

要有光[*]

为了防止起雾，我向防护面罩内吐了口唾沫，然后抹开。太阳刚刚从地平线消失，天色迅速转暗。那是 2012 年，我和同伴们候在加勒比海萨巴岛附近的一艘潜水船上，因为我提出，在这里或许能够目睹生物发光现象。不过，这是我第一次在这个海域下潜，并不能完全确定。我们穿戴好潜水设备，从船上滑入温暖的热带水域。

我在水面上漂浮，急切地扫视着 10 英尺以下的沙底。就在这时，仿佛有什么东西从余光中掠过。是沙砾的反光吗？一旦从正面直视，它似乎又消失了。但没过多久，哪里又闪了一下，接着又是一下。随后我听见一声惊呼："哎！快看啊！"越来越多的蓝光如一串串发光的香槟气泡般从海底升起，有人对着呼吸管发出一声闷呼："哇！"一时之间，我们被无数转瞬即逝的光彩

---

* 拉丁语是 fiat dux，更确切的意思是"要创造出光"，见《创世记》1:3。

包围着，观看了一场海萤的交配表演。

这些光彩夺目的小生物是被称为介形纲（ostracod）的甲壳动物，不比芝麻大多少，却能产生大量的光。正如它们的俗称所示，海萤就像陆地上的萤火虫，以发光吸引配偶。这场灯光秀由雄性求偶者上演，黄昏时分从加勒比海的珊瑚礁、海草和沙地间浮现，游动间喷射出离散的光团——由海萤生成的化学物质与一点点黏液混合而成。点点亮光顺次明灭。船上的一部分人此前从未见过生物发光，顿时被迷到神魂颠倒，又不免产生许多困惑。

我人生中第一次看到生物发光是在自家的后院里。温暖的夏夜，萤火虫闪烁着情人间的密语，我赤脚追奔，刚刚修剪过的草地散发着醉人的清香——正是它们构成了我的童年回忆。这些有生命的小灯笼很容易捕获。我可以双手拢住一只，透过手掌的缝隙窥看它发光的腹部。这只小虫子为什么能发光呢？我惊叹不已。这个问题很难回答。就算为了解开谜团将其肢解，手中留下的也只会是一只不再发亮的萤火虫的尸体。*不过，将它捧握在手心里，至少能参透一条细微的线索——生物发光是一种冷光。这让人十分惊讶，从我们对太阳、蜡烛和白炽灯的了解来看，光往往与热联系在一起。但事实证明，二者并非不可分割。

一切光皆来自原子。想象一下简单的玻尔原子模型，带负电的电子围绕着带正电的原子核运行，轨道呈同心壳层结构。与原子核距离的不同代表着能量水平的不同，轨道距离越近则电子能

---

* 道格拉斯·亚当斯曾对猫做出如上敏锐的观察，但这同样适用于萤火虫。

量越小。一个电子如果吸收了足够的能量，就会跃迁至外部轨道。当其回落至基态时，将以一种名为"光子"的形式释放能量。一切光都产生于这一基本过程。不同种类的光之间唯一的分别在于电子最初如何被激发出来。

比方说，在蜡烛火焰与老式灯泡中，电子由热能激发。在这种情况下产生的光被称为"白炽光"。正是因为该来源十分普遍，我们才将光与热联系在一起。但光也有其他激发方式，其中"化学发光"就是由化学反应激发的。生物发光属于一种特殊的化学发光，只是产生光的化学物质是由生物体合成的。只发光不发热的荧光棒是另一个好例子，其中的化学物质则是由人类制造的。

任何非白炽光都被归入"冷发光"的范畴。除生物发光与化学发光外，更有声致发光、摩擦发光等更加鲜为人知的冷发光现象，前者由声波诱发，后者由化学键断裂引起。*不过，荧光与磷光这两种更为常见的冷发光形式往往被与生物发光混淆。事实上它们并不相同，这二者的激发能量来自光，而非化学反应。

荧光通过吸收一种颜色的光释放出另一种颜色不同、波长更长（能量更低）的光。例如，黑光海报是吸收了肉眼几乎不可见的紫外线（因此被称为"黑光"）而重新散发可见光。荧光灯之所以被称为荧光灯，是因为玻璃管内部涂有荧光材料，吸收管内

---

* 若想体验摩擦发光，可以给自己买一些环形薄荷糖（不能是无糖的），找一位朋友和你待在黑暗的房间里，看着你张开嘴咀嚼糖片。或者，你也可以放弃这种增进友谊的方法，直接用钳子把薄荷糖碾碎。

气体原子发出的紫外线光子，从而散发可见光子。这是在几乎不释放红外光（热）的情况下完成的，所以在触摸荧光灯泡时我们不会被烧伤。

磷光**并非**生物发光，尽管这两个词常常被误作同义，这种误解非常普遍，几乎成了谣言。磷光与荧光相似，也由光激发，但在重新发光时额外增加了延迟，许多用来吓人的万圣节夜光饰品和玩具都利用了磷光。磷光与生物发光之间之所以产生混淆，部分原因在于生物发光被描述为与"液态磷"相似。某些形式的化学磷会产生暗淡的光芒，因此，"磷光"一词最初用以指代未燃烧即可发光的事物。而事实上，磷的光芒**并非磷光**，而是一种化学发光反应。

我常常觉得，生物发光（英文"bioluminescence"）这个专有名词拼写复杂、发音拗口，一定程度上降低了它的传播度。找不到一个可供替换的词语让我苦恼不已。几年前，我与一位艺术家合作，共同出版了一本生物发光主题的填色书，其中使用了夜光颜料。这本书的主要目的是分享那纯然惊奇的体验，我在取书名时颇费了一番功夫。开始想用《生命之光填色书》（*The Living Lights Coloring Book*），随后担心被误以为与宗教相关而放弃，最后选择了一个更加科学、准确却有些生涩的名字，《生物发光填色书》（*Bioluminescence Coloring Book*），也难怪仓库里还积压着几千本没卖出去。

相比之下，在生物发光反应中，产生光的化学物质名称倒不算太复杂：萤光素和萤光素酶。该术语由法国生理学家拉斐尔·迪布瓦（Raphaël Dubois，1849—1929）开创。正是他带领生物发光研究步入了现代阶段。他先后以会发光的甲虫和蚌为研究对象，证明它们用以产生光的化学物质能够通过实验手段提取出来，其中包括冷水及热水提取。使用冷水研磨组织时，他观察到发光现象持续了几分钟，随后消失。而热水提取物并未产生光亮，但他发现如果将已熄灭的冷水提取物与热水提取物混合，就可以再次发出光芒。

迪布瓦将热水提取物命名为"萤光素"（luciferin），冷水提取物则称为"萤光素酶"（luciferase）。这两个词源于"lucifer"，在拉丁语中是"带来光明"的意思［由"lux"（光）和"ferre"（带来）组成］，后缀"-ase"通常用于命名酶。酶是一种结构复杂的大分子，受热后会失去稳定性，而酶底物（substrate）通常是较小而稳定的分子。因此，迪布瓦做出以下推论：（1）虽然酶与酶底物最开始都存在于被磨碎的冷水提取物中，但酶底物（也就是萤光素）短短几分钟就会被消耗殆尽，光也会随之熄灭；（2）热水提取物最初并不产生光，因为热量改变了酶的性质，只留下耐热的萤光素；（3）因此，热水与冷水提取物混合在一起，相当于将耐热的酶底物萤光素与不耐热的萤光素酶相混合。

迪布瓦的术语至今仍在使用，但偶尔会引起混淆。人们容易以为它们意指特定化学品。其实并非如此，这两个术语泛指任何生物发光酶和酶底物，种类繁多。

引起生物发光的化学物质如此之多，也印证着该现象的重要性。产生光的能力对于生存至关重要，在生物进化史上，这种能力已被独立选择了 50 余次。这正是所谓"趋同进化",即亲缘关系甚远的生物为适应环境而演化出相似的特征。举例而言,尽管鲨鱼和海豚有着相似的流线型体形,鳍的形式与功能趋同,但这并不因为是它们遗传关系密切。毕竟鲨鱼属于鱼类,而海豚是哺乳动物。真正的原因在于,这种特殊的身体构造很适合在水中移动,使生物具备捕获更多食物、躲避捕食者的优势,从而延长寿命,将 DNA(脱氧核糖核酸)传递下去。

至于生物发光特性,则是许多截然不同的动物在以同样的方式解决在黑暗中生存的问题:自己创造光。在介绍进化论的教科书中,趋同进化的一个经典案例就是眼睛,如乌贼和章鱼(无脊椎动物)的眼睛,以及鱼类和人类(脊椎动物)的眼睛。两种类型生物的眼睛都类似于照相机,眼睛前部都有虹膜和晶状体,可以将光线聚焦至后部的光感受器上。但不同的是,头足纲动物眼睛的光感受器是朝向晶状体的,而脊椎动物的光感受器则背离晶状体,这是它们彼此独立的起源的鲜明证据。

事实上,眼睛已独立进化了 50 多次,出现在水母、扁虫、苍蝇、软体动物、鱼类、鲸等不同的动物身上,形式千差万别,从简单的小坑、眼点到更为复杂的相机式眼睛,再到由成千上万个聚光单元组成的精密复眼(有时也称为虫眼),与已知的生物发光独立进化规模相似。但是,它们之间也存在显著的区别:任何生物的眼睛都离不开同一种化学成分,即名为"视蛋白"(opsin)的光敏蛋白;相比之下,不同种类动物产生光的萤光素与萤光素酶则是不同的。

种类纷繁的动物独立演化出各不相同的化学系统，这不仅是生物发光重要性的明证，更是科学研究的珍贵宝库。好似普罗米修斯从宙斯那里窃取火种赠予人类，科学家们也已寻求各种方式对生命之光加以利用，从发光生物体中提取化学物质用以照明，观察细胞的内部运作，检查生命活动进程与关键分子结构。

从某种发光水母体内提取的绿色荧光蛋白（green fluorescent protein，GFP）极大推进了细胞生物学的发展，这一发现的影响力甚至可与显微镜比肩。发光的海萤则为医学界提供了一种肿瘤组织成像方法，并可测试抗癌药物在单只动物体内的治疗效果，从而避免在不同阶段牺牲大量动物实验体。陆地萤火虫发光的化学机制已被常规用于检测细菌污染，同时还有一个不太常规的用途：探测火星上是否存在生命。相似案例不胜枚举，还有太多生物发光的化学原理等待被发现，太多突破性的新应用等待被开发。

然而，即使我们已经确认是哪些化学物质致使生物发光，仍有一个问题未能回答：**这是怎样做到的？**声称我们懂得 x 是因为我们知道 y，这简直像是在说我们懂得汽车如何运作，因为我们知道它依赖汽油一样。事情没有这么简单。

幼年时代关于萤火虫发光的思考，并不是我长大后从事另一有机体发光机制研究的原因。甚至可以说，在遇见萤火虫之后的近 20 年里，我从未思考过动物如何发光这一问题。在失明以后，我才开始痴迷于生物发光现象。

***

出院后，我看待世界的方式已彻底改变，时而为拥有视觉而欣喜若狂，时而又陷入一种陌生的怀疑情绪中。我恢复了视力，却失去了年轻时那感觉**一切**皆有可能的强大自信。血的教训让我认识到**任何**事物都有两面性，也使我感到必须考虑潜在的负面结果，永远保留一个 B 计划。

大二秋季学期回到塔夫茨，我从海洋生物学系转专业到医学预科，足以证明我的世界观变化之大。虽然从结果来看，这只是一次短暂的迂回，但当时的我无疑经历了人生方向的重大转变。毕竟从 11 岁起，我就树立了成为海洋生物学工作者的坚定目标。

那年我本该升六年级，却经历了一场改变人生的旅程。在此之前，我在学校的表现平庸无奇，因为讨厌上学，我很少认真听讲，每天上课做着白日梦，直到放学回家。但就在 11 岁那年，一场旅行让我从浑浑噩噩的白日梦中醒来。我父母都是数学博士，父亲在哈佛大学任教，那一年刚好公休。母亲为了照顾我和哥哥放弃了全职教学工作，此时又辞去了在塔夫茨大学的兼职，与全家出国游玩。*

哥哥比我大 11 岁，前一年已经结婚成家，于是只有我与父母同去。我们计划先用半年时间来旅游，后半年暂居澳大利亚，因为父亲获富布莱特奖学金在墨尔本大学进行学术交流。我将离开学校长达一年，父母便成了我的老师。在那个年代，在家教育

---

* 回国几年后，她在马萨诸塞大学波士顿分校重获全职教职。

尚不多见，甚至有点不合常理。然而，由于六年级的重点课程是世界历史和数学，我这趟旅程就是要与一对数学家夫妇探访世界名胜古迹，学校勉强承认我大概能补上这一年的课，准许我假期结束后不必留级。

一路上，世界的可能性在我面前徐徐展开。如果说童年时代的我梦想着成为女佐罗，那么此时我的白日梦已逐渐向成年人的野心过渡。欧洲的宏伟艺术、埃及的考古奇迹、印度的人类苦难，以及澳大利亚奇妙的野生动物，让我一会儿想成为艺术家、考古学家，一会儿又想从事人道主义工作，或是成为生物学研究者。澳大利亚对我影响最深。考拉、袋鼠、袋熊、沙袋鼠、小蓝企鹅、黑天鹅、鹩鹊、色彩明艳的鹦鹉群，以及最离奇古怪的鸭嘴兽……与这些生灵的相遇，加深了我对动物的迷恋。还有什么能比鸭子嘴巴、海狸尾巴和水獭脚蹼的组合更诡异呢？还真有，那就是雌性鸭嘴兽竟然既像爬行动物那样产卵，又如哺乳动物一般产奶喂养幼崽，而雄性鸭嘴兽则用后腿上的毒刺彰显自身的雄性魅力。

斐济的珊瑚海岸（这名字十分恰当）是旅行的最后一站，正是在这里，我的梦想从生物学家转变为海洋生物学家。我们住在海边的一间茅草屋里，敞着窗户，每张床都罩有蚊帐。白日里，我可以在珊瑚礁上自由漫步，但如今回想起来，我常为旅游区老板的无知感到惊愕：他们竟允许甚至鼓励游客们穿着运动鞋，退潮时在平顶的火珊瑚礁上走动。那时斐济的珊瑚礁尚壮观宏伟，但多年以后，我已无心回去，因为我知道留下的只有昔日辉煌的残影罢了。

五彩斑斓的珊瑚礁仿佛生命的万花筒，遍布自然的奇观。一眼望去，注意力根本无法集中在某一点，随时会被其他的美妙景色吸引过去。粉色、紫色和金色的珊瑚繁复交叠，织成网状的穹顶。这里有玻璃般清澈却深邃的潮池，如同一间间独立的热带水族馆，里面住着色彩明艳的热带鱼、触须纤长优雅的美人虾、钴蓝色的海星，还有足以将我整个吞下的巨型砗磲，每只砗磲都有一扇精致艳丽的贝壳，仿佛由内而外散发着天蓝色、绿色、靛蓝色和金色的光芒。*

在一片浅水池中，我发现了一条尤为奇特的鱼，身上有着白色与焦黄相间的条纹，鳍条向四方放射。潮池中的其他鱼往往在我凑近观察时飞快游走，但这只顽皮的小家伙却只是抖开鱼鳍，抬头盯着我，仿佛在说："有事吗？您想干什么？"我只想赶紧和父母分享这一奇妙发现，但这里距小屋有一定的距离。我担心等把他们领回这里，这条鱼就不见了，于是小心翼翼地将它引至随身携带的一个塑料袋里，提在手中。但没过多久，我害怕它会窒息而死，便轻轻放了回去。

几年之后，我在水族馆又一次看到了它，水族箱上写着这是一条蓑鲉，精心打造的彩色外衣彰显着鳍棘的毒性。如果当时我的举动不够温和，或许海洋生物学家的生涯还未开始就已经结束了。事实上，正是出于这种观察奇妙生灵的热情，我开始努力学

---

* 这种光芒有时会被误以为是生物发光，但实际上是阳光触发的荧光。

习，取得了从事海洋生物学所需的成绩。

出院后我放弃了这长久以来的梦想，本该万般痛心，但其实不然，至少一开始心情不错。挣扎于生死线的记忆依然清晰，我仍渴求更多安全感。没有人能准确告诉我成为一名海洋生物学家需要具备哪些素养，我也不知道职业前景如何，相比之下，"成为一名医生"的道路已有无数前人走过，路标清晰。

在所有医学预科课程中，我最喜欢人体生理学。这门课讲授了生物体的运作方式，让我非常着迷。我还兴致盎然地报了一门选修课，名为"行为心理学"。授课教师内德·霍奇森（Ned Hodgson）讲故事的水平与教书同样优秀，常常在教授神经学基础时穿插些个人趣事，大多幽默轻松而引人深思。曾有一次，他在课堂上分享了自己取得科研突破的经历，课题是昆虫如何探测环境中的化学物质，其研究结果发表在著名的《科学》期刊上。听他在讲台上讲述着获得全世界此前无人知晓的新发现时的那番情景，我也跟着心潮澎湃。我清晰地感知到他溢于言表的惊奇与喜悦之情，这份刺激令我心向往之。

这堂课重新点燃了我对动物的热情，直接导致我告别了医学预科，大三时报名参加了内德参与开发的另一门课"热带海洋生物学"。这门课开设于塔夫茨大学的 1 月小学期，地点在巴哈马比米尼群岛的勒纳海洋实验室（Lerner Marine Laboratory）。该实验室是隶属于史密森学会的实地考察站，对于心怀海洋生物研究之梦的学生而言，简直是应有尽有：种类繁多的海洋生物遍布在清澈的热带水域——霓虹色的热带鱼、海鳝、鲢鱼、短吻柠檬鲨，还有我们的常驻海豚，名叫查理·布朗。这是完全沉浸式（我在双关）的课堂，可以说史无前例。内德与其他教导员也会讲些课，带我们前往实地考察，但大多数时候，我们都是通过在珊瑚礁、红树林栖息地以及海草草甸中潜游来了解它们。

卧床数月，又被护背束缚很久，此次下水，我为那失重漂浮的自由感深深陶醉。我恢复了健康，又能看得见了，左腿也不再感到疼痛。虽然背部有时会痛，但比记忆中要好太多了。崭新的现实给我带来了巨大冲击。记得某次潜水时，我感到自己就像被三位圣诞精灵造访过的吝啬鬼斯克鲁奇，重新有了活着的真实感。"我一定要试试头朝下倒立！一定要试试！"这位吝啬鬼大声叫喊着，向上甩动着双腿——这在水下相当容易，只是我被高纯度的喜悦冲昏了头脑，狂笑不止，让面罩进了水。我把水排干后继续下潜，一点点懊恼丝毫没有影响内心的喜悦。*

当课程接近尾声，分别在即，我们万分沮丧。在寒冬时分回到新英格兰可谓最糟糕的热带减压法。此外，还有一件小事始终困扰着我：返校读大三后的第十天，我将和男友结婚。

***

---

* 我并不是"被麻醉了"，也就是说我没有陷入氮麻醉（nitrogen narcosis）。据说氮麻醉会使人过度兴奋，做出把氧气调节器让给看起来缺氧的鱼这种傻事。我当时刚刚潜下 20 英尺，就算在更深处也没出现过这种麻醉症。

我和大卫从高三毕业后开始约会。他是个聪明、幽默的男孩，也是体操队成员。那年夏天，我教会他如何滑水，他教会我如何接吻。假期结束后，他去海军服役，我则来到塔夫茨大学。我们来自截然不同的阶级背景，出身中上层学术家庭的我与成长于工人阶级大家庭的他原本没有机会走到一起。大卫的父亲是一名消防员，身有残疾；母亲也因患脊髓灰质炎落下了残疾；家里有五个孩子，鸡飞狗跳地挤在三室一厅的小公寓里。尽管如此，我们仍互相写信保持联系。我手术结束后，他每天与我母亲或他母亲通话，密切追踪我的最新情况，话费高到他快付不起了。他坚持**每天**给我写信，我只得拜托别人读给我听，有时非常尴尬，因为大卫与大多数男人不同，他善于用语言和文字表达内心深处的感情。这个优点日后将为我们构筑起幸福而长久的婚姻，但在当时却让我不知所措，甚至异常窘迫。

　　从新兵训练营与海军军医学校相继毕业后，大卫被分配至波士顿的切尔西海军医院，我们又能时常相见了。多亏了他的帮助，我才能在出院一年后重新潜水。我们没有船，要开车到格洛斯特或普利茅斯岩石海岸的潜水点。在术后康复期，我还不能负重，只得由大卫一个人将我们的全部装备费力搬过岩石，拖至岸边，待我下水后再将气瓶放在我背上。

　　在大三前的假期，大卫向我求婚了，至少我是这样**以为**的。一次野营旅行时，我们躺在篝火旁，大卫用诗意的口吻表达对这场旅行的喜爱：我们应当相伴走过更多的旅程，**若能每天早晨一同醒来，那该多么美好**！我本以为这只是一句浪漫的情话，在他说到重点之前就昏昏欲睡了。但他从来不缺自信，就这样将我的无言当作默许。我在回家以后才意识到自己被人求婚了，大卫对我母亲说："我们订婚了。"

那时，我真没打算这么早结婚。我当然希望**某天**步入婚姻的殿堂，但要等到博士毕业后，就像父母那样。更何况，大卫是我唯一吻过的男孩啊！我无法自拔地爱上了他，但又怎么能确定他就是我**命中注定**的爱人呢？谁都不可能第一次就找到真爱，不是吗？但另一方面，我又担心他**的确**是那个对的人，我对好运缺乏信心的话就会错过。住院经历让我领略到生命的无常，要在还拥有的时候学会珍惜。

在比米尼群岛终日潜水时，这些问题始终在我脑海中漂浮。同一时间，大卫则在两边母亲的帮助下操办了婚礼的全部准备工作——那将是一场小型的教堂仪式，只邀请直系亲属与几位密友。我的心情太过矛盾，甚至没在动身去比米尼前买好婚纱，只从未来的嫂子那里借了一件不合身的蓝色伴娘服。

按计划大卫应在机场接我，但当我下了飞机，他却不见踪影。走向行李领取处时，那些有关婚姻的问题与疑虑已完全占据了我的大脑。就在这时，我看到了他。他身穿海军外套，一步三个台阶地从自动扶梯上飞跃而来，超乎寻常地英俊。他把我抱起来转了一圈，巨大的离心力把一切疑虑甩出大脑。最终，虽然我从未说过"是"，但确实讲出了"我愿意"。这是我做过的最聪明的决定。

***

1973 年，我从塔夫茨大学毕业，大卫也从海军退役。我一路向着生物发光研究曲折前行。我俩都在波士顿地区工作，他就职于格雷斯化学品公司（W. R. Grace），我则进入哈佛大学医学院。我们做了两年实验室技术员，而后大卫被布鲁克斯摄影学院（Brooks Institute of Photography）本科录取，我也进入加州大学圣巴巴拉分校电子工程专业攻读硕士，我们便一同驱车前往圣巴巴拉。

之所以选择电子工程，是因为我认为有必要为自己留一个 B 计划。我的 A 计划是获得神经生物学的博士学位，以从事海洋生物的行为生理学研究。而随着我对电子学的兴趣越发浓厚，B 计划也随之确立下来。此前，我一直自学相关知识。我的想法是，如果最终能够顺利完成 A 计划，机器设备相关的知识背景在神经生物学的研究中无疑极具价值。而就算我因为某些原因未能攻读博士，仪器学硕士也远比生物学硕士易于就业，没准可以进入海洋仪器行业工作。

但在入学几个星期后，我意识到自己还需要一个 C 计划。这个硕士项目与我之前了解的多学科授课模式有所出入。辅导员们一心将我向系统工程引导，认为这更符合我在神经生物领域工作的既定目标。我们之间的对话徒劳无益。我感到一直被说教，却无人倾听我的想法。几个星期后，我才发现自己就读的项目实际是由物理系开办的，于是当机立断，找到科学仪器项目的创始者兼主任维尔吉尔·埃林斯（Virgil Elings），希望获准转系。此前我已经确认该专业尚有名额，却没料到在这里碰了钉子。埃林斯说他不认为女性可以从事仪器学，因为"女人不会修东西"。

这种事不是第一次了。此前我在哈佛医学院的老板也坚信女性缺乏真正创新所需的天才火花，认为最适合她们的路是为光彩夺目的男人充当稳定剂。这是试图冲破社会约束的人必然遭遇的阻碍：一面需要勇敢宣称自己有能力完成手头的任务，一面又必须与社会质疑做斗争，这样的处境让人步履维艰。但好在我有一个秘密武器——我的母亲，最好的榜样。母亲在加拿大西部农场里长大，既能驾四匹马耕地，又取得了布林莫尔学院（Bryn Mawr College）的数学博士学位。* 我有时难免对自己的能力产生怀疑，但母亲以身作则教导我，不要浪费时间把自己的缺点与性别牵扯在一起。

事实上，**我很喜欢**修理机械。我修理过一台老旧的舷外发动机，和大卫约会时还一起重装了几个大众汽车引擎。我本可以用这些例子反驳维尔吉尔，但最近几周无休无止的争论已让我筋疲力尽。我并不想在这里高举女权主义的大旗。人生在世，要主动选择自己的战场。既然如今这场战役只关系到 B 计划而非 A 计划，我决定重新规划方向。我于是转至生物化学系。

两年后，我取得硕士学位，大卫还有一年才能从布鲁克斯毕

---

* 关于母亲的一则故事从小到大激励着我：数学专业本科毕业时，她取得了大学数学金奖，随后回到农场帮忙。有一天，她赶着几匹马在田间拉割捆机，马具突然断了。隔壁地里的邻居看到她遇到麻烦赶来帮忙，但母亲在他赶到前已控制住马队，用捆干草的铁丝修好马具，重新回到割捆机上。邻居望着她，说道："好吧，既然你还算能做点有用的事，小姑娘学学数学也没事。"

业。我打算申请东部的研究生院继续攻读博士，但需要在间隔期找份工作。我决定去神经生物学家吉姆·凯斯（Jim Case）那里求职，我非常喜欢他开设的神经生物学研究生课程，并曾获得优异的成绩。

***

吉姆·凯斯此人有两大特点，其一是那圆溜溜的光头，仿佛一颗戴眼镜的甜瓜，其二是他冰冻三尺的冷面幽默。吉姆寸毛不生的脑袋上架着一副眼镜，加之常年不变的毛衣马甲配领带，往往掩盖他敏捷的思维，甚至营造出一点邪恶的效果。听到我的求职咨询，他给出的最初反馈就如同一句玩笑。他说："招个研究生可比研究助理省钱多了。"我反应了足足一分钟，才明白他是向我提供了一个带薪研究生的职位。他解释说，楼上实验室的比阿特丽斯·斯威尼（Beatrice Sweeney）已将一种发光的鞭毛藻分离出来并在人工培养，他们最近正在讨论是否可以招一名博士研究生，专门研究鞭毛藻的电生理学。随后，他领我上楼聊了聊。

比阿特丽斯·斯威尼留着一头美丽的白发，身穿标准休闲服，常年踩着人字拖，戴着脚趾戒，简直是吉姆·凯斯的反面。学生们以"比阿兹"（Beazy）称呼她（以"凯斯"称呼凯斯博士）。这是一位精力充沛、热情专注的女士。而当我们坐在办公室听她满腔热情地谈论"生物发光"现象时，我试图以沉默和适时点头来掩盖自己的无知。

我努力掩饰自己对这个术语的认知模糊不清的事实。聊了一会儿后，比阿兹将我领进实验室，打开培养箱的门（那个培养箱看起来很像一个大冰箱），取出一只带棉塞的巨大锥形烧瓶，底部盛着几英寸深的液体。她解释说，这是一种名为"纺锤梨甲藻"（*Pyrocystis fusiformis*）的鞭毛藻培养物，它的拉丁学名十分形象，意为"梭形"（fusiformis）的"火"（pyro）"细胞"（cystis）。她将烧瓶移至灯光下，说这些单细胞生物非常大，不用显微镜都能看得到。但我真没看到。它们的体积大小很关键，因为这个项目的构想是在细胞中插入一个电极，将触发其生物发光的电活动记录下来。随后，她关上灯并旋转烧瓶，奇异的现象出现了：炫目的蓝光在液体培养物的漩涡中闪现，拍打在烧瓶的边缘，照亮比阿兹的脸。我不禁倒吸一口气。

在如此神秘的景象面前，只能想到那最自然的疑问：**它怎么做到的？**而这正是我博士研究生生涯要回答的问题！我已沉迷其中。

第三章

初次闪光

那天晚上，我回到家中与大卫分享了工作面试的惊喜结果，而后在刚买的《美国百科全书》（*Encyclopedia Americana*）里检索"生物发光"一词。词条很短，内容不到半页，将"生物发光"简单定义为"生物体产生的化学光"。而对于光具体如何产生，书中几乎没有解释，只说它可以表现为稳定光或闪烁光，原理涉及某种酶和酶底物，且不同物种中起作用的化学物质并不相同。陆地上的发光生物包括广为人知的萤火虫和不太有名的蠕虫、真菌等，此处配了一幅散发绿光的钟形菌图片。此外，书中还提及了以发光诱饵吸引猎物的深海鱼，以及喷射发光分泌物的乌贼与甲壳动物，就像章鱼释放墨水团抵御捕食者。此外还提到了一些微小发光体，包括细菌及鞭毛藻，也就是我在比阿兹烧瓶中所看到的。在词条的末尾处，我注意到了词条作者的姓名：比阿特丽斯·M.斯威尼。

没过多久我意识到，比阿特丽斯·斯威尼和吉姆·凯斯都是生物发光领域的泰斗。比阿兹通过观察温度与光线对发光鞭毛藻生物钟的影响，在昼夜节律方面取得了开创性进展；凯斯则聚焦于萤火虫的神经生理控制系统。他们之所以将纺锤梨甲藻[*]选为生物发光研究的理想模式生物，主要受益于罗杰·埃克特（Roger Eckert）不久前做出的开创性工作。这位科学家成功将电极嵌入了一种截然不同的发光鞭毛藻中，其学名同样优美：夜光藻（*Noctiluca scintillans*），意为"闪烁的夜光"。在鞭毛藻内部植入微电极听起来很难实现，但我确信这是可行的。至少对于鞭毛藻中体积最大的夜光藻，并不是没有办法。

＊＊＊

鞭毛藻是单细胞生物，但这不代表它们很简单。事实上，它们呈现出惊人的多样性与特殊性。鞭毛藻遍布海洋、淡水水域、入海口等众多生物栖息地，但其中约85%生于海洋。有些鞭毛藻能在雪地与海冰中求存，另一些品种则寄生在甲壳动物与鱼类身上，或是成为珊瑚的内共生体，为其宿主提供生存所需的能量与绚丽的色彩。不知出于什么原因，鞭毛藻单个细胞中的DNA数量远超人类，有时甚至可达人类细胞的100倍。

某些鞭毛藻会产生毒素，大量的藻类甚至会将水染红，形成

---

[*] 科学家在物种命名方面非常较真，遵照双名命名法，每个生物体有两个名字，前者为属名，首字母大写，后者则是种名，无须大写。在英文学术出版物（包括本书）中，学名第一次出现时需斜体写明全称，随后属名则以首字母代之，可能是为了节省篇幅或减少写作者的工作量。

人们常说的"赤潮"。如果这种毒素在贝类、鱼类体内积聚后被人类食用，可能会导致麻痹性贝毒（paralytic shellfish poisoning，PSP）、神经性贝毒（neurotoxic shellfish poisoning，NSP）、腹泻性贝毒（diarrhetic shellfish poisoning，DSP）或雪卡毒（ciguatera）暴发。事实上，每年因低等鞭毛藻而不幸身亡的人类数量是被鲨鱼攻击致死数的 10 倍。*

鞭毛藻种类繁多，有时甚全很难想象它们之间竟有亲缘关系：从 20 微米到 2 000 微米不等，有的圆润光滑无甲，有的则披甲带刺†，同时附有两根挥动的鞭毛（起推动作用的鞭状附加物）。后者正是最常见的双鞭甲藻（又称"甲藻"），其名称"dinoflagellates"就是由此而来：希腊语"dinos"意为旋转，而拉丁语"flagellum"指代小鞭子。也正因这一推导逻辑，比阿兹这样的正统派坚称该词的正确发音应为"DEE-no"而非"DYE-no"，从而和恐龙（dinosaur）等词区分开。恐龙的"dino"来自希腊语"deinos"，意为可怕；"sauros"则是蜥蜴的意思。凯斯博士则不为所动，照旧念作"DYE-no"，我被迫根据不同听众转变发音，他们都在面前时，我要么含混发音，要么干脆不提这个词。

部分鞭毛藻因发光而增添了一份神秘感，它们被称为"海洋闪光"（sea sparkle）。水华带来令人叹为观止的水下灯光秀，

---

* 公平起见，需在此说明：过去 10 年中，全世界每年因鲨鱼袭击身亡者约为 6 人。
† 甲藻的壁由纤维素构成，起到保护壳作用。有些壁表面光滑，有些则带有细密的孔隙和凹槽，看起来像是鳄鱼皮。

哪怕最轻微的触动与翻搅都会刺激它们发光，带来晕散的光与冰冷蓝火的旋涡。查尔斯·达尔文曾生动描述在乌拉圭海岸附近航行时在"贝格尔号"（又译"小猎犬号"）甲板上看到水华的情景：

> 在一个漆黑的夜晚，拉普拉塔港以南的海面奇观乍现。微风拂过，白日里海面上的每一片"浮沫"如今都闪烁着暗淡的光芒。轮船驶过，掀起两道液态磷巨浪，船尾跟着长长的乳白色列车。目光所及之处，每个波浪的顶端都闪闪发光，晦暗的苍穹下，青灰色闪光将遥远的天际线照亮。

这一现象远比我们认识到的更加普遍，但不幸的是，在鞭毛藻水华最易产生的海岸线，船只与人类聚居地的人工照明常将生物发光现象掩盖。因此，当今时代的水手们少有机会与生命之光诗意邂逅，往往仅在船头（上厕所时）偶然撞见，那里的海水尚未被船体拨开。结果是，许多上厕所晕船严重的水手由于忘记开灯，会误将生物发光当作一种宗教体验，正可谓"抱着巨大的白色马桶吐得七荤八素，仿佛在与上帝通电话"。*

水华就像在一杯水中挤入千百万个细胞，基本无法预测，往往在营养物质注入后出现，例如可随着降雨径流发生。而在某些特殊水域，大量发光鞭毛藻长年滋生，故被称为"生物发光海

---

* 有关晕船的委婉说辞数不胜数，这句"talking on the porcelain telephone to God"是其中之一。除了晕船者本人，大家都觉得很好笑。

湾"。维系如此惊人的藻类密度，需要某些因素的特殊组合，其中包括热带气候、狭窄的水湾、周边茂密的红树林，以及足以拖延鞭毛藻在海湾停留时间的盛行风。这些神秘海域自然成了旅游胜地，但大批量游客的到访亦对海湾造成了损害。光污染、化学防晒品、摩托艇*、沿海工程开发，以及来自建筑工地、道路和停车场的污染径流都为海湾带来了负面影响。

　　早期航海家们都知道鞭毛藻发光现象，但是并不清楚背后的原因。亚里士多德（前384—前322）将这种夜间扰动海洋时出现的光芒描述得近似闪电。大约两千年后，本杰明·富兰克林（1706—1790）也将二者联系起来，认为大海是闪电的源头。据他观察，大海的光亮可能产生于水盐摩擦产生的电火花。但作为一名优秀的科学家，他很快开始质疑这个想法，因为实验表明，若将闪光的海水装入瓶中，第一次晃动时海水样本会产生光亮，但随着时间的推移，这种能力会消失。他还发现，在淡水中加入盐并不能创造光。基于此，他表示："我第一次对此前的假设产生怀疑，海水中的发光现象肯定来自其他不同的原理。"马萨诸塞州州长詹姆斯·鲍登（1726—1790）写给富兰克林的一封信让他更相信这一观念。鲍登是一位敏锐的自然观察者，他在信中提到，海水中的光亮在滤布过滤后即被清除，因此"之前提到的

---

* 摩托艇会搅起沉积物，使营养物质再次悬浮，刺激藻类生长而遮蔽阳光。我小时候滑水使用的二冲程发动机会将25%至35%的未燃烧气体和油料释放到水中。因此，在我家门口的池塘禁止使用摩托艇以后，附近生态系统得到显著改善，水质更清澈，鸟类品种更丰富。

亮光很可能是由大量漂浮于海面的小动物造成的"。富兰克林对此表示赞同，并因此放弃了闪电来自海洋的最初设想。

鞭毛藻并非动物，却也不是植物，而是属于"原生生物"（protist，不是真正动物、植物或真菌的真核生物，包括变形虫、草履虫和藻类）这一大组别，其中多为单细胞生物。在所有已知鞭毛藻中，一半表现得像植物，从光合作用中获取能量；另一半则如动物那样通过吞噬其他生物获取能量。夜光藻类似动物，纺锤梨甲藻则更像植物。我论文的一部分研究重点就在于确认二者发光能力的异同。

非科学界人士往往对这类研究感到困惑，不明白它的重要性。若要回答这个问题，首先需要明确基础科学与应用科学之间的区别。应用科学解决具体问题，比如如何预防脊髓灰质炎、如何治疗癌症，或者如何研制更大的炸弹。而基础科学所回答的问题由好奇心驱动，比如：**一种生物是如何发光的？** 对于后者而言，研究者不会预设具体应用场景，驱动他们的仅仅是人类探寻事物运作原理的根本欲望。历史上许多伟大的科学发现都来自基础科学，所有应用科学也都建立在基础科学之上。

在我着手进行研究时，鞭毛藻发光现象背后的萤光素与萤光素酶尚未被查明，唯一可知的是，光芒来自被称为"闪烁体"（scintillon）的细胞器（细胞内的膜结合结构）。鞭毛藻在受到撞击时，其闪烁体会产生光亮。但问题在于，这是如何做到的呢？

每种生命都有其应对环境变化的手段，而引发这种改变的器官、细胞或系统被称为"效应器系统"（effector system）。当你心不在焉地掀开几分钟前刚从超过 200℃的烤箱里取出来的浅锅锅盖，却忘记戴隔热手套时，你会在尖叫怒骂前完成一系列动作。事实上，你会在大脑认识到疼痛**之前**就将手抽走。要做到这一点，感觉神经元需检测到潜在的破坏性刺激，并将神经冲动传达至脊髓，再由中间神经元（relay neuron）将信号传递给运动神经元（motor neuron）。运动神经元会将神经冲动送回效应器——在这个例了里就是肌肉，肌肉收缩，丁是你把手甩开。在分了层面，肌肉细胞收缩是两种大分子相互啮合的结果，它们是肌动蛋白（actin）和肌球蛋白（myosin）。在大多数效应器系统中，这些大分子处于准备状态，待极小的带电粒子"离子"（ion）触发。

发光鞭毛藻的光芒来自另一种效应器系统——机械刺激（例如撞击细胞）启动一个电信号，而该信号以某种方式触动闪烁体发光。正如退缩反射保护我们不被热锅烫手那样，这是一种无须主动努力即可发生的反应，但不同之处在于，鞭毛藻发光的全过程都在同一个细胞之内。

其生命的搏动与闪光皆有赖于易兴奋的膜。我们的活动能力、思想与存在都归功于细胞传输电信号的能力，但这与电子领域中的电传输截然不同：后者得名于其所传输的"电子"，而细胞中的电信号是离子跨膜流动的结果。

典型神经元具有一个纤长的突起，名为"轴突"（axon）。眨眼间，钠离子与钾离子的相继开合便沿着轴突扩散开来。听起来速度极快，但与电信号相比只能算龟速。不过，从进化的角度来看，生物的速度只要足以躲避捕食者即可。举例而言，蟑螂巨大神经纤维的传导速度为每秒 10 米，*只有电流通过 12 号电线的速度的两千八百万分之一，但足以使其躲开人类踩向它们的鞋底。

纺锤梨甲藻没有轴突却有可兴奋膜，我想研究其电兴奋与闪光之间的联系。为此，我首先要想办法标记自己的领地。

＊＊＊

我们的专题实验室占地面积很大，包括生物二楼一层的 3/4，位于可以俯瞰大海的峭壁。主实验室中的房间狭窄密集，功能设置各不相同，用以记录神经束或单个神经元的电活动。房间里塞满奇妙的"玩具"：示波器、放大器、高压电源、光电倍增管……如同科技的天堂。困难只有一个——作为实验室最底层的新成员，我能够使用的设备与空间极为有限。12 位实验室伙伴都非常友好，为我提供了许多帮助，除了在设备——实验室最主要的"流通货币"方面。他们都在设备上标记了姓名缩写，还贴上了"摸者必死"的警示语。

吉姆·凯斯先后培养出许多优秀的研究生，科学生涯成绩斐然。他将其归功于所谓的"善意忽视法"。比起大多数实验室，他的学生拥有更大的设备自主权。我们如同被扔进水池深处，要么下沉，要么挣扎着向上游。进入实验室的第一天，他随口建议我可以先与琳达共用一套设备。琳达是一名研究萤火虫生物发光

---

* 相当于每小时 22.4 英里，就算在波士顿也不会超速。波士顿近日将默认限速设置为每小时 25 英里，试图摆脱其"全美开车最爽城市"的称号。

现象电生理学的研究生。

　　她拥有我记录实验所需的全部设备，但共享设备就如同和别人共用一辆汽车，两人调整座椅和反光镜的角度并不相同。可以想见，琳达对这个安排也不太满意，但她待我还算客气——只要完美避开她的日程安排，每次将放大器与示波器的各项设置复原至她习惯的位置，显微操作器放归原处，椅子调回她习惯的高度，再将显微镜的焦距按她的喜好设置好，我们就能相安无事。

　　时间规划是最大的挑战，因为纺锤梨甲藻的发光时机由不得我决定。它只在夜晚闪光。幸运的是，我也不必天天上夜班，可以将培养物放置在黑白倒转的孵化器中，让细胞误将白天当成黑夜从而发光。这样更利于我工作。然而如果在研究阶段将其暴露在强光下，生物发光现象就会停止，因此我被迫在红光下进行所有显微镜操作。如此一来，鞭毛藻闪光的确不易消失，但我也没那么容易看清操作。

　　再有，我很难测量出稳定一致的闪光。它们变化多端，我在测试膜的兴奋性时第一次遇到这个问题。当时我被人叫出实验室，回来后施加的第一个刺激触发了与此前截然不同的闪光。这道光的亮度过强，甚至导致放大器饱和。这或许可以理解为纺锤梨甲藻从此前的疲劳中恢复，但提升的不仅是整体亮度，还有速度——启动更迅速，持续时间更短，在一定时间内产生了更多的光。这实在让人意想不到，我甚至开始怀疑光测量系统出了问题，但将它放置于显微镜下观察后，事实明了无误：这次闪光确实是个加强版。

我开始思考，如果将细胞在黑夜模式中放置一段时间而不予刺激，它会产生怎样的闪光？那时我尚不知道，这一主题将贯穿我的整个生物发光研究生涯——如何在自身观察行为不影响实验结果的前提下，观察生物体的发光能力。

　　若要以恰当方式进行测试，我需要一个黑暗的房间，任何人不得进入或开灯。幸运的是，实验室当时正在重整，主实验室附近腾出了一个小房间，我需要做的只是找到合理的进出方式，防止光线泄入。我和大卫找到一个施工的好时机，大部分人都去外地开会，整个周末实验室几乎没人。我们以实木为框架、黑色结实塑料板为墙面，在门内修建了一个不透光的前厅。多亏大卫高超的设计建造能力，我们创造了一个实验室建筑奇迹——关闭大门后，我可以通过推拉内侧的滑动门进出，防止光线入内。

　　为了再加一道保险，防止光子"不经批准擅自入内"，我在滑动门上挂了一块黑色的遮光板，并依照我的身高切割。我身高1.57米，听到过一些矮子专属的玩笑，专题实验室的同事也常常开些善意的玩笑，于是这次我在门上挂了一个牌子，写着：你们这些弯腰才能进来的人也太高了。我不知道这一番抢占领地的行为会得到凯斯怎样的回应，内心有些忐忑。当我周一来上班，发现他早已来到实验室并在我的牌子上标了一个大大的"A+"时，才彻底放下心来。

　　如果说弗吉尼亚·伍尔芙对私人房间的赞颂是为给写作留出空间与时间，那么我则是为以自己的方式从事科学研究而创造空间与时间。那自由的感觉让人沉迷。我可以和我的鞭毛藻坐在黑暗中，面对面观察它们的发光情况。当我第一次在确保细胞此前未经刺激的情况下成功记录了一系列闪光时，兴奋之情难以抑制。

从来没有人观测过此类现象，而它又是那样奇妙怪异。面对一系列刺激，第一次闪光远比后续几次亮上 10 至 15 倍。为探清其根本原因，我需要直观观测细胞内部的运作方式。虽然我可以通过显微镜看到许多东西，但闪光只在一瞬间，需要慢动作回放，仔细分析。为此，我需要一个价格极高的高分辨率影像增强器。

我的研究经费来自凯斯从海军研究署获得的一笔微薄拨款。当时，海军研究署会为有关领域的基础科学项目提供资助，生物发光研究是其战略布局的一部分。第一次世界大战中，曾有一艘德国潜艇并非被声音探测装置发现，而是触发了海水中的发光生物体，使艇身轮廓清晰浮现。在反潜战的生死游戏中，生物发光现象对于猫鼠双方都至关重要。

为深入了解该现象，海军研究署长期资助凯斯的萤火虫研究，而我的鞭毛藻发光项目更是引起了他们的关注。毋庸置疑，凯斯发起这项研究时必定考虑过这层关系。于是在下一轮资助周期开始后，我将阶段成果与新设备购买需求（包括那台高端影像增强器）上报，成功得到了批准。

从暗室到观察鞭毛藻所需的一切设备均已备齐，我终于得以开展研究。在实验室中，我仿佛打开了一间微观世界的珍品阁，它绝非被黑暗封尘、了无生机，而是被灿烂的繁星照亮，揭示出细胞内部变幻无穷的运作逻辑。

我看到，第一次闪光与其后闪光之间的差异，源于闪烁体微闪光的聚集效应。初次闪光之所以如此明亮快速，是因为大量闪烁体被同步激活，而随后的闪光中它们并不同步。仿佛一片闪闪发光的星场，其中微闪光的数量会逐渐增加至一个峰值，随后缓慢回落，个别闪烁体则在一轮闪光中不止一次发光。

　　我对触发闪光的电活动也有了更深的了解。在大多数动物的神经元中，动作电位（action potential）是由钠离子流入细胞膜内启动的，但在纺锤梨甲藻中发挥作用的是氢离子。欲触发动作电位，只需撞击细胞使膜扭曲。我还发现，引发闪光的动作电位在白天与夜晚阶段都存在，只是白天不会发光。

　　发光机制的关闭伴随着细胞内部的重新布局。白日里，闪烁体会离开细胞外缘，转移至细胞核附近的中心部位，而不透明的叶绿体（产生光合作用的细胞器）向外移出，如同收集光线的太阳能电池板一般在细胞表面铺开，最大限度地捕获日光。而当黑夜降临，叶绿体就会聚集在细胞核周围，闪烁体则分布在细胞表面，利于发光。每到日出日落时分，细胞核周围的区域如同科幻电影里的太空港，细胞器繁忙穿梭，混乱而有序。

　　这些细胞没有大脑，更无双眼，也不会游泳，它们只是在水中漂浮。究竟是什么让这样的单细胞生物演化出如此复杂的控制机制与奇妙的发光模式？

　　鞭毛藻发光的目的深不可测，我们一度认为，它只是其他某种细胞功能的副产品。但显然，发光现象只在光线可见的夜间发生，这一定是有其用意的。

1972 年，通过一项设计精良的实验，我们认识到生物发光很可能起到了防御作用。该实验利用鞭毛藻的昼夜节律，证明桡足亚纲生物（copepod）这种常见的鞭毛藻捕食者，捕食夜间发光细胞的概率较小。那么，生物发光为何能阻止桡足亚纲生物进食呢？

大多数桡足亚纲生物都是通过摄食水流捕食，它们拍打着画笔形状的附器制造水流，将浮游植物（phytoplankton）吸至嘴边。但桡足亚纲生物并非不加区分地吸入所有食物，而是操纵摄食水流，区分可接受与不可接受的食物。

由此可以得出这样一种假设：闪光被视为毒性警告，使桡足亚纲生物敬而远之。许多发光的鞭毛藻确实有毒，因此捕食者需要辨别出毒性。如果每次都需通过啃咬猎物加以确认，只会两败俱伤——猎物受伤或死亡，捕食者生病或死亡。如果猎物将其毒性表现出来，使捕食者得以从远方识别，对双方都有好处。黑脉金斑蝶鲜艳的橙黑色翅膀就是以此方式向鸟类显示它们的毒性，这是一个非常清晰的视觉信号，强势宣示：**别吃我，否则你会后悔的**！或许鞭毛藻的闪光也传达出同样的信息。

另外一个假设是，发光鞭毛藻的闪烁功能类似于防盗警报。汽车报警系统的蜂鸣喇叭与闪光灯可以暴露盗贼，迫使其逃跑或被捕，而鞭毛藻的闪光可能会使桡足亚纲生物失去黑暗的保护，被依靠视觉的捕食者（如鱼类）发现并吃掉。

据推测，某些青蛙、鸟类和猴类在面对捕食者时发出的恐惧尖叫，也属于这种防盗警报机制。一只被水鼩鼱吃掉的青蛙发出的尖叫足以吸引鹰的注意，而鹰的攻击可能会让水䶄鼱放过青蛙。"防盗警报"的意义在于，猎物面临死亡的威胁时，会使用声音、光线、气味等一切吸引注意力的手段吸引其捕食者的天敌。这不仅能为猎物争取一个逃跑的机会，还有一个附加的好处——或许能让捕食者永远消失。

我在职业生涯中，大部分时间都用来观察生物发光，试图理解闪光传达的信息。早年对纺锤梨甲藻奇异闪光模式的研究让我认识到，闪光之间是存在差异的，这些差异不容小觑，背后也有其意义。许多与发光鞭毛藻相关的探讨都假设，闪光之于所有鞭毛藻的作用大抵相同，但我不这样认为。大多数发光鞭毛藻与纺锤梨甲藻不同，它们零星的闪光暗淡而短促。这些鞭毛藻大多有毒，也表明闪光正是毒性的警告。这种情况下，黑暗中微弱的一点光便足以构建起捕食者与猎物间的私下对话。暗淡的闪光对双方皆有利，猎物得以保存能量，捕食者也可避免被其他捕食者看见，不必每次看到闪光就停止觅食迅速离开。

与之相比，纺锤梨甲藻第一次闪光的亮度要强一百多倍，因此，绝不会是私下对话。这是一种足以引起捕食者注意的求救信号，并在随后长时段的多次闪烁中维持下去，照亮攻击者，使其暴露在天敌的视野中。面对这样的曝光，捕食者不得不停止进食，游离此处。

大自然往往比我们所理解的要复杂许多，在我们做出简化假设时，比如假定各种鞭毛藻的生物发光之间没有区别，这种复杂性便会带来混乱。多年以来，为验证防盗警报论与毒性警告假说，学界展开了无数次实验，有时会得出相互矛盾的结果。在我看来，实验中鞭毛藻的品种与密度差异可以解释这一问题。

这些实验曾使用一种名为"多边舌甲藻"（*Lingulodinium polyedra*）*的鞭毛藻，其闪光较为微弱。奇怪之处在于，虽然桡足亚纲生物在它们夜间发光时拒绝食用，白日里却像小孩贪吃糖果一样狼吞虎咽。换句话说，多边舌甲藻是无毒的，这似乎推翻了毒性警告假说。但我们一定要注意到，自然界充满狡诈欺骗，生物体也会发出虚假信号。许多动物会模仿有毒动物或其他危险生物的外观，利用捕食者的学习性规避行为进行自我保护。珊瑚蛇绚丽的红、黑、黄三色带状图案旨在向鹰与郊狼宣扬其毒性。无毒的王蛇也以类似的带状花纹伪装成珊瑚蛇，†骗取捕食者的警惕，而无须耗费毒素合成所需的能量。

另外，在一些以暗淡发光的有毒鞭毛藻为研究对象的实验中，桡足亚纲捕食者的反应就如同遇到了防盗警报，它们会立即停止进食并离开。但在这些实验中，鞭毛藻的单位密度极高，据我猜测，在面对数量如此众多的鞭毛藻时，即使它们的闪光微弱，桡足亚纲动物也会面临暴露的风险，因此选择逃跑。

毕业多年以后，我有了自己的实验室。在我指导下的两名

---

* 曾用学名 *Gonyaulax polyedra*（多边膝沟藻）。正如我此前提到的，科学家对生物的命名非常严格。事实上，正确匹配名称是生物学的基础，但这并不意味着肩负这一工作的分类学家能得到人们的爱戴。这一生物体的重命名其实引起了生物发光研究界的愤怒，因为已有太多学术成果以旧名称发表。

† 这个伪装并不完美，这从一首救命诗中可见一斑："红黄相间杀死人，红黑相间没有毒。"如果你对读诗没有兴趣，只要记住黑鼻子的都不是好东西就够了。

优秀研究生凯瑟琳·卡西克（Kathleen Cusick）和卡伦·汉利（Karen Hanley）着手研究多边舌甲藻这种光线暗淡的鞭毛藻，我们终于得以证明，在发光与不发光浮游生物的低密度混合物中，桡足亚纲生物会选择性地摄食不发光食物。当发光鞭毛藻数量超过一定阈值，它们就会停止摄食行为离开此处。另一方面我们发现，纺锤梨甲藻这样的高亮度鞭毛藻只需一次闪光就足以引来鱼类捕食者，因此无论细胞密度如何，都发挥着防盗警报的作用。

最近的研究成果表明，桡足亚纲释放的化学信号会导致某些发光鞭毛藻提高光输出，更加展现出相互作用的复杂性。这些化学物质也会刺激某些有毒鞭毛藻生产更多毒素，换句话说，鞭毛藻能够感知捕食者的存在，并相应调整其防御措施。伴随着一次次新发现，海洋闪光的世界变得"越奇越怪"！ *

生物之间存在着错综复杂的联系，若想厘清这些关系，确定不同生物发光信号在实验室环境中所起的作用，可谓处处皆是陷阱。在实验室环境中维持一种生物的健康快乐已经非常困难，要是增加至三种或更多，厘清多营养级（multitrophic）联系，势必会带来更多挑战。

若想理解动物视觉信号背后的含义，必须穿上这些小生物的鞋——或者它们的螯和鳍足。换句话说，我们需要想象出它们眼中的世界。这是个巨大的挑战，因为尽管我们共处同一个世界，却很少有人能看到它们所在地的自然状态。

---

* 简直和《爱丽丝梦游仙境》一样神秘梦幻！

第四章

海中星

当我走到船尾，再次望向那延伸至大海深处的钢缆时，我心中不由一紧。钢缆的末端大约位于水下 800 英尺的深处，我的科学家伙伴何塞·托雷斯（José Torres）正身穿"黄蜂"潜水服在那里悬荡。夕阳西下，我开始担心，或许只能等到第二天才能进行第一次下海深潜。"黄蜂"工作组声称他们会将最好的留到最后，但我没有傻傻地相信，他们只会把最矮的留到最后。

这套潜水服由海上石油产业开发，目的是从石油钻井平台下潜至水下 2 000 英尺的地方，之所以命名为"黄蜂"，是因为其外形仿佛一只巨大的黄色昆虫，头部透明，管状主体呈黄色，金属制成的手臂仿佛米其林的小人儿，而下方并没有用于行走的腿。不过，这套潜水服外部设有助推器，由内部金属板上的脚踏开关控制，可以根据潜水者的身材进行调整。将底部抬起需要时间，因此按照身高顺序，将最矮的人留到最后不是没有道理。但对我来说，这就像圣诞节前那无休止的等待，我越迫切地渴望下水，那一刻的到来也就越显缓慢。

时间回到 3 年前，也就是 1981 年，凯斯博士为实验室争取到一个新"玩具"，那时我们什么都不知道。这个新玩具名叫光学多道分析仪（Optical Multichannel Analyzer，OMA），是当时最敏锐的分光计，用于测量转瞬即逝的微光究竟是什么颜色。从分析仪进入实验室的那一刻起，我就再也离不开它了。

测量颜色的传统方法有两个：棱镜分解光线和使用衍射光栅，这两种方法都能将白光转化为彩虹。棱镜和光栅经过旋转，使得灵敏的光探测器顺次测量整个光谱。这个方法对较稳定的光源十分有效，但很难测量生物发光的短暂闪光。光学多道分析仪以一排 700 个固态探测器取代了单个光电倍增管，这些探测器可以同时而非顺次测量彩虹的不同区域。这是一项了不起的技术突破，为观察生物发光开辟了全新途径。

分光计与人眼不同，不会受到各式各样的光学欺骗，在仪器的观察下，颜色展现出丰富有趣的故事。正如医院黄玫瑰所揭示的那样，大脑并不能准确识别颜色。当光线过暗，我们的红色、绿色、蓝色视锥细胞无法正常工作时，更加敏锐的视杆细胞就将派上用场，只报告光亮，不辨别颜色。尽管如此，大脑可能会据其预期而非实际数据，制造出某种颜色的视觉体验。

即使颜色足够亮，视锥细胞依然会被愚弄。因为在我们的眼睛看来，纯绿色的光与蓝黄混合光并无区别，而各种各样的颜色组合，只要是以同等强度刺激我们的三种视锥细胞，就都会让我们看见白光。海洋中的颜色携带着许多重要信息，包括动物如何被看到（或不被看到），以及它们的发光能力可能进化出了怎样的沟通能力。光谱中暗藏着特定颜色的相关作用，也可以提供与制造光亮的化学物质有关的线索。只要想办法取得深海发光生物，光学多道分析仪就能通过测量其生物发光光谱，带来激动人心的新发现。

机会说来就来。吉姆·凯斯的实验室附近就是吉姆·奇尔德雷斯（Jim Childress）的实验室，奇尔德雷斯是研究深海动物新陈代谢的先驱者，他有一套从深海中带出活体动物的新方法。人们普遍以为，深海生物被带至海面后会因巨大的压力变化而死，但事实上，温度的差异危害更大。海洋总体积中的 90% 是寒冷的深海水，平均温度在 0℃至约 2.8℃之间。若用渔网捕捉深海动物，使其通过温暖的表层水域，那么这一路上它们基本就被"煮熟"了，不死也是濒死。压力变化对这类动物的伤害反而较小，因为它们没有气囊那样的充气空间，气体体积也就不会发生爆炸性变化。奇尔德雷斯以渔网捕捉动物，将其引至设计好的隔热装置中，以保证动物存活。

普通渔网的末端往往只有一个网眼袋，名为"网囊"*，用以容纳捕获物。奇尔德雷斯用一个大口径的 PVC（聚氯乙烯）管代替了这个袋子，内部也设有保留捕获物的网袋，管子两端的球阀

---

* 一种推测是，网囊（cod end）和 15、16 世纪男裤上的遮羞布（codpiece）形状相似，因此有着共同词源，但我找不到二者的联系。网囊指的是鳕鱼汇集的渔网一端，而遮羞布"codpiece"的"cod"来自中古英语，意为"阴囊"。如今，除了某些漫画中的超级英雄，这种古老的男性时尚配件已经不受欢迎了。

会在深海关闭，将其密封于冷水之中。这样一来，动物被带至水面时依然可以存活，如果在船上仍能低温保存，奇尔德雷斯及其研究生团队就能够争取到足够时间进行关键的新陈代谢测量。凯斯推测，我们也能在这段时间里研究它们的生物发光现象。

因此，我在 1982 年随"贝莱罗四号"科考船踏上第一次海洋探险，船身长 110 英尺，约等于一又四分之三个保龄球道，并不是很长。船上有 11 名科学家和 7 名船员，还有一只猫，舰桥、餐厅、实验室以及所有睡眠舱都集中在一个保龄球道的长度中，余下的部分则是扇形尾，或者说后甲板。干实验室*设置在船舱最深处，需将所有设备沿着陡峭的梯子搬下来，妥善绑好，才能保证遭遇风浪时不会四处飞散。餐厅极小，食物也糟糕透顶，4个人挤在一间霉迹斑斑的舱室里。在船舱中睡觉的机会很少，也很不舒适，我所在的上铺斜穿过船的主轴，每当船侧向翻转，我就被带着上下滑动。波涛汹涌时，床脚下舷窗渗入的海水会将床垫濡湿。我们 9 个研究员共用一只水管简陋的花洒，懂行的会排在第三到第五个洗，正是热水供应稳定的时段。厕所的冲水效果极差，除了纯液体，至少都要冲上四五次，我曾亲眼看到一位研究生同学怒气冲冲地夺门而出，赤手抓着一坨大便，顺手扔到船的一边。这时他看到我，咕哝道："该死的漂浮物！"

海洋探险确实不是人人都能做的，但我喜欢，这就是我从小

---

* 研究用船大多配备干湿两个实验室。湿实验室就好比普通房屋中的杂物间，所有乱七八糟的湿物件都堆放于此，而干实验室则存放着灵敏的电子装置。

梦寐以求的潇洒冒险。凌晨 2 点，船舱里传来一声"起网了"，我们争先恐后地爬出被窝，穿上防御装备，各自在甲板上开始自己的任务，在液压 A 型架与拖动吊绳的绞盘上工作，将装有 5 加仑 * 海水的塑料桶从冷却器搬至拖网桶边备好。每个人的工作都非常重要，我们彼此依赖，相互照应。当重物网出现在横梁上滑过甲板，如果有谁没能注意，很可能身受重伤。短暂的高压时期过后，网囊会被放置在一个巨大的金属水箱上，球阀开启，我们的报偿便从中涌出。

夜间捕捞过程中，拖网桶中亮着条条蓝光，它们是闪烁的浮游生物、发光的磷虾，以及受伤后仍不时跳动的水母。将拖网桶运进湿实验室后，大家纷纷围上前去，赤手伸进冰冷的水中，捞出一只又一只海洋动物。我捞到的是一只仓鼠大小的鲜红海虾，† 它长着纤长的红色触须，精雕细琢的甲壳上附着雅致的弯刺，腿呈羽毛状。当我将其从水中捞出时，虾嘴两侧的孔口喷射出耀眼的宝蓝色光束。光在我手掌中汇集，溢出指缝流回桶中，在那里继续照射。我们还在拖网桶中发现了拥有发光器官的灯笼鱼（lanternfish），仿佛身侧嵌着闪闪珠宝。还有一种身形似斧的斧头鱼（hatchetfish），尾巴犹如斧柄，银色的身体则是利刃，两排发光器官从斧刃底部穿过，看起来像银色的指甲上长着紫红色的月牙。

---

* 加仑，英美制容量单位，美制 1 加仑等于 3.785 升。——编者注
† 巨额颚糠虾（*Gnathophausia ingens*）。

除了这些比较常见的物种，每一次捕捞都能收获特别的惊喜。比如黑丝绒质感的巨口鱼（dragonfish），身形细长，像一只下巴上挂着鞭子形发光鱼饵的鳗鱼。还有那哥特风格的墨黑色幽灵蛸（vampire squid），八条腕上布满肉质尖刺，通过皮肤网络相互连接，两只巨大的眼睛就在腕底部，鳍根处还有两个巨大的可开合发光器官，仿佛另一对眼睛。我们甚至捞到了一种绿鹦鲷，每只眼睛下方有一个红色发光器官，其后附着一只较小的蓝色发光器官。

事实证明，生物发光可谓五彩缤纷，赤、橙、黄、绿、蓝、紫应有尽有。蓝色是海洋的主色调，这可以从视觉交流效果角度得到解释。水下世界看起来蔚蓝一片，因为那是水中传播距离最远的颜色，其他颜色都在不同程度上被分散、吸收，并逐渐消失。如果潜伴在水下穿戴着红色装备，我们会发现红光的渗透力极弱。在空气中，红色速比涛（Speedo）泳衣之所以呈现为红色，是因为它吸收了红光以外所有颜色的光，我们的肉眼接收到泳衣反射的红光。然而海洋深处缺少红色的光子，泳衣在吸收光线后显为黑色。[*]

这简直不可思议：事物竟呈现为其所**拒绝**的颜色，也就是不吸收的颜色。叶绿素呈现为绿色是因为它吸收了红色与蓝色，从中获取的能量用以进行光合作用，而无用的绿色，也就是被舍弃的光子，则反射至我们眼中。人眼接收的大部分视觉信息都是被

---

[*] 希望也能看起来苗条些。

拒绝的光子，也就是反射光。生物发光则是例外，它向外发射光子。太多发光生物产生蓝光，也就说明了为何许多深海动物是红色的：在只有蓝光的环境中，红色就相当于黑色，红色色素会吸收蓝色光子，捕食者的眼睛不会收到任何光反射。

阳光经海水的过滤呈现为蓝色，而大多数海洋生物散发的也是蓝光，所以大多数深海动物已进化出只看得到蓝光的眼睛。绿鹦鲷有些与众不同，它既能看到蓝光，也能捕捉到红光，相当于自带红外线瞄准镜。绿鹦鲷的常规猎物中有一种红色的虾，红色光线帮助绿鹦鲷揭穿猎物的保护色，让它拥有了发现猎物并悄然突袭的超能力。红虾在蓝光下拥有完美的漆黑伪装，但在红光的照射下，它犹如灯塔一般明亮。这种不同寻常的绿鹦鲷还有一项潜在优势，即它可以使用红光通过私密波段与未来的伴侣近距离交流，而不必担心引来视觉捕食者。在此之前，我曾大量阅读有关这些动物的文章，见过福尔马林中保存的标本照片，以及描绘其自然状态的铅笔画。

尽管已从数据中得知，拖网中捕获的大部分动物都具有生物发光能力，但第一次亲眼看到数量众多的奇特生物、各式各样的发光手段，我仍深受震撼。

每次捕捞，我都能见识到书中所述的各式生物发光功能。有的借光寻找食物，或以光为饵，或在黑暗中准确定位猎物；有的将光芒作为吸引配偶的标识，不同物种与性别拥有其专属的发光器官与闪光模式；还有些海洋生物采取发光防御策略，向水中喷射光束分散捕食者的注意力，或是尾部发出强光，使追捕者一时目眩——灯笼鱼便是如此。许多海洋捕食者通过搜寻水中的暗色轮廓捕捉猎物，因此，几乎所有小鱼小虾和乌贼的腹部都会发光，从而遮掩自身的行迹。在海洋中，这种伪装方式几乎与陆地上的环境伪装色一样普遍。

我曾从拖网桶中捞出一条毒蛇鱼（saber-toothed viperfish），正如其名，它的下颌长着狰狞凶恶的弯曲獠牙，这排牙齿长而尖利，若是合在嘴中，只怕会刺穿大脑。因此在毒蛇鱼闭嘴时，牙齿会滑入上唇的沟槽中，直伸到眼睛的上方。这恐怖的配置对于任何一种生物而言都足够有威慑力了，但毒蛇鱼恰还拥有大量发光器官，难以想象究竟起到怎样的作用。优雅的背鳍向前伸展，在它可怕的大嘴前挂着一个发光的诱饵，显然是用来"钓鱼"的。鱼腹部两排突出的发光器官自然是为了伪装，不致落入上层捕食者的眼中。眼睛下方的闪光或许是为了帮忙觅食，也可能有助于吸引配偶，但口内的发光器官又是什么呢？究竟是吸引猎物的另一种手段，还是为了照亮那长长的獠牙营造威胁？更为古怪的，是那些镶嵌在背部、腹部与鳍部黏膜层的微小发光器——一旦发起光来，毒蛇鱼的轮廓必将暴露，这又是为了什么？防御？性交？难不成是跳舞？

拖网捕捞还有一个意外收获：超乎寻常的巨型鮟鱇鱼（anglerfish）。大多数深海鱼个头很小，否则无法适应食物匮乏的环境。斧头鱼不过银圆大小，灯笼鱼还没有一把小刀大，即使恐怖骇人的毒蛇鱼也不到 1 英尺长。人们一旦获悉那面目可憎的鮟鱇鱼不过李子大小，甚至是李子核大小时，这凶恶的感受难免大打折扣。但我们捕获的这条鮟鱇鱼竟有茄子那么大，还是一个大茄子。和大多数同类一样，它也拥有一张长满刺针状利齿的巨口，以及名为"饵球"（esca）的发光诱饵。这饵球就像出自苏斯博士（Dr. Seuss）之手，由一根上唇伸出的粗短"钓竿"组成，顶端是郁金香形的发光器官，饰以两束长长的半透明线状物。如此复杂的结构是为了引诱猎物还是吸引配偶？二者皆有可能。某些诱饵似乎在模仿小型猎物，另一些则外表华丽炫目，学界认为它们可以帮助雄鱼识别同物种雌鱼。

雄性鮟鱇鱼的体形比雌鱼小得多，它们没有饵球，也没有咀嚼食物的牙齿。大多数雄性鮟鱇鱼生存的唯一途径就是"傍富婆"。空茫的深海无边无垠，它们必须想办法寻找潜在的伴侣，无论依靠视觉还是嗅觉。觅得伴侣后，雄鱼将在雌鱼的胁腹印上一个永恒的吻，从此与雌鱼的肉身长在一起。雌鱼的血液将流进雄鱼的身体为其提供养料，雄鱼则以精子为报。相伴终生的承诺听起来十分浪漫，但事实却并非如此甜蜜。雄鱼不过是个吸血鬼兼精子袋，而相貌丑陋的雌鱼体重是它的 50 倍。*

雌鱼的脾气很怪，我把一只雌鱼放入水缸，试图从正面将它的丑恶相貌完整捕捉，结果被它恶劣的脾性耍得团团转。我手持一支长柄画笔，偶尔在它身后轻点一下，好让它转过身来。每次碰到它，无论多么轻柔，它都会猛地扭过身向接触点咬来。我猜雄鱼也会面临同样的攻击，因此在向雌鱼接近并附着时，或许要

---

* 这里描述的是鮟鱇鱼中最极端的两性异形（sexual dimorphism）案例，即黑角鮟鱇鱼（俗称"暗黑海魔鬼"），是体形最大的鮟鱇鱼物种之一，雌鱼可长达 3.9 英尺，而长满疣的体表使其更具诱惑力。

极为谨慎。[*]

此次出海考察结束后，我一度难以适应陆地生活。我不太清楚为什么，肯定不是因为怀念那破旧的管道、糟糕的食物以及日复一日的睡眠不足。最终我意识到，自己念念不忘的是大海上的兴奋刺激与同伴情谊。我仍处在肾上腺素的刺激之下，对世界的感知变得失常。校园里往来的学生看起来那样陌生，与船上那紧紧团结在一起的小组成员完全不同，也没有人为我们捕捞行动解释的秘密世界投来关注，这些都让我沮丧。人们怎么可以不知道，只需在近海的水域一跃而下，就能进入一个奇特的生物世界，身边的动物生来拥有头灯、尾灯、腹灯、口灯、钓饵和喷灯嘴？这些发现难道不该登上头版新闻吗？那脾气恶劣的深海垂钓者还是一个未经发现的新物种！这怎么能不上头条呢？我简直无法理解，世上大多数人竟对这般奇迹一无所知。

***

很多人说，读博就像骑着一辆自行车，穿越沙漠，不眠不休，还有黑袍人烧你的头发分散注意力……但我没有这种体验。读博的 5 年里，我很快乐。毫无疑问，那是我一生中最美好的科研时光。因此在 1982 年毕业时，面对绝佳的工作机会，本该奔赴大好前程的我却很难感到兴奋。

通过答辩几个月后，我从阳光明媚的圣巴巴拉飞往阴郁寒冷

---

[*]　在交配这件事上，确实应该向鮟鱇鱼学学。

的威斯康星州麦迪逊，*面试一个博士后职位，该实验室的科学家们处在可兴奋膜研究的前沿。我顺利得到了这个职位，虽然面试中表现得十分热情，但远离大海让我落寞沮丧。我的心**属于船**，分离只会带来痛苦。雅克·库斯托（Jacques Cousteau）曾说："一旦大海施展魔力，你将永远留在它的奇迹之网里。"我被大海的魅力俘获了。但在离开大海之前，我还有一次科考计划可以期待，这次科考将运用激动人心的新型深海探索方法。

当时加州大学圣巴巴拉分校的副研究员布鲁斯·罗比森（Bruce Robison）长期出海研究中层水域生物，经历了诸多我此前经历过的事情。在某个命中注定的日子，他和吉姆·奇尔德雷斯走过校园，看到一个免费提供甜甜圈和咖啡的广告，那是某海洋工程研讨会的告示。他们决定过去看看。除了咖啡和甜食的款待，他们还观看了一部关于"黄蜂"潜水服的影片，结束后一同探讨了其中的工程作用。罗比森（朋友们称呼他"罗比"）想知道这项技术如何应用于科学研究。渔网取样有其局限性，他希望更加直接地进入中层水域，这片地球上尚未经过探索的遥远疆域。

＊＊＊

20 世纪 30 年代初，第一部载人潜水设备带着科学家下潜深海，纽约动物学会（New York Zoological Society）科学家威廉·毕比（William Beebe）与工程师奥蒂斯·巴顿（Otis Barton）

---

* 我知道，麦迪逊不是没有晴天，但我在那里生活的日子里，一天也没见到太阳。

搭乘巴顿设计的钢制球形潜水器，在百慕大附近进行了 35 次深潜（最深达 3 028 英尺）。5 400 磅重的球体载着两名乘员悬挂在钢缆上，靠蒸汽动力绞车在水中升降，毕比则透过 6 英寸的舷窗向外观察，观察结果后来以一系列文章的形式刊载于《国家地理》杂志，并收录于一本名为《半英里之下》（*Half Mile Down*）的书中。

毕比在讲故事方面天赋极佳，他的文字为我们打开了一个陌生世界的大门。他不仅激励了爱德华·威尔逊、蕾切尔·卡森、简·古道尔、西尔维娅·厄尔等未来探险家与环保主义者，还为生态学领域做出了开创性贡献，倡导置身动物的原始栖息地对其进行研究。

经过那些突破极限的潜水尝试，潜水器技术得到了许多发展，但设计的重点多在于探索海底，以便于地质学家收集岩石，生物学家寻找深海珊瑚等不会逃跑的动物。大部分海洋探索者认为中层水域一片荒芜，必须越至底部才能发现有趣的东西。尽管渔网取样与毕比的观察结果表明并非如此，但人们普遍不接受这个事实，罗比希望采用"黄蜂"探索中层水域的想法也遇到了一定阻力。项目资金很难筹集，但他的不懈努力于 1982 年的秋天得到了回报。

那是一次真正的开拓性工作，我也将参与其中，尽管只是做个辅助。我被邀请随队测量中层水域动物的生物发光光谱，特别是他们身穿"黄蜂"潜水服捕获的纤巧深海水母。

有幸参与这项工作令人兴奋不已，但我未能接受潜水服训练，只能通过其他人的口头描述满足好奇心。他们的主要工作是在"黄蜂"的灯光下观察、捕捉动物，但只要一有机会，我就会戴上耳机，让潜水员关掉灯，向我描述眼前的情况。他们的"科学反馈"大多是："哦，哇！这也太帅了！"我恳求他们说得更具体一点，但效果欠佳，往往只能知道那里有许多光，却也没有亮到可以用"黄蜂"上的摄像机拍到。想要观察清楚，只能亲自下水，为此，我的内心颇为煎熬。罗比对我的苦闷表示同情，告诉我他们正在计划第二次"黄蜂"考察，如果愿意，我可以接受潜水训练，在两年后的 1984 年亲自下水看看。

这个提议非同小可，放弃博士后职位而选择一条少有人走的路——其实是**还没有人**走的路——多少有些疯狂，一旦做出这个选择，我将再无退路。然而，那是自出院以来，我第一次义无反顾，只为探清海下究竟有什么，风险和后果都已抛到九霄云外。

＊＊＊

于是，两年后我又回到这里。吉姆·凯斯聘我为博士后，让我得以继续使用光学多道分析仪。两年间，我曾带着它参与四次大型拖网考察，两次在加利福尼亚，一次在夏威夷，还有一次在非洲西北海岸。观察并了解神秘海洋动物发光能力的工作让我热情澎湃，时光悄然而逝。而如今，我如同飞速运转的陀螺骤然停歇，焦虑不安地等待着第一次深潜。

本章的开头部分写的是我们出海的第一天，目标是让我们五个接受过潜水培训的人获得进入深海的经验，那是教学培训的最后一课。与其说是一次技术检验，不如说是心理测试：怀尼米港（Port Hueneme）15 英尺深的训练用水箱还能照得进阳光，与真正的海洋深处相差甚远。我们将被包裹在不合身的金属护具里，潜入水下数百英尺的黑暗严寒之中。若谁有幽闭恐惧症，"黄蜂"项目的海洋工程团队需要尽早掌握情况。

"黄蜂"潜水服为海洋工程公司所有并运营。查理·桑德斯特伦（Charlie Sandstrom），一位饱经风霜的老水手，有多年船舶和油田工作经验，代表该公司负责这项奇怪的小型科考工作。他团队中的其他成员也都是具有潜水、水下打捞和石油钻井经验的年轻人，任务是确保"黄蜂"正常工作，保护好我们这些科学家。科学家的任务则是测试潜水服作为海洋探索工具的价值。

我们大多生活在陆地上，与真正的水下世界并无接触。但是，地球表面只有 29% 是陆地，其余部分皆由水覆盖。海洋学家们常常用这些数据提醒地球人研究海洋的必要性，有时也会强调，人类对大洋底部的测绘水平甚至赶不上月球背面。但即使这样的对比差异也没有说到重点，只考虑了二维层面。从三维现实来看，即使把最高的树木与地下数英尺都包含在内，陆地生存空间也薄得可怜，与海洋占据地球 99.5% 生存空间的惊人体积相比，陆地微不足道。更何况，海洋绝不是空虚无物，那是一片富有生命的水域。但由于探索工具的局限性，我们对这个地球上最大的生态系统所知甚少，心怀偏见。

这么多年来，我们竟然主要通过拖网捕捞了解中层水域的生物，你还能说出几个科学领域仍在使用几千年前的技术收集数据？海洋生物学界有一条公理：渔网只能捕获那些行动迟缓、智力低下且贪婪的生物。有些动物游得太慢而没能逃脱，有些没把逼近的渔网当作威胁，有些则是捕食者，冲进网中想要吃一顿"便宜午餐"，却没能成功脱困。不知还有多少迅捷狡猾的海洋生物是我们无法使用原始手段捕获的。除了这些"漏网之鱼"，还有许多被渔网撕碎的脆弱胶状物。直到我们深入它们的世界直接观察未知，才知道那些拖网桶里的胶状物，是来自无数被破坏至面目全非的半透明生命体。

我对中层水域生命的有限认知均来自渔网捕捞的生物，在拖网桶中观测，就像是考察古文明遗址中的残骸，试图想象那个时代人们的日常生活。如今，我已不愿停留在想象。我将亲自目视这一切——只要何塞不在下面瞎逛荡。

就在我以为圣诞节不会到来的时候，突然听到液压系统嘎吱作响，电缆被拉起。罗比与我一同来到船尾，看着"黄蜂"的绞车卷起 2/3 英尺厚的钢加固缆绳。该缆绳在船与潜水服之间输送电力与信息，被称为"脐带"（umbilical）或"拴绳"（tether），连接着潜水服顶端用以观测的透明丙烯酸半球的后上部。

一位始终站在扇形尾后负责观察的船员在看到海面下约 60 英尺处"黄蜂"顶部的那一刻，转向绞车控制台上的查理，两根手指指了指自己的眼睛，表示"看到了"。绞车停止运作，两名戴着水肺的潜水员从漂浮在船尾的补给船向后翻出来，游至"黄蜂"身边系上两根绳缆，确保这套重达两千磅的潜水服不会在链尾末端摆动，出水后不会猛撞上船的后部。

潜水员离开后，我们听到绞车再次启动，潜水服渐渐浮出水面，观察窗口与扇形尾持平，何塞向我们微笑。显然，他已通过了心理测试。"黄蜂"降到甲板的金属架上，何塞立刻被从潜水服的束缚中解放出来，他爬出来大喊："这可太棒了！"

罗比等人围上去想要听听细节，我则开始做潜水前准备。虽然我也很想听听何塞的故事，但我不仅急于亲自下水看看，还承担着团队中唯一女性也是最年轻成员的使命——我需要证明自己可以胜任，也绝不想让查理等太久而惹火他。

外部检查完成，"黄蜂"底部也提升至适合我身高的位置，我便被允许入内。我沿着何塞出来的路径爬上梯子，坐在丙烯酸半球覆着的胶合板上，将腿伸进潜水服的颈部，然后转身朝前，双手放在脖颈下方的金属臂上，以手与脚趾支撑全部体重。我钻进潜水服，贴边滑下，直至碰到地板。

我谨慎而迅速地完成各项内部检查：大声读出表压，测试助推器，确认所有紧急安全装备完整且功能正常。此前，我们已在训练中完整演练过应急程序，对所有设备可能造成的生命威胁有了明确认知，但此刻，我已全身心投入此次冒险之中。没有回头路。

是时候下潜了。我竖起大拇指，一名船员将观察窗口摇起来锁好，将我封在里面。舱门关闭的瞬间，科考船上一刻不停的发动机噪声被隔绝在外，取而代之的是换气扇的呼呼声。潜水过程中，我始终在正常大气压下呼吸，也就是说，尽管降至深处，我也无须吸入特殊混合气体，不会面临氮麻醉和减压病的危险，事后不必减压。氧气瓶将氧气缓慢注入，而排气扇则通过一种吸收材料从潜水服中抽出空气，依靠化学手段提取我呼出的二氧化碳。外部压力已超过每平方英寸数百磅，但压力舱仍能将内部的压力维持在接近一个大气压，这就是"黄蜂"作为常压潜水服（atmospheric diving suit，ADS）的优越之处。

绞车将潜水服从支撑架上吊起来时，我感到潜水服剧烈前后摇晃。A 型架起重机旋转而出，将我带到船后，绞车放线时，我注意到船尾用黑色大写字母写着它的名字与注册港口：汤姆森号—西雅图。这艘船本在华盛顿大学外，此次行动征用它在圣巴巴拉附近海峡群岛与大陆之间的海域航行。岛屿可阻挡部分恶劣天气的影响，海峡水域的深度一般不到 2 000 英尺，因此我们认为，就算意外情况致使潜水服从"脐带"脱落，也不至于沉入其极限工作深度以下。我的初潜计划不过水下 800 英尺，距底部还远。但对于一个水肺潜水时从未超过 90 英尺深的人来说，这已经是深渊了。

"黄蜂"浸入水中时，我抬头望见罗比在船后低头注视着我。随着海水在透明穹顶上方聚拢闭合，罗比也从视野中消失。我按照训练时的步骤检查观察窗口附近是否出现泄漏，确认没有后，从通信线路告知查理："密封完好。"降至 30 英尺处时，查理刹住绞车，强制我再检查一次仪表读数，并测试应急水下通信系统。一切正常后，他才松开缆绳，重新启动绞车，继续下降。

我从金属袖筒里抽出手臂，靠在潜水服的前侧，倚着小臂休息。"黄蜂"的关节式臂杆是液压辅助的，乍一听仿佛拥有了机甲的超能力，但对我而言，"黄蜂"的机械臂简直是个装饰品。为通过潜水服考试，我练了一整年举重。在训练用蓄水池中，我要学会用机械臂安装一个钩环，除此之外它毫无用处，还会随着水压升高变得僵硬、移动能力降低。教练告诉我们，只有不断弯曲活动才能使其保持工作状态，但这又有什么必要呢？海洋工程公司员工在石油钻井平台工作时，需要操纵扳手、转动阀门，但我们没有这个需求。我们潜水的主要目的是观察，随身携带的各项科学仪器均已经电子化设计，在潜水服内设开关控制。我任由机械臂闲置僵化。

当我将注意力投向视窗外的景色时，紧绷的神经渐渐放松，没有出现幽闭恐惧的症状。与男性潜水者相比，我的活动空间更为充裕。我将头放在透明观察球的正中，感到与四周的海水完全融为一体，注意力始终被外面的世界吸引。氧气与二氧化碳含量已被抛诸脑后，温度也尚未带来困扰，我全身心地沉浸在所见所闻之中，试图将一切充分吸收。

过去水肺潜水时，我的注意力往往聚焦于水下的地形：外露岩块、海草草甸、海带林、珊瑚礁与其间的动植物。但此刻我却被一片截然不同的栖息地吸引：水，遍布四面八方。中层水域没有可供栖居的稳定表面，生物按梯度分布，光线、颜色、温度、盐度、压力和氧气，都随着我的下潜而变化。根据压力表上的读数，"黄蜂"每下降 33 英尺，压力怪兽的魔掌就会多施加一个大气压。幸运的是，保护壳中的我对此毫无察觉，但我能感知到上方阳光的色泽与强度发生了改变。

最初越过海平面的分界时，阳光的色彩骤然改变，从多种颜色瞬间转变为蓝绿为主。我曾在水肺潜水过程中熟知此事，但此时的下降速度绝非水肺潜水可比。为防止耳膜破裂，潜水员会预先平衡耳压[*]，延长下潜时间。视线中的海蓝色过渡为灰调的钴蓝色，光线强度也相应变化，测光表显示，这一变化甚至比颜色更加剧烈，光线随着深度的增加而成倍减弱。

以最清澈的海水为例，每下潜250英尺阳光约减至1/10；而我身处的海水并不澄净，阳光经水中颗粒物和已分解有机物的吸收和辐射，削减得更快。奇怪的是，我所看到的并非如此，人眼是对数而非线性传感器，这正是它的伟大之处，让我们得以拥有庞大的动态视力范围，既看得到正午的灿烂阳光，又能在森林深处捕捉到最微弱的星光。为此，人眼进化出压缩测量尺寸的特殊能力，对大脑欺瞒谎报，将削弱至1/10的光强度仅仅报告为减半。因此，在"黄蜂"的小型泛光灯"史努佩雷特"（Snooperette）照亮周身水域之前，我根本没有意识到光线已大幅减弱。这些灯自下潜伊始便已点亮，但在日光下并不明显。头顶上方仍是一片深蓝，但在史努佩雷特的照射范围内，我面前的海域已变为灰色，下方则趋近于黑色。

我刚刚留意到这些变化，"黄蜂"便下降至某种不明生物层，

---

[*] 尽管英国科学家J.B.S.霍尔丹声称，耳膜穿孔让他获得了一种"从耳朵里喷出烟雾的社会性成就"，大多数潜水员仍避之唯恐不及。保护耳膜的方式多种多样，包括汤因比动作（Toynbee maneuver）、埃德蒙技巧（Edmonds technique）、劳瑞技巧（Lowry technique）、法兰佐动作（Frenzel maneuver）等，目的都是打开耳咽管，让高压空气顺利通过。

看起来像是一些小红蟹。蟹？它们不是应该待在海底吗？深度计显示，我刚刚潜至 200 英尺深处，距海底尚远。眼前壮观的蟹群让我百思不得其解，甚至没意识到自己已潜至此前纪录的两倍之深。我身边螃蟹的红色来自史努佩雷特的反射光，相比之下，较远处的螃蟹显为灰色，与身后的灰色光场一致。几百只蟹如同悬浮于水中的无人机部队，从上下左右将"黄蜂"包围，保持一两码*的距离。但它们并非像无人机那样消耗能量，只是摊着爪子一动不动地漂浮着，偶尔猛地向后一翻，很快复归于漂浮模式。在此前水肺潜水与拖网捕捞行动中，我从未见过这些生物。它们在此处成群出现，数量如此众多，是正常现象吗？

后来我了解到，这种蟹群并不常见，尽管我们在考察的前几周中常常看到它们。这是一种铠甲虾，俗称"远洋红蟹"（*Pleuroncodes planipes*），通常出现于圣迭戈以南的温暖水域，而那年恰逢"厄尔尼诺"，海面温度高于正常水平，因此其活动范围向北部扩展。

继续下潜的过程中，小螃蟹逐渐消失，更多神奇的物种相继出现。我碰到一只太平洋侧腕水母（*Pleurobrachia bachei*），它有一对奇长无比的触须，上面附着薄薄的八字形毛状侧须，被我笨重的潜水服惊扰后迅速缩身游走。另有管水母目小水母属（*Nanomia*）生物向下游来，拖着乱七八糟的触须，透明的气胞囊还一鼓一鼓的。这些脆弱的"结构水"表现出惊人的速度与敏

---

* 码，英美制长度单位，符号 yd。1 码等于 3 英尺，合 0.914 4 米。——编者注

捷性，其另外的运动模式也古怪莫测。太平洋侧腕水母拍打着八排桨叶，也就是"栉板"（comb），晃动的波浪将其前后推移，而管水母则以紧密相连的气胞囊抽水，直线移动时气胞囊同步收缩，转弯时则非同步。在更深处，我发现了一条6英寸的银边鱼，头向上垂直悬浮。**这是在干什么？** 我不禁思索：这些动物的行为是否受到了我的影响？

降至 800 英尺深时，查理停止下放"脐带"，叫我读表分散注意力，潜水服像挂耳茶包一样缓慢地上下摆动。对第一次深潜的我而言，"脐带"是抚慰之源，通过声音将我与查理相连，又实实在在地将我与海面上轻摇的母舰相连。它不仅提供能源与通信，还带来一份安心：即使出了可怕事故，也会有人将我拉出深渊。但它同时也限制着我探索的自由。

就在我切断通信的一瞬间，一只巨大的水母冲进我的视野，白色的拱形触须镶嵌在玻璃状的中心圆盘边缘。它迅速离开灯光范围，隐匿于黑暗，我向前踩下启动助推器的脚踏开关，试图追赶，却被"脐带"猛拽回来，仿佛一只拴绳的狗。我还未检查压载舱。

打开一个阀门，我让压缩空气流入压载舱，同时呼叫水面，让查理知悉我的行动。他提醒我注意"脐带"状态。早在培训期间他就明确告诉我们，绝不能不清楚"脐带"的位置。为加强警示，他用图像演示出"脐带"绕至潜水服手臂下方被扯断，使潜水员面临生命威胁的场景。我很清楚这个故事是虚构的，却难免受到触动。缆绳刚刚松动，我便关上阀门重新望向深海。

水母早已不知所终，倒是看见一群硕大而精巧的虾，仿佛在没有尽头的暴风雪中滑雪穿行。这是一种深海樱虾（学名 *Sergestes similis*），长长的触须向前下方伸出，随后陡然弯曲，回到两边的腹肢处，形成它们的"滑板"。那些雪花般的白色絮状物则是海雪，由分解的浮游生物与粪便颗粒组成，从水面沉降而来。成群的樱虾焕发着别样魅力，与拖网中的受损样本截然不同。除了头后方的点点樱桃红，它们通体透明，仿佛由雕花玻璃制成。我真想再多看一眼，可惜时间有限，查理正等着收工吃晚饭。若想看到当初将我引至深海的动物，必须抓紧时间了。

人眼适应黑暗至少需要 20 分钟，我关闭泛光灯迎接过渡期。然而，黑暗并未降临。刹那间，我仿佛置身一片星海，无数发光的微粒将我环绕，如同沙漠中无月夜晚的星空。但这些星星不是静止的，它们一刻不停地旋转，好似一幅凡·高《星空》的三维画。我已忘记呼吸。

我很难专注地看清一颗星，久而久之我发现，它们并非相互分离的光点。仔细观察可以发现，发光体大多像是内部点亮的有机原生质，由 2 至 4 个微型发光球串联组成，外部包裹着轻盈的护套，不禁让人想起"人鱼之泪"的意象。它们的发光节奏缓慢而目的性强，既不突兀也非稳定持续，而是像由变光开关控制那样依次开启。我曾试图计算光亮延续时间，但它们总在光灭前逃离我的视野。

"人鱼之泪"似乎是受"黄蜂"潜水服刺激的产物。船在海面上颠簸摇晃，缆绳另一端的"黄蜂"也随之起伏，形成了耀眼的扩散光环。在我的印象里，正是这种运动为周边生物带来压力，使其绽放泪水般的光芒。串串"泪珠"不时碰到潜水服的球罩，当起到固定作用的轻盈护套张开时，发光球会变得更亮，随后护套进一步伸展，光芒便消失不见。在这些"人鱼之泪"中，还混杂着少数微弱而稳定的闪光，好似小团的蓝色发光星云，又似遥远的天体，闪亮 3 秒后熄灭。我惊叹不止，又有些疑惑。

产生光需要能量——**巨大的**能量。能量是生物的货币，绝不会被轻易挥霍，那这大手大脚的花销又是怎么回事呢？为什么会发光？况且，这显然是大洋中最重要的现象，为什么研究者寥寥？在那个时代，或许就连海洋生物学教科书中也没有生物发光的记载，就算略有提及，也并未加以重视，分量和陆地上的萤火虫相当，不过是生命大舞台上的小角色。但置身海洋生命的舞台，我明确体会到，发光生物绝不是小玩家，而是真正的明星。

这时查理提醒时间到了，我还不敢相信，根本没有意识到时间的流逝。我不愿离开。打开泛光灯望向空茫的深海，我急切地想要知道是谁在发光，又是为了什么。我看到几只樱虾和一只小水母，没有什么美人鱼。灯光下看到的一切，都无法解释这些"泪珠"。**还真什么都没有啊**，我想。行吧，这的确问题挺大的，可以解释为什么很少有人研究生物发光。

查理开始收紧缆绳，我又关上灯，看着发光体如耀眼的流星从身边掠过，我的思绪也飞速运转起来。在水下的世界里，光亮究竟起到了什么作用？这与陆地上的光有何相似之处，又有什么不同？怎样的实验才能回答这些问题？

除了这些科学问题，我还深深地意识到：一旦获得机会来到如此偏远、难以抵达的地球秘境，还发现了如此闪闪发光的宝藏，人们便只有一个选择，那就是无数次回到深海。

第五章

奇特亮光

正午时分，乘船在清澈透明的热带海面漂流，或许能从船舷处看到阳光消失于深海的过程。舞动的光线在浮游生物与颗粒的散射作用下清晰可见，它们似乎汇聚在一起，坠入黑暗的隧道。

这番景色有催眠的奇效，就如爱丽丝望向镜中，想看看里面的壁炉是否像镜子外世界一样生着火。她越是看得仔细，就越想知道镜子那头的生活是何模样。刘易斯·卡罗尔在故事中写道，当镜子"像一团稀薄的银雾"开始熔化，爱丽丝穿过它进入了另一个世界——一个奇特生灵们过着怪异生活的奇怪世界。

海洋也是一面镜子，将地球的生存空间一分为二，一边是我们居住的空气世界，另一边是大多数地球生命栖居的水世界。穿过海天界限，那片同样奇妙的世界里居住着适应水下生存的独特生命。

正如诺贝尔奖获得者、动物行为学家尼科·廷贝亨（Niko Tinbergen）所说，"观察与琢磨"是理解生命及生命进程的开始。

我们每个人或多或少都会这样做，但廷贝亨在动物行为研究中将其系统化，他也因此被称为动物行为学（ethology）的奠基人之一。该方法的核心要义是：在自然环境中观察动物。在廷贝亨看来，这一原则至关重要，因为动物的外观与行为方式皆是为了适应生存环境而形成的。

浩渺无垠的大海覆盖着我们星球的大部分地区，从阳光照射下的表层水域延伸至海底，但我们对海洋环境的认知微乎其微。我们很少有机会来到深海"观察与琢磨"，但短短一次造访就足以揭示出海洋环境最鲜明的特点：无处可藏！

陆地生物为躲避捕食者，往往隐匿在树丛之中，或将自己埋藏于隐蔽的洞穴。但在表层水与海底间的中层水域，猎物们就不具备这样的条件了，它们与捕食者之间只隔着清透的海水，如何才能不被发现？

假如你是一条鱼，生活在 600 英尺深的大洋里，四周海水透明澄澈，光线强度不到水表的 1%。在此深度下，光线不足以进行光合作用，但仍可维系视觉。此时，视野范围内如果出现一条鲨鱼，你就是唾手可得的猎物。若想不被发现，最好的办法是一头扎进黑暗之中，但问题是，黑暗水域中没有食物来源。光合作用是海洋大餐的基础，就算不吃素，你赖以维生的甲壳动物与小鱼也多是素食者，往往生活在其进食的植物近旁，也就是在水表附近生长的浮游植物周围。

唯一的办法是白天利用黑暗掩护，太阳落山后再游回海面附近进食。每天都有大量海洋动物采取这种策略——日落时分向上迁移，日出前向下隐匿。成群洄游的生物密度如此之高，在轮船声呐探测中，仿佛海底时而上升，又时而沉降。

中层水域生物或许是视觉环境影响动物形态与能力的最佳明证，欲进一步研究动物的适应性，我们需要想象出科学家口中的"光场"，也就是光从每一个方向通过每一个点的光量，无论在空气中还是水中。这个定义对于理解光在水下的表现格外重要，甚至有一个专门研究它的学科，也就是"海洋光学"（ocean optics）。[*]

威廉·毕比将水下光场的古怪形态描述为"奇特亮光"。他最初使用这一形容，是在描述与奥蒂斯·巴顿首次乘坐球形潜水器深潜时的情景，那次他们到达了水下 700 英尺的位置，是此前无法想象的深度。

在人类历史上，从腓尼基人第一次驾船驶入开放海域算起，无数人早已越过我们如今潜水的深度，只不过都是死人——战争、暴风雨或其他天灾的受害者。我们是第一批看到这奇特亮光的活人。深海光芒的奇异程度远超我们想象，那是一种半透明的蓝色，与陆地上的任何颜色都不同，却不知为何激荡着我们的心魂。那鲜亮的颜色占据着我们的意识与言语，当我们拿起一本书，试图辨认印刷在纸上的字时，却已看不出空白页与彩页的区别。

---

[*] 警告：海洋光学研究会用到大量数学公式，数学恐惧者请绕行。

后来，他在通过电话线发送的报告中无数次提到"奇特亮光"，甚至他自己都承认"我反复坚称这是'亮光'，其实并不是，这多少有点荒唐。"

毕比所经历与描述的，是阳光从空气进入海水后的惊人变化，其中最明显的是不同颜色的吸收差异，因此水面以上阳光灿烂的世界充满温暖的黄色调、橙色调与红色调，而海洋世界则浸润在冰凉鲜亮的绿松石色中。水下还存在散射现象，使得"沐浴在光芒中"的比喻确有所指。如果没有散射，可见光仅来自头顶，那么水平方向的远处将是漆黑一片。而在现实中，水体本身似乎在发光，这便是散射的直接结果。

如果我们认识到散射与吸收作用的共同影响，就能推测中层水域的日间照明情况，最好的办法是想象自己身处巨大蓝色充气球的内部，由周身的海水点亮。头顶上方光线最亮，脚下的亮度则削弱两倍以上，两端之间存在着从明到暗的梯度变化。对称性将是眼中世界最鲜明的特征，无论转向何方，看起来都**没有分别**。难以置信的是，这种对称性不会随着日升日落而改变，无论太阳高悬正空，还是越过地平线，在 200 英尺深的深海，变化的只是强度。这是因为光在水中传播的最短路径衰减度也最小，充气球中最亮的部分始终在头顶上方，也就是你与海面的最短距离连线上。

现在，让我们想象自己是一条鱼，为隐藏行踪而游向深处。那么要游多深呢？每下降 250 英尺，光线就会减至 1/10，听起来不用游太久。但眼睛，尤其是适应深海的眼睛非常敏锐，可以在超过 3 000 英尺深的水域探测到阳光，远远低于人眼条件下的黑暗边缘。这一天里可要游很远啊。以斧头鱼为例，这相当于每天游 7.2 万个体长，相当于奥运会运动员马克·施皮茨（Mark Spitz）游 82 英里，而即使在游泳生涯的巅峰时期，他每天至多也只能游 12 英里。显然，一旦有办法缩短游泳长度，就能获得巨大的生存优势。如果有某种方法可以伪装自己，融入背景之中，那么你就可以更接近水面，而不必在上方的晚餐与黑暗深处的安全港之间长途跋涉，疲惫不堪。

但无论从哪个方向看去，你的身影都会暴露在布满阳光的海水中，究竟该如何躲藏呢？斧头鱼的银边正是为此而生的。银色的鳞片映照出周围无特征发光球的光线，反射出的光线与其身后的光线非常吻合。这招连略高处与低处的捕食者都能骗过，因为就算在鱼身弯曲部分，映像也大抵是垂直的。那么从正上方向下看，又是怎样一幅景象？在俯视视角下，斧头鱼的背部呈深色，更适合融入下方的黑暗里。这种上方比下方颜色更深的伪装很常见，被称为"反荫蔽"（countershading），可以使鲨鱼等动物从上方与侧面看上去不太显眼，更容易接近猎物而不被发现。从字面意思来看，反荫蔽是指抵消阴影这一自然现象。上方照射下来的光线使海洋生物背部明亮而腹部落入阴影，达·芬奇曾说："阴影是躯体展现其形态的手段。"反荫蔽则是躯体隐藏形态的手段。

但白色的腹部无法隐藏其最明显的阴影，也就是自下向上看去的暗色轮廓。为缩减阴影面积，许多鱼身形扁平，这不仅是出于流体力学考虑——海洋中游速最快的旗鱼、蓝鳍金枪鱼、大青鲨等都更接近圆形，而非细长条。然而，一条鱼若想真正"消失"，必须以某种方式取代其身体吸收的光，因此有了生物发光。这种类型的生物发光伪装被称为"反照明"（counterillumi-nation），有太多动物采用这招，想必非常有效。

反照明策略最令人震惊之处在于，动物们为这一共同目标，竟进化出了各种不同方式。为打造完美伪装，它们发出的光必须与上方光场完全匹配。欲使下方游动的捕食者看不到猎物，生物发光必须起到模仿缺失光线的作用，用发出的光取代猎物身体吸收的阳光。这意味着，当云层遮住太阳使光线变暗，发光生物就必须以某种方式调低亮度。

部分灯笼鱼的眼睛上方各有一个发光器官，可以用它与头顶的光线相匹配，如果发光强度不够，灯笼鱼要么提高亮度，要么向更深处游去。但还有许多动物发光器官的光输出并不在其视野范围内，我们不知道它们是如何实现这完美匹配的。或许它们眼睛感测光的能力比我们准确得多。我们的眼睛可以适应不同强度的光线，因此往往高度依赖经验。我们刚刚走进一间黑暗的屋子时，和在那里待了20分钟后，视觉感知大不相同。同样一束光，在完全适应黑暗的眼睛看来很明亮，而阳光直射后的眼睛就不一定看得见了。这样的眼睛是无法起到测光作用的。

再者，光的颜色也必须匹配合适，许多动物已经进化出精密的滤光器，用以锁定生物发光的光谱范围，使发光器官输出深海中的纯净光芒。斧头鱼那带有"紫红色月牙"的指甲状发光器官并不能产生某些流行文献中所说的粉色光，而是通过吸收它自然产生的蓝色光线中较短与较长的波段，制造出完美的同等颜色。斧头鱼在白光下显出的紫红色正是红蓝光通过滤光器后反射至观察者眼中的结果。这些滤光器输送红光这件事并没有意义，因为在它们生存的地方，没有红光可供传输。滤光器无法创造颜色，它只能删减颜色。

除了匹配强度与颜色外，动物们还需在发光定向方面与背景光保持一致。一位名叫拉里·卡根（Larry Kagan）的艺术家曾用类似螺纹钢的粗金属棒打造 3D 雕像，乍一看去，每个雕塑都像是胡乱捏造的，直到打开聚光灯将其照亮，观众才会恍然大悟，原来雕塑在后面的墙上投下的阴影分别勾勒出一把椅子、一只昆虫和切·格瓦拉。在欣赏这些艺术作品时，需要将阴影视为空间中的一个实体，由高度定向的光源创造而出。

反照明器利用这一理念进化出各种巧计，确保其产生的光线同样有方向性，或者更确切地说，以同样的角度分布在空间中，正如所取代的光线那样。有些动物依靠镜片，有些则巧妙地使用了凹透镜。斧头鱼以光纤让光子从鱼体内（那里的光细胞可生产光子）通过紫红色滤光器，向下输送至鱼的底部。发光处的光器官仿佛被切割成锐角的管子，形成指甲状，助其固定发光角度。

任何一位《星际迷航》爱好者都会告诉你，隐身装置耗能巨大，因此对星舰而言，进入隐形与解除隐形的过渡期成为星舰最脆弱的窗口期，此时能量会在护盾、武器与隐形装置间转换。*
海洋生物反照明器的脆弱窗口期则是日落时分。食物集中于表层
水域，海洋生物因此争先恐后地向上游动——先到先得。而想
要不被发现并不被吃掉，它们需要生产足够的光以匹配上方的
阳光。

在这场食物争夺赛中脱颖而出的，正是那些游得最快，又能
保持隐身的生物。不过，越是为了进食冲在前方，就越是要摄入
更多食物，补充过程中消耗的能量。在 1 300 英尺深的清透海水
中反照明，每天所需能量不过相当于人类快步行走半小时所需的
能量；到了 1 000 英尺深处，约等于游泳一小时；等到达 650 英
尺的深度，用以维持发光的能量就相当于跑一个半程马拉松所需
的能量。这样挥霍资源可能不是个好办法。显然，动物们都设定
了环境变化的适应范围，超出太远就大事不妙了，很可能在补充
能量之前就耗尽储能。

＊＊＊

在 1984 年我们使用"黄蜂"潜水服之前，人类对动物适应
中层水域的认知大多基于渔网采样。我们从船上放下一个测光
表，并在同样深度拖动渔网，从而将生物与其生存深度的光线强
度联系在一起，但结果粗略，我们无法深入了解个体动物。

---

* 第一季中《恐怖的平衡》一集里，罗慕伦猛禽舰的弱点正是在此。如果你有印象，
那一定是个星际迷了。

"黄蜂"为我们提供了前所未有的"观察与琢磨"的机会，我不仅可以置身动物的自然栖息地进行观察，还可以通过一些专门打造的水下仪器，量化光线对它们行为的影响。第一个仪器是高精度测光表，可以应用于非常昏暗的水域。*我将第二个仪器称为"光棒"，它只是一个装在耐压机壳里的小蓝灯，我将其插在一根 3 英尺长的 PVC 管末端。我计划像手持光剑一样在"黄蜂"身前挥舞它，并在潜水服内控制灯泡的开关，以此与海洋动物对话，就像怪医杜立德那样。很显然，光是水中生命的语言形式，我想破解这个密码。我曾幻想动物们以闪光回应，也曾期待捕食者从暗中发动攻击。我迫不及待地想要付诸实践。

　　初次身穿"黄蜂"深潜的经历为我带来了巨大冲击，因此我对第二次下潜的预期很高。我轻松通过了心理测试，自信没有幽闭恐惧症，能够专注观察。而结果证明，这个假设大错特错。

　　人在恐慌时无法做出正确决策，因此才有"不要慌"这样的警示语。"不要慌"当然是个很好的建议，但若没有具体指导方法，就不会有任何帮助。在医院里，我曾第一次被恐慌淹没。脊柱融合术后 3 周，我的手术部位出现大面积感染，需要紧急手术，又为避免再次引发血液病而没有采用全麻。手术前，一位护士为我提供了一剂抗焦虑混合药物用以放松，但我却感觉被剥夺了对抗痛苦与恐惧的唯一工具：大脑。每当手术组成员询问我的

---

* 此前没有这种水下测光表，我们只好造了一个，它是工程师马克·洛温斯坦（Mark Lowenstine）和迈克·拉茨（Mike Latz）合作的成果。测光表的基本模块是一个光电倍增管，安装在配有万向支架的水下机壳中，确保其始终竖直向上。

呼吸状况，巨大的焦虑都将我淹没，甚至比疼痛还要糟糕。大脑被药物控制，我无法抵御这愈加强烈的焦虑感。手术持续了一个半小时，却仿佛过了一个世纪。当恐怖的折磨最终结束，我恳求医生再也不要让我经历这些，但他只是说："我看情况吧。"

手术后两天，一位护士拿着抗焦虑药剂走进病房，为我准备第二次手术。那时，我仿佛仅靠双手抓住悬崖边缘，而她的到来如同将我的手指掰开，让我彻底坠落。这一刻的到来毫无预警，我没有时间做好心理准备，便彻底陷入癫狂。

恐惧使我丧失了理性思考的能力，只能歇斯底里地哀求我可怜的母亲，不要让他们把我带走。医生试图让我冷静下来，解释说某些坏死组织急需清理，但不会像上次那样耗时。最终，我同意安静配合手术，但要求不注射抗焦虑混合液。我尽力用最平稳的声音解释：处理恐慌情绪，我需要思考的能力。医生有些迟疑，以当时的情况来看，似乎只有抗焦虑药物能安抚我。但他最终默许了，尽管药剂就放在我的轮床旁，作为无言的威胁。

手术过程绝不轻松，我必须与无边的恐惧和痛苦抗争，但还是挺了过来。我得到了许多练习机会：在随后的一个月里，每隔一天就要重复一次相同的手术。我的抗恐慌操作守则如下：**转移注意力**。仅此而已。

实际上，这也是白皇后给爱丽丝的建议，她将其称为"想事情"。

"你想事情的时候就能忍住不哭吗？"爱丽丝问。

"就是这个办法，"皇后果断回答，"你要知道，没人能同时做两件事。我们先想想——你多大了？"

"我今年正好7岁半。"

"你不用说'正好'，"皇后道，"我当然相信你7岁半，现在你要相信我，我现在101岁，5个月零1天。"

"我不相信！"爱丽丝说。

"你不相信吗？"皇后略显遗憾地说，"那再试试吧：深吸一口气，闭上眼睛。"

爱丽丝笑起来。"试了也没用，"她说，"没法相信不可能的事情嘛。"

"我敢说，这是因为你练习得不够，"皇后说道，"我像你这么大的时候，每天都要练习半小时。有时候，还没开始吃早餐我就能相信6件不可能的事。"

我倒不去思考那些"不可能的事"，而是将注意力放在**有趣的事情**上，不过白皇后说的话没错：关键是**勤加练习**。在大脑濒临失控，朝糟糕的方向疾驶而去时，集中注意力的能力相当宝贵，我甚至认为我们应当从小学起就开始练习这项能力。

***

我的第二次"黄蜂"潜水就在首潜过后的两天，是太阳落山前的一个小时。黄昏降临时，我正在下潜，黑暗的边缘也正从下方涌上来。水深约350英尺处，几乎已没有阳光，在那里，我遇到了大面积磷虾层。这是海洋洄游者的先锋队，仿佛一面帷幕，拉开它，便能欣赏一场壮观的"烟花盛宴"。

我让查理分别在 880 英尺深处和 1 400 英尺深处停止下放缆绳，从而让我研究"烟花"，试用此前研制的光棒设备。太多发光物在潜水服周身旋转，很难说小灯是否起到了作用。这就像在篝火旁点亮一根火柴，微不足道的火星被熊熊大火淹没，自然无法引来捕食者。有几次，当我以为有什么东西在以闪光回应我的信号时，附近又有太多干扰闪光，使我无法确定。

继续下潜的过程中，我始终关注着身边密集的发光体，直到距海底约 30 英尺处，光芒基本消失。我在下降的过程中，几度被爆破声干扰。我向查理描述这种声音，他表示："可能是潜水服外表的复合泡沫塑料在响。"

复合泡沫塑料是在深海高压下提供浮力的常用材料。聚苯乙烯泡沫可以漂浮，是因为其内部存在空气，但在压力之下，这些空间将会爆破。而复合泡沫塑料之所以能够浮动，是由于环氧树脂基体中嵌入的空心玻璃球体。球形玻璃非常坚固，足以应对高压。爆裂的并非玻璃，而是将其固定在一起的环氧树脂，或许其中的微气泡正在坍塌。至少，这是查理的推论。他解释说，"黄蜂"背部的大块合成泡沫塑料与潜水服的压力密封性无关，因此不必担心。

我相信了他的说法，尽管愈加频繁的爆破声让我担忧，但我还是成功抵达了 1 831 英尺深的海底。此时查理说道："祝贺你！打破了"黄蜂"的世界最深潜水纪录！""这是什么意思？"我迅速反问，"我以为这衣服的额定深度是2 000英尺！""确实是，但还从来没人试过。"他的回答无法让人放心。*就在这时，复合泡沫发出最响亮的爆破声，我突然意识到头顶上方的水有多深。虽然在初次潜水时通过了幽闭恐惧测试，但如今意外发生了。

　　如果以1英尺乘1英尺的方形水体计算，1 831英尺的水重量超过10万磅，是一个极其恐怖的压力值。在这样的深度，即使最微小的泄漏也会导致高压喷射，如同热刀切黄油一般割碎我的身体。再者，到达这个深度就花了80分钟，即使全速向上拉，也需要30分钟方能到达海面。我开始感到被恐慌扼住了喉咙，耳边只有一个声音：离开这里！就在我忍不住要大声疾呼时，我被一只顶着色彩斑斓针箍状钟形伞盖的水母吸引住了。它长长的触须松垂着，靠伞盖的收缩扩张而快速游动。就在这时，它突然放长缠作一团的触手，消失于黑暗之中。

　　将注意力集中到水母身上，帮助我脱离了恐慌的旋涡，我也逐渐认清真实的处境。正如在医院所学，我通过集中注意力控制恐慌，全部的思绪寄托于那脆弱生灵之美。小家伙显然被我的存在所惊扰，但它是多么幸运，没有意识到背上承担的重压。对佛教徒而言，安抚焦躁情绪的最佳方式可能是自问：**最坏的结果是什么？** 但在海底，这可能不是个好办法，最好还是将注意力集中在其他事物上，若对象宏伟而神秘，自然更好了。

---

* 我的"黄蜂"最深纪录保持了两天，而后罗比找到了更深的潜点，夺走了我的冠军头衔。无所谓，随便他拿。

每一次身穿"黄蜂"下潜，视野中都不乏吸引注意力的奇幻谜题——除了那令人百思不得其解的生物发光现象，日常洄游者同样引人深思。我策划了几次潜水，使用测光表确定不同生物正午所在水域的光照强度，并与黎明、黄昏时分进行对比。

观察过程中，我对两种虾尤其感兴趣，分别是初潜时看见的"滑雪虾"与随后几次遇到的磷虾。二者都采用反照明器策略，但发光器官的形态与强度均不同，磷虾通常有 10 个发光器官，两眼下各 1 个，身体下方有 8 个，皆能发出耀眼的亮光。身子下方的发光器官结构精致，就像小眼球，只不过并非收集光线而是发射光线，没有视网膜却覆着一组"灯笼"产光细胞，灯笼下方是透镜与虹膜，起到聚光的作用。在发光器官背面，灯笼上方，一层反射细胞帮助光线向下聚焦，周围的红色色素层则进一步确保没有光线向上逃逸。耐人寻味的是，磷虾眼睛处的发光器官内没有透镜，或许是起到闪光灯的作用。相比之下，"滑雪虾"，也就是"樱虾"的发光器官没有那么复杂，发光的强度更弱。它们实际上是由肝脏（肝胰腺）细胞改造而成，尽管比磷虾发光器官结构简单，却包括一个透镜，确保发射的光线与入射阳光相匹配。

当然，如果动物身体相对于下行光线倾斜，所有这些仔细聚焦都只是徒劳。对虾类垂直洄游者而言，这确实是个潜在问题，它们必须将身体前后倾斜以改变深度。相应地，它们的发光器官则会逆向旋转，始终保证发光方向垂直。磷虾可将发光器官旋转

180度，因此几乎可以直上直下游动，不必担心发光方向与背景光错位；樱虾的旋转角度则可达140度。另一边，斧头鱼展现出惊人的适应能力，它们在上下游动时可保证不倾斜身体。正是这种能力导致它身形不雅，使之无论在水平或斜向游动时，都能呈现出流线型轮廓。

发现斧头鱼秘密技能的，是同我一道穿"黄蜂"潜水的同事理查德·哈比森（Richard Harbison），他在下潜时发现几条斧头鱼正从视野中横穿而过。他盯着看了一会儿，才发现事情不对劲："黄蜂"此时正以每秒两英尺的速度下降！他意识到，这看似水平游动的情景，只能说明斧头鱼正以惊人的高速斜向游动。海洋奇特的光照环境，造就了许多强大精妙的发明。

在使用测光表潜水的过程中，我曾目睹许多奇迹。第一次是在正午时分，我希望仔细记录不同光照下不同动物所处的位置。它们之间确实存在明确分层，一种较小的磷虾（太平洋磷虾，*Euphausia pacifica*）位于海面下550英尺至650英尺间；另有一层个头较大的磷虾（*Nematoscelis difficilis*）位于海面下750英尺深处，那里的光线削弱到了1/25。而在海面1 000英尺以下，樱虾居住的水域比这还要暗淡，光线强度只有其1/200，正好处在我们肉眼与测光表感知阳光的极限。*为了看到它们，我必须竖直向上观察，却被四周的黑暗包围，只能探测到少许灰色。这样的光照条件足以制造阴影，因此有必要为反照明花费能量——深

---

* 在沿海区域，水中的颗粒与溶解物质加强了吸收和散射，光线的穿透能力因此减弱。

海捕食者眼睛的敏感性可见一斑。要达到这种敏感性往往要牺牲视觉清晰度，通过神经连接相邻的感光细胞等适应，这就解释了为何在人眼看来，许多鱼、乌贼和虾的腹部发光呈现为明显光点，而在深海捕食者眼中，这些光芒经过漫反射模糊一片，与背景光完美融合。

而后，我分别在黎明与黄昏时分下潜，悬浮在500英尺深处，观察那些海洋"通勤者"。我以为洄游会是井然有序的，动物们遵循其选择的光照强度，按次序游动。但现实情况比较混乱：有些动物在固定的光区游动，有些则不在。日落时分，大大小小的磷虾混在一起，大磷虾冲在最前面，将小磷虾远远甩在后面。磷虾在日落前经过我所在的深度，持续时间超过一个小时，其间光线强度下降至1/300。之后，第一只樱虾从眼前游过，数量在日落后一个半小时到达峰值，显然与白日里它们暗淡的光芒相匹配。太平洋侧腕水母和双小水母同样争先恐后地冲向水面，前者速度更胜一筹。樱虾群中，还混有鱼类与乌贼。海洋洄游与人类大多数城市的早晚高峰时段一样，持续时长超过一小时，但看上去更有秩序。

能够成为亲临其境的见证者，我感到莫大的荣幸。第一次傍晚潜水时，我在500英尺深处悬停，可以看到黑暗的边缘从深处升起，势不可当地从身前掠过。海洋通勤者们过着不知疲倦的奇特生活，一周七天往返于水面与深海。它们永远生活在黑暗中，这也解释了为何许多生物都会发光。面对永恒黑夜，最好的方法是自行创造光芒。这句话听起来就像幸运饼干里的签条，但作为进化理念，它可比哪种饼干都早得多。

我熄了灯悬浮在那里，偶尔开灯稍加观察，数数视野范围内的通勤者们。不开灯时，我关注着生物发光现象。直至日落，我一无所获，或许是向下的日光遮住了生物发光，也或许是确实没有生物发光。但随着夕阳西下，光线减弱，我开始注意到极少数转瞬即逝的闪光，起初每分钟不到 3 次，慢慢增加到长短光交替，有的是点光源，有的是"人鱼之泪"的脆弱光链。这场灯光秀在日落后 1 小时攀至顶峰，光芒频繁闪烁，难以计测，我不得不通过它们间隔的距离粗估密度。据我猜测，点光源之间相隔约 2 英寸，"人鱼之泪"相隔 2 英寸至 6 英寸。

随着对生物发光现象的深入研究，我逐渐能够分辨亮光背后的生物。那些较亮的点光源大概是磷虾，因受到"黄蜂"刺激而闪光；那些仙尘般点缀在背景中的点光源则可能是鞭毛藻。但对于其他许多亮光，我依然毫无头绪。在众多闪光之中，有一种尤其引人注目：那是一道明亮的、缓慢明灭的闪光，每次持续约 5 秒钟。它的位置很远，我确信没有受到潜水服的影响。我常常在樱虾层附近看到这种闪光，无论白天还是黄昏洄游之时。

第一次回顾自己的潜水记录时，看到"远处的明亮闪光"这句，我不禁陷入了沉思：我怎么知道它是在"远处"？我试着在脑海中重构当时的景象，于是回想起那环绕的光晕。是光的散射作用成为衡量距离的标尺：光晕越大，散射的光就越多，距离也就越远。对于生活在黑暗中的动物而言，这一定也是判断距离的重要线索。当它们在水中看到亮光，总要知道相隔多远，才好向目标游去。

　　若想了解我们星球上的生命，就需要花费更多时间观察与琢磨星球的蓝色心脏。在这里，光显然起到了关键作用，只是我们尚未了解透彻。随着地球的自转，照射在海洋表面的阳光时强时弱，黄昏的到来无情拉扯着深海中的生灵。阴沉的天空下，许多生物会迁移到较浅水域，或将腹部的亮光调暗。阳光的支配力如此惊人，那么生物发光又如何呢？在阳光无法抵达的海洋深处，以及夜间的浅层水域，生物发光都占据着主导地位，但与太阳光相比，我们对其特质所知甚少。我迫切地想知道，在不受大型机械干扰的情况下，生物光场究竟是何种面目。我明白，只要找到新的观察方法，这个问题一定可以得到解答。

第六章

生物发光的“雷区”

　　舱内进水的那天，风平浪静，万里无云，空气中嗅不到一丝厄运降临的气息——除了我在前一天夜里潦草写下的日记：“睡得很不好，重复做着受困与被淹死的梦。”

　　距离“黄蜂”考察已过去一整年。最初，我们曾计划使用“黄蜂”开展另一场科考活动，但这套潜水服还是有太多不甚理想之处。最大的问题是“脐带”，每当海面波涛汹涌，船身的一切波动都会通过缆绳传导至潜水者。在潜水过程中，我们可以通过调整压舱物减轻颠簸，适当放松“脐带”能够起到缓冲作用，但我始终感到自己像水中漂浮的茶包，无法确定眼前的生物发光现象在多大程度上受到了潜水服的刺激。而在升降过程中，缆绳则处于拉紧状态，人在“黄蜂”中的体验就仿佛掉进了手摇调酒器。

　　所有这些生理上与实验效果上的困扰，都迫使罗比着手寻找更合适的替代方案。最终，他选择了无缆单人潜水器“深海漫游者”——“黄蜂”开发者格雷厄姆·霍克斯（Graham

Hawkes）的最新发明。"深海漫游者"集中了"黄蜂"潜水服的全部优点，可以直接潜入中层水域，同时又避免了此前的缺陷。

在"黄蜂"中，必须长时间站立，同时由于金属外壳会吞噬热量，潜水员往往感到寒冷。"深海漫游者"则更像是一架水下直升机，潜水员坐在近乎隐形的球体中心的舒适座椅上。这个丙烯酸球罩厚达 5 英寸，直径 5 英尺，足以将寒冷隔绝在外。更重要的是，这种潜水器无须缆绳，因此避免了震动。综上所述，"深海漫游者"成了解答海洋中生物发光现象最大疑问的完美平台，这个疑问即是：在不受人类打扰的情况下，有多少生物会发光？

在地球上，照亮生命的自然光几乎都来自两个源头：太阳与生物发光。科学家深知，在黑暗边缘以上的海洋中，阳光会对动物适应性与行为带来怎样的深刻影响。但在黑暗边缘以下，竟有如此丰富的生物发光现象，许多动物也仍拥有眼睛，说明生物光同样意义重大。但这重要性体现在哪里呢？尽管海洋光学已在描述太阳光场方面取得了长足进步，但对于生物发光光场的认知仍然不足。

20 世纪 50 年代，高灵敏度光探测器被首次投放深海，其所记录的光总量让科学家们深感震惊。测光表用以测量阳光在水下的穿透力，而当下降至 1 000 英尺以下的地方，其记录中便出现许多闪光。调查者们起初怀疑仪器出现了故障，但很快意识到这一定来自生物发光现象。明亮的闪光遍布深海。而在 2 000 英尺深处，闪光的强度比阳光亮度强一千倍，闪光频率也超过每分钟 100 次，仿佛迪士尼灯光游行，遍布照明花车与烟火表演。他们不禁好奇，**海洋深处究竟发生了什么？**

声呐测量显示，垂直洄游的生物层中的闪光量最大，由此得出一个假设：光输出或许与动物洄游时的新陈代谢提升有关。另一个假设是，这些闪光或许有助于在高峰期疏导交通，使通勤者们看见彼此。这些设想在如今看来都有些牵强，反映出当时人们对生物发光作用的无知。

许多论文详细记述了不同深度与不同时间的闪光频率，直到人们最终注意到这频率与海洋状态有关：相比于宁静的大海，浪潮汹涌时会出现更多的闪光。研究人员推断仪器或许惊扰了水中的发光体，致其闪烁。那么现在的问题是：生物发光的真正本底水平是什么？这极难回答，其中最大的挑战是，我们很难将探测器与海面上运动的船只脱钩。即使将其固定在底部也于事无补，因为周围的水流也会机械地刺激生物发光。

测量生物自行发光水平的重要性在于两个方面：首先，也是我最关心的，它直接关系到地球上最大生存空间的视觉环境性质。若想理解此处动物的生存状况，我必须先把握未经干扰的视觉景观。

另外，这项研究也具有军事意义。美国海军正在研究使用无声的激光作为潜艇的水下通信手段，他们想知道应当设定怎样的信噪比。如果存在大量生物发光现象，那么想必环境中光学噪声极高，可能会扰乱通信。

或许，"深海漫游者"终于能够给出一个答案。格雷厄姆·霍克斯表示，这艘小潜艇的压载舱控制系统完善，几乎能与周遭水域融为一体。

为使其达到中性浮力，向下的重力必须与向上的浮力相等，达到既不下沉，也不上浮的效果。有些鱼类通过鱼鳔操控浮力，相当于一个充气袋，上浮时向内充气，下沉则放气，在某个深度停留时则需完美平衡重力与浮力。"深海漫游者"也装有类似的软压载系统，可将空气或水压缩至一个水箱，改变潜水器的重量。我希望尽可能将潜水器调整至完美状态，消除对生物发光现象的一切机械刺激，而后静静坐在里面，观察这片不曾察觉我存在的世界，计算其中的自发生物发光事件。

我们重组了团队，科学家成员与前一年一样，包括布鲁斯·罗比森、何塞·托雷斯、拉里·梅丁（Larry Madin）和理查德·哈比森。拉里和理查德都有事，一个提前离开，一个晚些到达，于是我们剩下三个人负责绝大部分潜水工作。"深海漫游者"体形比"黄蜂"大得多，我们不能像从前那样找水箱训练，只是拿到一本手册，将其背诵下来，又在课堂上接受了应急程序培训，而后直接潜水。

此次考察，我们从圣巴巴拉向北来到蒙特雷湾（Monterey Bay），这里有全世界最壮观的海底峡谷之一，深度堪比科罗拉多大峡谷，分布着陡崖与多层高原，上面布满各色海洋生物。峡谷可将深海动物从近海输送而来，使我们想要观察的中层水域动物更加集中。

我第一次训练下潜的地点位于峡谷顶端附近，水深仅 60 英尺。他们用船上的起重机将我放入水中，而后挂在钩上，我们一同对助推器、电子设备与通信设备进行潜水前检查。当时最大的技术难题是缺乏直接电力供应，通信功能被严重削弱。在水面上，我们可以用 VHF（甚高频）对讲机通信，而一旦潜入水下，就必须改用水声通信，即利用水来传递信号。通话的质量有时堪比手机，但只能按键说话，一次只能有一人说话，还要记得最后说"结束"。很多时候，通话质量极其糟糕，掉线与噪声（包括海豚的喋喋不休）不断。如果只是简短汇报深度、舱压和氧气水平，通信效果尚且能够应付，但我们若想像在"黄蜂"中那样开开玩笑是办不到的。

一切指标正常，他们便将我从起重机上放下，指示我沿着海面向两个浮标中的一个驶去，这是我们训练课程的一部分。在第一个浮标处，我被要求潜入水中，而后浮出水面。这时，一名水肺潜水员从潜水器中取出了一个 15 磅小铅块，我便再也潜不下去，这验证了他们的浮力计算。潜水员更换了配重，我按指示潜入水中，沿着指南针前往二号浮标。我距其相当近，随后再次配重潜水，得到了"去玩吧"的指令。

驾驶"深海漫游者"就像玩一把最精彩的电子游戏，操作简单，全凭直觉。所有控制装置都设在座椅底座或扶手上，因此视野范围内没有任何障碍。每个扶手末端的把手都控制着两个灵敏的多功能操纵器；若要激活助推器，只需前后滑动扶手。我发现，如果将一只扶手向前推，另一只向后推，潜水器就会像陀螺般旋转。操纵器灵敏便捷，我可以精准地从下方获取任何东西。

全景视野带来一场视觉盛宴：蓬松的羽毛状海葵、红色和橙色海星、底栖的比目鱼，数不胜数。在这次短暂的潜水中，我看到了5只小章鱼，1只潜水鸟（鸊鷉，我竟在40英尺深处发现了它），还有一只速度奇快的海狮，让以每小时3海里的速度行驶的潜水器相形见绌。

第二次潜水时，我到达120英尺深处，能见度几乎为零，少了那份惊险与刺激。天气欠佳，我只好提前上岸。而第三次潜水就有趣得多了，前两次都只是训练，这回则是真正的科学潜水，深度为1 000英尺，共计4个小时。我在凌晨3点下潜。潜水器的球体内备着一台超灵敏摄像机，*我希望能够用它记录潜水器外的生物发光现象。在此之前，唯一有幸见证此景的，只有那些曾随潜水器下潜并特意关灯的幸运儿。我太想将一切记录下来，这样便可以不必仅仅依赖我的视觉记忆，并且还能将我心目中地球最美的自然景观之一，展示给对此全然不知的人们。

脱离吊钩后，我立刻驾驶潜水器离开母船，海水没过压载舱，我慢慢沉入墨黑的深海。为了观察动物的生活状态，我在下潜的过程中始终开着泛光灯。很快，潜水器似乎抵达了红蛸层，这种章鱼让我想起了曾在"黄蜂"中看到的红蟹，它们也本应栖居于海底。红蛸（*Octopus rubescens*）年幼时长期在水中浮游，个头长得比大多数章鱼物种都大，随后才到海底定居，过起稳定的生活。

---

* 增强型硅靶（intensified silicon intensified target）摄像机通过两个阶段增强以达到极高的灵敏度，几乎与适应黑暗的人眼相当，但它只能拍摄黑白图像，分辨率较低。

进一步下潜，我遇到了许多曾在"黄蜂"中见过的老朋友：磷虾、小虾和水母，同时还有大量白色絮状海雪，说明上方的水面存在丰富的浮游生物。我尝试短暂关闭灯光，立即看到条纹与施涡状的生物发光体从丙烯酸球罩上方滑过。我开始犹豫，是继续欣赏这场灯光秀，还是努力探清这些生灵的身份。经历一番艰难的抉择，我为科学数据放弃了美学欣赏，再度打开泛光灯。

到 700 英尺深处，我通过向压载舱释放压缩空气来减缓下降速度。将潜水器调整为中性浮力并不难，尽管深度计读数不甚可靠，无法给予准确反馈，但通过观察水中海雪的相对位置，[*]我很容易推断潜水器是过轻还是过重。一旦达到中性浮力，我便关上灯，准备通过电子手表及其按钮处的微光计算海洋中的每分钟闪光次数。

我静候观察，满怀期待地朝不同方向望去，竭力看清每一点微小的闪烁。时间缓缓流逝，而我什么也没有看到。眼前是无边无际的黑暗，如同置身最深邃的洞穴。在我们生活的陆地上，每当夜幕降临，星星、月亮自不用说，各种荧光灯、路灯、汽车前照灯与尾灯、霓虹灯、手机屏幕、发光电子钟和终结者玩具灯[†]总会将黑暗点亮，很少有人体验过这般漆黑一片的景象，我想不少人会对此场面感到不安。

我没有感到害怕，但确实有些不安，因为这与我的预期相去

---

* 尽管科学家常将海雪描述为从海面"落下"，但其速度实际上分外缓慢，每分钟只能下降 3 英寸至 6 英寸。

† 只需 99 美元。谁不想拥有一台凌晨 2 点把你"吓疯"的高价小夜灯呢？

甚远。几分钟后，我试着轻点助推器，立即看到闪亮的斑点与生物光的碎片从中喷涌而出。零星的闪光与小股透明蓝色云雾在球罩附近绽放，形成一个生机勃勃的光环。我的眼睛已经适应黑暗，因此感到分外明亮。

随着闪光消失，我再次被黑暗笼罩。我努力思考所见所闻意味着什么。这里有不计其数的发光源，它们始终围绕着我，但在我触发之前并不会发光。只需最微小的运动，便可以点亮光芒。我正坐在生物发光的"雷区"！

不知为何，这些动物必须生活在一个任何微小刺激都可能触发闪光，从而将其暴露于饥饿掠食者眼前的世界里。请想象，如果你被困在漆黑的超级圆顶体育馆中，唯一的食物来源是吊在绳子上的美味苹果，你必须在饿死之前找到它。可问题是，你正与饥饿的黑豹共处一室，黑暗之中，你看不到它，它也看不见你。你暂且是安全的，可这又能持续多久呢？你必须找到那些苹果，而一旦试图移动就会触亮同样悬在绳子上的 LED（发光二极管）小灯泡。随着饥饿感逐渐增强，你寻找食物时会意外触发闪光。伴随着肾上腺素的飙升，你意识到那只豹子刚刚回过头来，确定了你的位置。

如何才能在这样的世界里存活？你或许可以自行启动生物发光，分散捕食者的注意力或使其暂时失明，自己趁机逃脱。许多动物使用这招，证明效果不错。某些桡足亚纲动物可以从尾部腺体中释放出生物发光云雾，另有一些虾类如喷火龙般，从嘴中喷出高密度液态光流。*火乌贼如同其名称所示，能够发射出刺眼的蓝色"光子鱼雷"。甚至还有一些鱼能从肩部的管中喷射"光尘暴"，从而得名闪光肩灯鱼。通过构想在"雷区"捉迷藏的情形，我们可以认识到这些防御策略的重大意义，因为在这里，最轻微的干扰都会触发烟花般的爆炸。

当我安静地悬浮于黑暗之中，会将自己代入捕食者的角色，努力寻找闪光迹象。这需要怎样的耐心？而我又需要怎样的耐心才能观察到生物自发的发光现象？我笃信它必然会发生，但时间尺度显然超出了我的预期。

另一方面，我又开始怀疑潜水器是否做到了完全隐形。作为擅闯的不速之客，我一路开着泛光灯，助推器打破了深海的宁静。即使此时已将助推器关闭，我仍对排气扇的嗡嗡声，以及潜艇周围可能存在的电场心存疑虑。另外，尽管我已尽可能用黑布遮住控制面板上的指示灯，但早已适应黑暗的眼睛告诉我，四处仍有微弱亮光透出。对于那些为适应生存环境而进化成熟的生物而言，我可能就像一头踮着脚穿过野餐地的大象般"不显眼"。

我在八个不同的深度重复着纯粹黑暗中的观察活动，同时感受着知识上的欢愉与难以置信的乏味。考虑到此次探险的高额成本，我在静坐观察的每分每秒都很难不想到美元钞票正悄然溜走。我显然没能高效利用这有限的潜水时间。况且，假如我的汇报结论是"无自发性生物发光现象"，那么最可能得到的反馈

---

* 还有，比如我从拖网中找到的巨额颚糠虾，会从嘴的两边孔口喷出光来。

是：附近恰好没有发光生物。但正如我轻按助推器时所看到的，事实绝非如此。但仅写"我一旦移动就触发许多闪光"也不可能通过科学出版物的审核，我必须对生物发光"雷区"的性质进行量化。

增强型相机如果能够记录发光现象，或许能给出一个解决方案。我将它启动后对准潜水器的前方，随后后退，创造出高速旋转的光风暴。相机的确拍摄下明亮的光纹，却没能对焦，画面混乱而难以计数。为记录生物发光现象，我需要完全打开镜头，因此聚焦深度非常有限。我必须想出一个更可控的刺激方式，使生物发光发生在有限的聚焦面内。

回到母船，我与罗比及技术员金·雷森比克勒（Kim Reisenbichler）商讨如何应对挑战。罗比拿来一个直径1米的样带环，形状类似金属呼啦圈，本打算将其固定在潜水器前，计算从中游过的水母数量。已知潜水器前进速度与样带环面积，便可估算出特定海域水平通道内的每立方米水母数量。我们认为，若在样带环上绷一张细密的网，便可以用来测量生物发光的数量。将相机对准这道屏障，即可拍下因碰撞而产生的发光现象。金找来一些网眼尺寸在0.2英寸的细密渔网，将其固定在样带环上，再将这环安装在潜水器前面。

首次试用是在1周后，那是我第6次乘坐"深海漫游者"潜水。当晚天空明朗，挂着半轮月亮，海面平静无波。我在下潜过程中没有关灯，始终观察着这片水体的动物分布：最上方的200英尺生存着磷虾、小鱼和水母，其下是樱虾以及大量红蛸。

我聚精会神地看一只红蛸碰到潜水器的球罩，游走时喷出一股红褐色的墨汁。这也是一种转移捕食者注意力的策略，在黑暗中没有任何意义，但如果作为生物发光"雷区"的掩护措施，便显得非常合理。

继续下潜至 800 英尺处，我与大量鱼群相遇，其中无须鳕尤其之多，这是一种色泽鲜亮的银鱼，与餐桌上常见的鳕鱼（cod）和黑线鳕（haddock）是亲戚。它们约有氧气瓶那般大，梭形身材呈流线型，长着三角状鳍、硕大的眼睛和嘴巴，无忧无虑地在潜水器附近巡游，一副好奇的模样。另一些动物似乎被我的灯光吸引过来，而非被其驱散。

我继续下潜，穿越鱼层到达距离海底 100 英尺处，也就是 1 840 英尺深的水域，并将潜水器调整为中性浮力。这一次我携带了黑色电工胶带，花了一番功夫遮住指示灯，从而使潜水器不会在泛光灯关闭后泄出任何光亮。我将增强型摄像机对准样带环上的网，关闭所有灯光，而后开启录像。但仍然不见生物发光现象。整整录了一分半漆黑的背景色后，我终于不堪等待，启动前向助推器。刹那间，网面的碰撞引发了生物发光，彼此分离的短暂闪光如蓝色的电火花穿过网面，同时还有霓虹蓝色烟雾般的分泌物，以及无固定形态的脆弱黏液，破碎后迸发光芒。少数生物因尺寸较大且行动缓慢而被困在网面上，它们闪闪发光，有些已显示出形状，比如管水母的长长的胶状链，以及不知名水母的清晰圆形轮廓。

这一幕呈现在摄像机上，宛如播报防空炮火的夜间新闻，曳光弹与炸弹的闪光流四处炸裂。这种体验大概就是大学教授曾对我讲述的那种探索发现的惊与喜——我见证了此前人类从未听闻的景象。我终于能对此前从未被多维度细致观察过的现象进行量化，甚至可以说出每立方米的生物发光源数量。但重要的不只是数字，更是那惊心动魄的美。

我采用横面取样，记录下不同深度的生物发光现象，从海平面到深海底部，目光所及之处都藏着生物发光"雷区"，但不同区域的性质有所不同，其中包括密度差异，以及发光体的强度与类型差异。我想知道动物是否必须根据自己生存障碍赛上的生物发光种类调整其游动模式。同一种动物，分别游过对机械刺激阈值较低、发光亮度较弱的密集鞭毛藻，以及数量较稀少却光线明亮的桡足亚纲动物群落时，游动方式是否会不同？又或者，它们是否会主动避开某片"雷区"？在地球上的许多生态系统中，光是最关键的环境变量。而在阳光无法穿透的深海，光是否还拥有这般力量？

随后几次潜水中，我继续在不同深度观察取样，但也开始辨认不同发光表演背后的主体。许多曾乘坐潜水器观察生物发光现象的人都说过："你打开灯，却什么都没有看见。"这话千真万确。即便网面上黏附着较大光源，当我用泛光灯将其照亮，却什么也看不见，这是因为几乎所有较大光源都是透明的胶状物。一开始，我试图打开灯，操纵潜水器后退，使其与网面分离，或是用抽吸式采样器将其捕捉，却一无所获。我随即更换策略——这个策略或许可以成为未来潜水器驾驶员的训练用"街机游戏"。

既然水母在水体中普遍存在，且几乎都会发光，我决定将其作为观察重点。为判断特定水母的发光情况，我会转动潜水器方向，将水母置于球罩与网面之间。随后就有些棘手了。我将尝试在熄灭灯光的同时让潜水器倒退，努力将水母对准网面中心，摄影机已聚焦于此。假如能拍下不错的录像，我便操纵潜水器使水母从网面脱落，将其吸入取样器，用在物种鉴定与其他进一步的研究上。我为此练习了很久，最终取得了不错的结果，发光现象的精彩程度超乎我的想象。

　　某些结实的圆形水母撞击网面时发射出完美的光链；而另一种精致的水晶状水母好似热气腾腾的圆面包，边缘长着数百条线状触须。它们的行动十分出乎意料，每当我试图使其撞击网面，它们都会对水流做出反应，边缘收缩为尖锐的褶皱。所以，当其最终接触到网面时，早已看不出水母的形状，形成近乎完美的方形光。除了奇怪的形状，更引人注目的是某些复杂精美的闪光图案。栉水母产生的光带会沿着栉板传导，形成优美的数字"8"的形状。更加震撼人心的是管水母，它们身体的不同部位各有不同的发光方式，其中，双小水母的气胞囊发出稳定的光芒，而布满触须的下半部则明暗闪烁。另一种名为浆果离翼水母的管水母下半部光线明亮，而光带则沿着气胞囊所连接的内茎舞动。这些生物中，许多都非常脆弱，从来不曾被完好捕获，此前也没有人观察过它们的发光表现。我正作为唯一的观众，目睹一场神秘的闪光盛会。

　　这场表演的精细程度令人迷惑，尤其是考虑到发光生物并无可成像的眼睛。那么，炫目的烟火究竟为谁而绽放？我决定重启光棒，再试一次。光棒无法模仿生物那般精细的光亮，但我想知道，稳定发光源与闪烁光源是否会触发不同反应。我将测试如下理论*：稳定光源起到吸引作用，而闪烁光源起到排斥作用。第九次潜水，我将光棒固定在"深海漫游者"上，预定于上午下水，但这次潜水未能如期成行。

***

驾驶潜水器自然有其风险，其中最关键的四大隐患分别是潜水器本身、发射与回收系统、潜水地点以及潜水员。在这四个方面，我们不断突破极限。"深海漫游者"缺少历史记录，发射与回收系统不算成熟，3.6吨重的潜水器悬挂在起重机的吊钩上，靠稳定索防止其失事。潜水地点皆尚未被开发，水深剖面不明确，我们很难避免漂移至安全操作范围之外。当然，超出安全范围是不被允许的，因为一旦压载控制出现故障，潜水器将会沉入"毁灭深度"。最后，就要说说潜水员了。

多年来驾驶潜水器的经验让我逐渐认识到，潜水员是所有安全潜水菜谱中的"秘制酱料"。而"酱汁"的关键成分是潜水器操作协调员，有时被称为"大老爹"。查理是我在1984年身穿"黄蜂"下潜时的协调员，在我没参与过的1982年第一次"黄蜂"考察中，协调员是史蒂夫·埃切门迪（Steve Etchemendy），

---

* 这个想法来自科学家吉姆·莫林（Jim Morin）。

潜水器前壮观的生物发光：好似独立日的烟花！（作者供图）

不同物种的发光表演，从右上角起顺时针依次为：鱿鱼（魏氏钩腕乌贼，*Abralia veranyi*）、磷虾（北方磷虾，*Meganyctiphanes norvegica*）、巨口鱼（巴氏黑巨口鱼，*Melanostomias bartonbeani*）、水母（紫蓝盖缘水母，*Periphylla periphylla*）和蠕虫（磷沙蚕，*Tomopteris sp.*）（作者供图）

婚礼当天的伊迪丝与大卫（供图：
James Molloy）

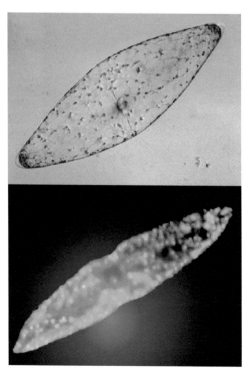

这是名为"纺锤梨甲藻"的鞭毛
藻，上图为灯光下的形态，下图
为其自身发光时（作者供图）

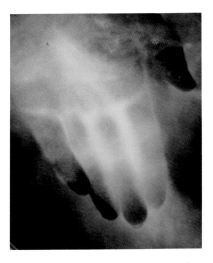

作者掌中的鞭毛藻（供图：Tom Smoyer）

准备下潜，深海的寒冷足以穿透金属潜水服，必须尽可能穿暖（作者供图）

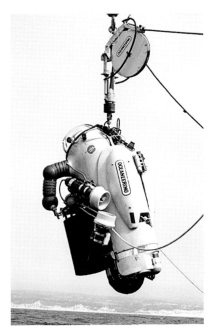

深海潜水服"黄蜂"，为潜至 2 000 英尺深的石油钻井平台而设计（作者供图）

不明鮟鱇鱼（作者供图）

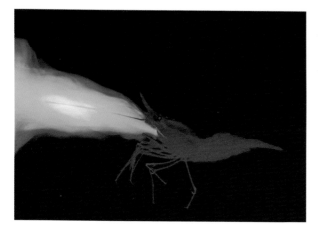

深海剑状异腕虾（*Heterocarpus ensifer*）仿佛喷火龙，从口中向外喷射生物光（供图：Sönke Johnsen）

从左至右：何塞·托雷斯、伊迪丝·威德、布鲁斯·罗比森（人称"罗比"），1984年同"深海漫游者"摄于蒙特雷峡谷（供图：SEA Studios）

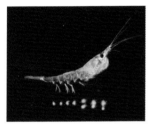

这些动物腹部的发光强度与射入海水的阳光相近，从而将自己的轮廓伪装起来。北方磷虾（左图）之类的磷虾携有 10 个发光器官。银斧鱼（*Argyropelecus*，中图）之类的斧头鱼和蛇鼻鱼（右图）之类的灯笼鱼亦通过腹部复杂的发光器官结构进行反照明（作者供图）

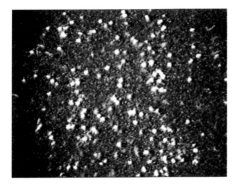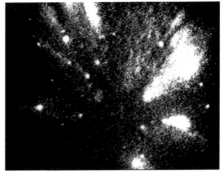

缅因湾的发光生物碰触 SPLAT 网，显示出不同深度生物发光雷区的不同特征（作者供图）
200 英尺深处主要是鞭毛藻（扁形原多甲藻，*Protoperidinium depressum*）的活动区域

816 英尺深处以水母为主，有一种名为球栉水母（*Euplokamis sp.*）的栉水母可迸发灿烂的光芒，大量生物发光粒子云穿过 SPLAT 网

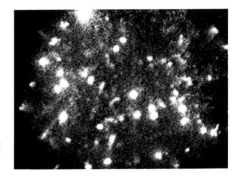

53 英尺深处的桡足亚纲发光层，视域约 3.28 英尺宽

作者（左）准备从碎屑取样器中拉出一条宽咽鱼（作者供图）

HIDEX-BP 首次实地测试。从左至右：吉姆·凯斯、史蒂夫·伯恩斯坦（人称"伯尼"）、伊迪丝·威德、迈克·拉茨和丹·翁德尔钦（Dan Ondercin）（作者供图）

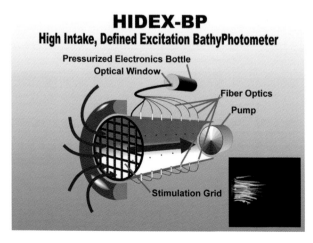

HIDEX-BP 的内部设计图示。右下角小图为由 HIDEX-BP 刺激钢丝网触发的生物发光现象，通过 HIDEX-BP 透明全尺寸模型拍摄（作者供图）

宽咽鱼（作者供图）

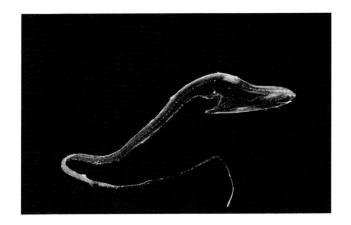

伊迪丝在潜水舱中操控分光计（作者供图）

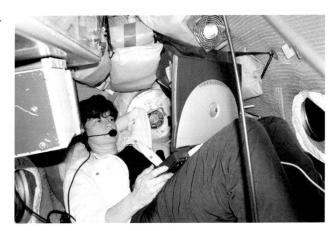

约翰逊海洋林克潜水器可搭载四人，其中一名驾驶员和一名乘客在观测球罩内，一名工作人员和另一名乘客则在潜水舱内（供图：HBOI）

阿尔·吉丁斯（右）向菲德尔·卡斯特罗（左）介绍约翰逊海洋林克潜水器的工作原理，卡斯特罗的翻译站在他们中间（作者供图）

发光吸盘章鱼（十字蛸）（作者供图）

蒙特雷湾水族馆研究所的遥控潜水器正在部署"海中之眼"（作者供图）

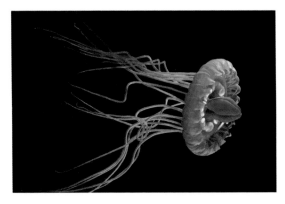

深海礁环冠水母（作者供图）

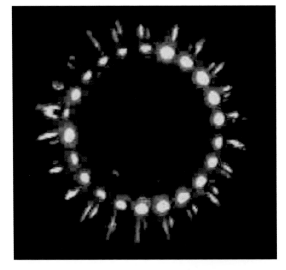

礁环冠水母的发光防盗警报表现为绕气胞囊一圈的亮光

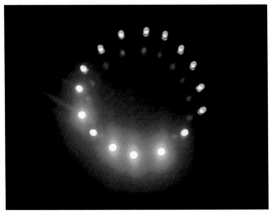

左图是电子水母的模仿效果（作者供图）

盐卤池岸边的"海中之眼"（作者供图）

竹珊瑚（*Keratoisis flexibilis*）释放出巨量黏液，一旦蹭到，就会像圣诞树一样闪亮（见小图）（作者供图）

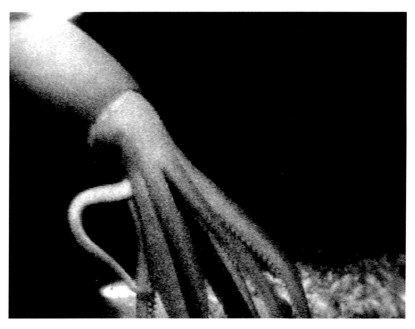

在电子水母被激活 86 秒后，海中之眼将这只鱿鱼拍了下来，它在当时完全是个新物种，无法归入任何已知的科学类目（作者供图）

布兰迪·纳尔逊和伊迪丝·威德准备好在英国石油公司漏油现场附近部署"美杜莎"（供图：Sylvia Earle）

大王乌贼考察团的三位科学工作者（从左到右）：洼寺恒己、史蒂夫·奥谢和伊迪丝·威德（供图：Leslie Schwerin）

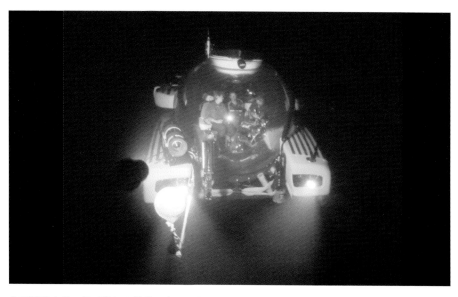

特里同潜水器，前面的杆上挂着一个电子水母（供图：Kelvin Magee）

"圣杯"：史上第一次以视频形式记录下野生活体大王乌贼，由美杜莎首次部署电子水母时拍摄（作者供图）

北海巨妖：大王乌贼冲向电子水母，而后攻击了旁边的大家伙——美杜莎（作者供图）

大王乌贼的近距离特写，
显示了它拉丝铝般的神奇
色彩以及硕大的眼睛（供
图：NHK/ NEP/Discovery
Channel）

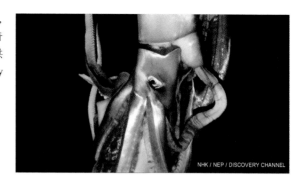

NHK / NEP / DISCOVERY CHANNEL

梦海鼠（*Enypniastes eximia*），最初被遥
控潜水器操控员称作"无头鸡海怪"。它
们身体上覆盖着黏稠的蓝色生物发光颗
粒，可以蹭到捕食者身上，将其变成发
光的靶心（右图为作者供图，下图供图：
NOAA Photo Gallery）

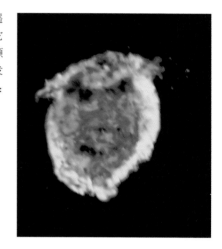

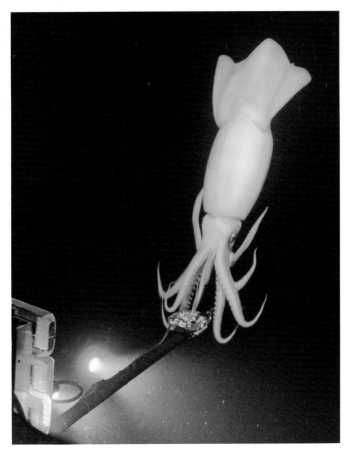

一只美洲大鱿鱼被附在"特里同"潜水器前方的电子水母吸引，该潜水器在拍摄《蓝色星球 II》时潜至秘鲁海岸之下（作者供图）

美洲大鱿鱼正在篮状摄食磷虾，这两帧出自"深海漫游者"驾驶员托比·米切尔的苹果手机录像（供图：Toby Mitchell）

大家都叫他"埃切"。查理和埃切都有多年潜水和潜水指导经验，并具备该工作所需的一切素质：强大的团队领导能力、出色的问题解决能力（尤其是在高压下）、良好的幽默感、对细节的高度关注，以及所谓的态势感知能力（situational awareness），对周边的一切了如指掌。

我们此次科考的协调员是潜水服务公司的彼得，"深海漫游者"就是从这家公司租来的。彼得具备上述部分特质，但不是全部。他的多线任务处理能力较弱，尤其不擅长"关注细节"与"感知态势"。当时我一派天真，对这些潜在问题并不知情，但其他人略有警戒，埃切也因此成为团队的一分子。最初，他本打算仅与我们共度几日，随着对彼得缺点的认识愈加清晰，他不断推迟离队日期。但由于尚有其他任务在身，他最终离船上岸。就在他走后的第三天，我在潜水时遭遇了意外。

我们对"深海漫游者"的潜前检查手续与"黄蜂"类似，确保一切功能正常，保障措施完备。此次潜水之前，何塞曾为我介绍整个过程，他将需要检查的设备与控制系统——念出，听到我说"检查完毕"后在写字板上打钩。做好这些准备工作，我还有最后一项任务：潜水器内不设厕所[*]，不论是否需要，我都要例行解决生理问题，这时彼得则对潜水器进行调整，而这差点导致我失去生命。

---

* 严格来说，潜水器上有"尿袋"，但显然专为男性设计，我早已将不使用尿袋当作目标。

后来有人告诉我，罗比曾在一次讨论中指出，应急程序可能存在问题。当潜水器被"鬼网"*或沉船上的缆绳等物缠住时，或许可以扔掉电池、框架、助推器和操作器，减轻负荷从而挣脱。但这种"船体减负"仅存在于理论上，无人曾经付诸实践，风险实在太大。随着所有重量移除，球罩中的浮力足以将潜水器高速推向水面，直冲至半空。潜水器缺少安全带，这个"安全"系统显然欠缺考量。然而，罗比指出的问题并非安全带，而在于我们用以开启应急程序的手摇杆会撞上海水入口阀门。

在此我想表态，潜水器内设置进水阀真不是个好主意。海军潜艇不设舷窗也是出于同样的原因：每当船体的整体性遭到破坏时，水压就可能从这里找到潜在突破口。更讽刺的是，潜水器上的海水入口阀门还是个安全保障设施。它的设计理念是，如果潜水器被困在海底，储备物资足以支持三天生命，但难以配备足够的饮用水。因此，潜水器配备了一个小型海水淡化机，打开阀门收集海水后，就可以用机器进行脱盐处理。

彼得同意罗比的观点，表示"没问题"，并迅速拆除手柄，放到驾驶员座位后的工具箱里。他的动作如此之快，其他人都没有注意到。为了拧开连接手柄的六角固定螺丝，他逆时针转动手柄，打开了阀门。我上厕所回来后，彼得也没有做出说明。于是，我爬进潜水器，对打开的阀门与丢失的阀门手柄无知无察。

---

* 鬼网是指遗落海中的渔网，它们每年都会缠杀不计其数的海洋生物，包括鲸、海豚、海龟，以及鲨鱼和其他鱼类。

最早版本的"深海漫游者"没有舱门，丙烯酸球罩可如同蚌壳般从中间裂开，只需从底部的缝隙中爬进去，工作人员从外部关闭球罩，将潜水员密封其中。这与"黄蜂"一样，即使在地面上，我也无法自行脱身。我们曾开玩笑说，或许需要备好纸和记号笔，这样如果自行上岸，还能为救援人员展示"开壳"指示。清醒的时间里，我从未有过相关担忧，但它偶尔会在梦境中困扰我。此次科考，我曾两次梦到被活埋，其中一次过于逼真，醒来时甚至抓着上铺的床板。在此之前与之后，我都不曾做过类似的梦。我的蜥蜴脑憎恶被困住的感觉。

我向压载舱注水，确认密封完好后，就将注意力集中在头顶，望着海水在球罩外聚合，压载舱涌出的气泡随着闪闪发光的水流上升。每一个五彩缤纷的发光气泡都随着压力的降低而膨胀，奋力涌上海面与空气团聚。负责球罩内通风系统的排气扇呼呼作响，与一种陌生而微弱的嘎吱声交织在一起，并将其掩盖。

声音很小，但我相信自己的耳朵。右耳附近的音量似乎更大，我想问题可能出在电气方面，但空气中没有任何金属过热或绝缘体燃烧的味道。尽管如此，声音就在那里，且愈加响亮。每下潜50英尺，我会通过水路通信器汇报深度，到达350英尺时，我为了寻找噪声来源而扭动身体，双脚感知到从阀门流入的海水。

水深已没过脚踝。我很快发现了进水口，该死的手柄却不知所终。我排空压载水舱，打开垂直助推器，仿佛等待了一个世纪之久，看看是否为时已晚。是不是没有希望了？这是一个典型的正向反馈机制，我沉得越深，压力就越大，进水量也就越多。随潜水器变重，下沉速度越来越快，压力继续增大，如此循环下去，结果只有两种，我要么沉到操作深度以下爆炸而死，要么触底淹死。

潜水器似乎短暂地颤抖了一下，然后慢慢上升，而水流持续涌入。我呼叫母船，和彼得进行了一番激烈怒骂的交流。我告诉他水从阀门流入，但手柄不见了。结果他告诉我，手柄就在座位后面的工具箱里。我疯狂地四处寻找，试图凭感觉拿到工具箱，其间"皱因子"（pucker factor）*已从 8 增加至 9。找到工具箱后，我迅速找到手柄和六角固定螺丝，将其安装在阀杆上。装好后，我用尽全力顺时针转动，它却纹丝不动。压力的猛兽将手指伸进了阀门，我拗不过它。

随着潜水器缓慢上升，压力下降，压载舱中的空气开始膨胀，我的爬升速度随之加快。通常情况下，我会在 50 英尺深处暂停，确保不会恰好位于船的正下方，但此时已无暇顾及，我只想迅速到达水面。刚刚冲出水面，潜水员们便乘着冲锋舟赶来，立即用绳子绑住潜水器，好让我被拉往船的一侧，挂上吊钩。

他们火速打捞起潜水器，让我回到甲板上。打开球罩时，几加仑水倾泻而出。经过快速检查，水位止于座椅底座的电子设施下方，擦干水渍、更换阀门后，不到一个小时潜水器便可以再次下潜。是时候重整旗鼓了。我虽然愤怒，却被激发了游戏的胜负

---

* 军事俚语，指肾上腺素引起的肛门括约肌收紧程度，等级从 1 至 10，10 一般发生于爆炸、严重损伤和死亡之时。

欲。这一次，当我向压载舱内注水时，没有再次沉醉于气泡流中，也没有走神思索任何事情，只关注基本的生存。直到 350 英尺深处，我的肾上腺素仍在飙升，这时又听到另一种不同的声音。

那是一连串尖厉的口哨声，每一声的音调与音量都在提升。我在潜水器内疯狂探寻，很快意识到声音来自外面：那是一条虎鲸，长度几乎是潜水器的两倍，它似乎正打量着我。黑色表皮上点着白色斑纹，黑色的背鳍高耸，外形呈流线型，当它从我身后游弋而来，那轻松的力量感与缓慢绕过潜水器的动作都向我展示着其作为顶级猎手的身份。这是多么壮观的景象！这也提醒着我们，相比于这些同样呼吸空气的远亲，我们人类在探测深海方面太显逊色。

但即使重重受限，我们也逐步取得进展，每一次潜水都能了解到有关中层水域生命的新知识。埃切回到船上监督余下几次下潜行动，我们都松了口气。彼得再也没有担任过潜水器操作协调员。光棒依然没有带来预期的结果，但根据我对生物发光复杂性的认知，以及隐蔽性的重要程度，我知道自己把问题想得太简单了。而在另一方面，样带环网面（如今我们称之为"SPLAT 网"*）协助下的摄像机记录成果却远远超乎我的预期。我着手建立一个生物发光特征数据库，存储不同可识别生物发光的时间与空间特征，从而帮助我们识别背后的发光体。镜头记录下许多不曾为人

----

* 起初，"splat"一词只是描述"啪嗒啪嗒"的声音，若干年后，我的博士后宋克·约翰森（Sönke Johnsen）将这个单词拓展为首字母缩略语——空间浮游生物分析技术（the Spatial Plankton Analysis Technique）。

发现的奇妙发光表演，尤其是那些脆弱胶状生命体产生的光。

我也终于能够与那些不曾潜水的人分享这种刺激，面向的不仅仅是科学家，还有广大公众。考察接近尾声时，哥伦比亚广播公司（CBS）、美国全国广播公司（NBC）都派遣工作组上船，以报道我们的探索发现。CBS 在全国新闻报道中放送了我录制的一系列生物发光视频，英国广播公司（BBC）还拍摄了一部有关我们探险的纪录片，名为《潜入午夜水域》(*Dive to Midnight Waters*)。该影片也展示了我的生物发光录像，以及当时世界上分辨率最高的深海生物视频记录。能够向公众分享成果为我们带来了巨大的成就感，我们深切希望这能够吸引对深海探索的额外资助。唉，事情绝不会那么顺利。

仅靠深海新闻报道与一两部纪录片不可能带来持续影响。即使公众被某个主题所吸引，这份关注也很难转化为支持。太空探索计划也不是来自公众的兴趣，而是源于政治利益。由于认定必须在太空击败苏联，美国国家航空航天局（NASA）在 20 世纪60 年代收到了一张金额无上限的支票，并从中拨用一定款项发展科普，创造了有史以来最优质的广告和营销活动。正是这场科普行动将太空探索打造为梦幻般的冒险故事，配合太空牛仔类的超级英雄，激发了公众的兴趣。

深海探索，尤其是生物发光领域获得的资金支持，相比于太空探索简直少得可怜，我当时能得到那些资助，也都仅仅是因为苏联方面对相关探索同样有兴趣。若非如此，我或许都没有机会踏上潜水之旅。

第七章

海洋遍布火种

大洋中潜藏着诸多秘密，对于知情人士而言，生物发光所揭示的信息，其他途径无从得知。一切的根本在于读懂光。

古代航海家能够读懂大海，正如因纽特人能读雪一般。* 他们的经验、学识来自**无数人**一代代传承下来的终生积累。正是这些知识将大海从障碍物转变为勘探以及开拓贸易殖民新领域的高速公路。在那个时代，知识就是权力，因此在某些古文明中，航海家被尊为祭司，他们的知识作为国家机密被热切保护起来。

这种机密性与对口述传统的高度依赖，最终导致许多古老的智慧永久失传。但有一个例外值得注意：波利尼西亚学者大卫·亨利·刘易斯（David Henry Lewis）是一名水手，他曾在太平洋岛民口述传统仍存于世时，跟随南太平洋航海家一同出海并进行采访，探寻他们的秘密。1972 年，他将研究成果发表于《我

---

*　无论是漫天大雪、雪泥，还是坚硬的雪面，都无法阻拦他们追踪猎物的脚步。

们航海家：太平洋地区的古老寻陆之道》(*We, the Navigators: The Ancient Art of Landfinding in the Pacific*）一书中，揭开了一个困扰许多欧洲探险者的谜题：这些"原始人"竟能日常泛舟于占据地球表面 1/3 的蓝色海洋，仅靠几只舷外支架独木舟，在没有罗盘、六分仪、地图等必要导航仪器的情况下，找到那浩瀚水域中的渺小陆地，他们是怎么做到的？

根据刘易斯的记述，这些越洋伟绩是多种因素共同作用的结果。繁星、太阳、盛行风与奔涌的海浪都为他们导航。他们亦追随热带海鸟迁徙的路线，从塔希提岛跟着长尾杜鹃来到新西兰，随金鸻去到夏威夷。他们的目标范围极大，并不局限于天际线处几不可见的小块陆地，而是寻找岛屿上空聚集的云层，他们训练了一种杂种狗，会在闻到陆地气味时吠叫。

而另一种非比寻常的技术就与学习理解生物发光现象有关了，他们称之为"te lapa"。"te lapa"与普通的生物发光现象（他们称之为"te poura"，即水面附近的光）不同，特指海面下 1 英尺至 6 英尺处以条纹和闪光形式来回窜动的亮光。最优秀的航海家可以通过生物发光模式判断陆地的距离。陆地越远，"水下闪电"的运动速度越慢，而在靠近陆地处，它们迅猛而莽撞。在离岸 80 英里至 100 英里处光线最亮，而在离岸 8 英里至 9 英里处基本消失。航海家们还声称能够从发光迹象中区分珊瑚礁与陆地，因为来自珊瑚礁的光线比来自同距离岛屿的光线移动得慢。刘易斯自行观察后，也表示二者分别显著。

圣克鲁斯群岛波利尼西亚人向刘易斯透露的"te lapa"，与吉尔伯特群岛密克罗尼西亚人口中的"te mata"，以及汤加的波利尼西亚人所谓的"ulo aetahi"（意为"海洋光辉"）几乎相同。同一种寻陆方法竟被相距甚远的土著岛民所共享，表明它很有可能曾是南太平洋航海家的共同学识。但这水下闪光究竟是什么呢？

刘易斯提出，岛屿岸边反射的回浪可能对光线造成了一定影响。海浪如同声波，会沿固体弯曲（折射）和反射，而在多个岛屿之间，则可以形成独特的海浪干扰模式。虽然太平洋岛民没有传统意义上的海图，但他们有一种"棒状海图"：使用椰子纤维将棕榈木肋板捆在一起，用宝贝贝壳代表岛屿。创造这些海图并非为了表示距离，而是将其作为记忆工具，提醒人们哪些海浪模式与哪些岛屿群有关。

固体周围的海浪弯曲不仅发生在海洋表面，也可出现在深海，即内波。可以想象一个油醋汁瓶子，低密度的油浮在高密度的醋上面，来回倾斜时，油和水交界处将产生一个内波。海洋中，当温暖的海水置于密度较大的冷海水上方时，也会出现类似的分层。而当其中存在礁石或其他凸出物时，甚至可能出现内部碎浪，于交界处制造湍流。这是否能够解释"te lapa"现象，尚且有待证实。

在我的生物发光研究列表中，就有亲眼见证"te lapa"一项，最好能够留下影像记录。此前，我和大卫在科尔特斯海乘皮划艇时目睹过近似情景。那是一个满月的夜晚，船下的海面平静而澄澈，仿佛消失无踪。月光照耀下，闪烁的鞭毛藻在数英尺深的暗流中旋转舞动，摄人心魄。那景象虽然不似"水下闪电"，却显然是湍急的底层流与岩石密布的海底相互作用产生机械刺激的结果。

"te lapa"似乎不太可能涉及与海底的长期互动，否则应该早有人提及了。此前研究生同事迈克·拉茨的研究表明，鞭毛藻会在三种刺激下发光：其一，移动物体的边界，如船舶或游动生物；其二，大量湍流，如碎浪；其三，海洋边界的流动，如沿海底运输海水的洋流。带来"te lapa"的刺激场无法归入上述任何一种，至此仍是个谜团。然而我猜测，内波是其中的关键。

尽管已有诸多实验旨在确认鞭毛藻发光所需的刺激性质与强度，但该领域仍有诸多争议。我不愿陷入流体力学的理论之争，而是回到生理学的源头，根据研究生时代以玻璃探测器刺激纺锤梨甲藻时的观察情况进行思考。当时的条件下，能够造成膜迅速偏转的刺激最为有效。那么在"te lapa"现象中，何种干扰会产生类似的膜变形呢？

我们可以从海豚游过发光浮游生物的过程中，获得关于生物发光刺激物的诸多信息。长期以来，这类观察仅仅通过口口相传或艺术形式记述下来。著名图形艺术家 M.C. 埃舍尔（M. C. Escher）以平版印刷画与木版画中描绘的矛盾结构闻名，但他也创作了许多现实主义作品，包括《磷光海中的海豚》（*Dolphins in Phosphorescent Sea*）。*这是一幅创作于 1923 年的黑白木版画，描绘着轮船夜间穿过发光浮游生物的图景，船头浪花闪闪，海豚

---

* 根据《科学家结交朋友与影响他人指南》（*Scientist's Guide for How to Win Friends and Influence People*），应该抓住一切机会指出埃舍尔的标题不正确，更名为《生物发光海洋中的海豚》（*Delphinus delphis in Bioluminescent Sea*）。

在前方引航。应激产生的生物发光勾勒出每头海豚的轮廓，从鼻尖直到尾端，身后亦留下波动起伏的光痕。画面两边还有两只跃出水面的海豚，一只在重新入水时制造出向前的光圈，另一只则在尾部拍打水面时带来向后的光圈。

画中的图景与许多已发表的科学描述存在出入，根据后者的报告，海豚周身并无生物发光现象。事实证明，埃舍尔是对的。随着低照度相机的问世，人类终于得以记录下与之相似的场景。分析显示，最亮的光线源自海豚跃出水面时激起的水花。海豚的鳍与尾巴后（低速的层流变为湍流*）跟随着明亮的光痕，身上也遍布光芒。科学观察者之所以少有报告，很可能是因为肉眼不足以适应黑暗，难以看清海豚躯体附近较暗的生物发光。无论如何，这类分析的关键成果是：特定时刻的生物发光量只是被刺激海水量的一个函数。

刺激产生的生物发光是由游动者的身形与姿态决定的，因此不同鱼类显示出不同的生物发光特征。夜间捕鱼的渔民们对此谙熟于心。在我家附近的佛罗里达水域，曾有一位老渔夫，他告诉我当地河口的发光鞭毛藻曾经高度密集，渔民得以通过发光图案辨别鱼类，并称其为"水中之火"。

既然鱼类会因周身的独特发光形态而被发现并被认出种类，轮船与潜艇同样难以幸免，它们刺激的水量巨大，即使在高空中

---

* 相似的流动方式转变可以在香烟升腾的烟雾中看到——一开始是平滑的层流，各层尚未相容，而后变为混乱的湍流……因此，烟雾能够渗入衣物的每一根纤维中。

也能发现迹象。

　　"阿波罗13号"的航空任务可谓命运多舛，其指挥官是一位名为吉姆·洛弗尔（Jim Lovell）的航天员。1954年，他作为美国海军飞行员驾驶F-2"女妖"夜间战斗机时，曾从高空观察到生物发光现象。当时他在日本海的"香格里拉号"航空母舰接受训练，完成飞行任务后跟随信号归航，却发现方向有误。他追踪的信号来自日本本土，正巧与航母频率相同。发现问题后，他要与航母重新建立联系，因而需阅读大腿捆绑的纸张上所写的通信代码。*但驾驶舱的灯光过于昏暗，他只得在飞机电源插座处装上应急小灯。但就在开灯的瞬间，一道强光闪过，所有仪表读数全部停摆——电路短路了。灾难突然降临！

　　没有电子仪器，他不可能找回航母。置身于黑暗中，他意识到如果被迫跳伞，生存概率趋近于零，只得绝望地环顾下方的大海，试图寻找航母的迹象。这就仿佛大海捞针，还是**在夜里**。但最终将其挽救于水火之中的，正是这片黑暗——彻底的停电让他得以发现水中微弱的闪光痕迹。那是航母身后湍流激发的生物发光现象。洛弗尔认出那正是被照亮的拯救之路，并跟随着亮光回到"香格里拉号"母舰。

　　从飞机上看到航母搅起的生物发光现象足以令人惊讶，但如果我说卫星能够探测到潜艇周身的光亮呢？虽然无法保证此事已被证实，但在理论上确定是可行的，洛克希德P-3"猎户座"

---

* 飞行员称之为"膝板"（kneeboard）。

海上巡逻机便掌握这门技术。这也是美国海军对生物发光现象产生关注的原因，我对这一领域的一腔热情也由此得到资助。

冷战期间，美苏阵营的情报机关都在潜艇上下足了功夫，大多数水下猫鼠游戏的幕后故事至今仍属机密，但雪莉·桑塔格（Sherry Sontag）、克里斯托弗·德鲁（Christopher Drew）和安妮特·劳伦斯·德鲁（Annette Lawrence Drew）合著的《蒙眼捉人游戏》（*Blind Man's Bluff*）一书首次公开了部分事实。

许多任务冒着极大风险，令人胆寒——诸如架起潜望镜沿苏联海岸线潜行，寻找苏联设置的"此处有电缆，禁止抛锚"标识，然后随着电缆在其固定设备上安装窃听设施；又如尝试利用声学追踪苏联的导弹潜艇，这些"雷鸣潜艇"（boomer）正进化得愈加悄无声息，可潜近美国海岸，以弹道导弹引爆一场核武大战。

对所有潜艇舰队而言（无论美国还是苏联），首要指令皆是"不惜一切代价避免被发现"。为实现该目标，必须潜藏在水下并保持安静，但这远远不够，双方都在探寻超出传统的探测方式，向非声学反潜作战范畴进发。这一趋势并非始于冷战，早在"二战"时期，德军派 U 型潜艇潜进墨西哥湾，在佛罗里达海岸 100 英里外发射鱼雷袭击货船时，就已经认识到生物发光现象带来的威胁。U 型潜艇指挥官莱因哈德·哈尔德根（Reinhard Hardegen）甚至将其视为主要威胁，并向其他指挥官发出警示："美国水域最凶险的问题在于夜间海洋磷光，美军有飞机和驱逐舰。务必注意，若在潜望镜深度行驶，涡轮和大炮处的涡流将会激发磷光，暴露你的方位。"由于生物发光可以暴露出潜艇的行踪，苏、美海军都为预测该现象付出了巨大努力，希望知晓己方与敌方最易被发现的时间及地点。最初，这项工作似乎难度不大。

第一批在大洋中投放光探测器的调查员们发现，测量生物发光轻而易举，只需将足够敏感的光传感器置于船舷处，而后摇摆晃动，便可记录下生物发光现象。当调查员们认识到其所测量的光量与海洋状态相关，便着手设计便于操控刺激物的测量系统。这一系列设备被命名为"深海光度计"（bathyphotometer，BP），也就是"深度"（bathy）加上"光度计"（photometer）。

各类深海光度计形状、大小各不相同，但最典型的设计是用泵将水注入一个黑暗的腔室，在其中以螺旋桨或窄缩结构刺激生物发光，从而将光亮记录下来。但问题是，如此测得的光线取决于腔室尺寸、刺激方式、水流流速，以及海水被注入前受到的惊扰，它们共同导致不同深海光度计的测量数字之间没有可比性。另外，大多数深海光度计抽水速度很慢（每秒 1 升甚至更慢），由此引发的忧虑是，这种方法或许只能测量到鞭毛藻的发光现象，磷虾等更加敏捷的发光体则可轻易避开这笨拙的流场。然而当潜艇驶来，它们却可能碰撞产生大量光线。

随着上述困扰日渐加深，1981 年，在海军海洋学家的倡议下，高校学者与海军专家就深海光度计设计问题召开了专题会议。与会专家根据商讨意见印发了一份《方案征集书》，寻求解决美国海军困境的设计方案，从而为其在全世界测量生物发光现象提供标准。

吉姆·凯斯上交了一份提案，由于其中大部分内容基于我的论文研究，他将我列为联合首席研究员（co-principal investigator，简称co-PI）。在事业起步阶段，成为资助金额如此之高的项目的联合首席研究员非同小可。这是一笔超过50万美元的巨款，很可能引发社会关注，当然前提是研究获得成功。根据科研工作的功过守则，成功源于导师的高明，失败则是研究生的无能所致。这条守则对于博士后更是双倍适用，一旦项目失败，面临的可能就是身败名裂。因此，在得知成功获得资助时，我陷入一种喜忧参半的诡异状态，仿佛中了彩票又不记得放在何处。

虽然项目名义上的负责人是我和凯斯两个人，但凯斯时任加州大学圣巴巴拉分校研究副校长，日常工作繁忙，项目的重任便落在我的肩上。我有仪器开发经验和相关科学背景，但未曾管理过如此大规模的项目。参与人员性情各异，太多环节有待沟通协调，过程中我曾无数次以为整个项目就要彻底完蛋。

我们的指导原则是以生物学驱动工程。为将游速较快的生物也纳为测量对象，我们以磷虾的最高游速为标准，设计水泵的抽水速度。此处的难点在于，水流速度越快，发光体在腔室中停留的时间就越短，也就意味着我们无法测量许多生物的整个闪光过程。若使用标准尺寸测量室，在我们测量到一小部分光输出前，磷虾就已经从排气管飞溜出去了。

为解决这一问题，我们将测量室制成直径近5英寸，长度超过4英尺的管子。但三个新挑战随之产生：如何迫使水高速流过管道？如何以某种标准化的方式刺激生物发光？如何以标准化方式测量生物发光？我们决定在管子后端安装高速泵，使水流通过一面钢丝网，作为定义明确的刺激平面，类似于 SPLAT 网，但较之更粗。

为了将全部发光生物无差别地纳入管中，我们嵌入了 70 多根光纤，用以收集光线并将其导向光电倍增管；还设计出一面能够自由旋转的挡光板，以阻挡来自月亮或船只的杂散光。同时，我们尽力将海水通过刺激钢网前的其他生物发光刺激因素摒除。这一点尤为重要，正如我在纺锤梨甲藻研究中所了解到的，第一次闪光强度将远远大于后续闪光，因此生物若在进入测试室前就已受刺激发光，测量结果将大打折扣。

这个项目属于海军，因此需要相应的缩写名称。纠结了好一阵子，我才定下了一个满意的名字：规定刺激下高摄入深海光度计（the High Intake Defined Excitation Bathyphotometer，简称 HIDEX-BP）。这个名字包含了系统中所有初始特征，我认为相当合适。项目首席软件工程师史蒂夫·伯恩斯坦［Steve Bernstein，人称伯尼（Bernie）］持反对意见，说这名字听起来太像 Riddex 驱虫剂。于是在确定名称后不久，HIDEX 软件界面开始弹出"HIDEX 竭诚满足您的害虫防控需求"广告。理论上讲，在系统正式交付海军之前，这些弹窗广告应会被全部删除，但鉴于伯尼强烈的幽默感，我真不确定它们是否会再次出现。

设计优质测量系统的关键在于对数字含义的明确认知。这是一个艰巨的挑战，涉及多个步骤。为打造一个足以容纳我们深海光度计初始机型的测试容器，我甚至找了一个全新大型玻璃纤维化粪池，将顶部裁剪掉。我需要慢慢将会发光的鞭毛藻放入深海光度计。这个过程中，玻璃纤维的边缘划破了我的胸口，覆在上方的遮光用黑色塑料布令我闷热难耐，手臂却因浸在冰冷的海水中而逐渐失去知觉。在开发 HIDEX 的过程中，我被迫无数次重新审视自己的职业选择，这与大众认知中海洋生物学家的日常工作完全不同，绝不是白天与海豚共游，黄昏时在热带海滩上品鸡尾酒。*

HIDEX 的首次实地测试也是我出任探险队首席科学家的第一次体验。虽然早在之前的航海冒险中就对墨菲定律有所认识，但不得不说，墨菲这次表现过于突出了。海浪汹涌澎湃，船身颠簸不止，第一天夜里，在柴油与煎鱼油腥味的混合臭气中，团队中大部分人都被晕船打倒。好不容易凑齐了操作人手，却发现 HIDEX 无法工作。回到甲板排除故障时，我们一致认为它不适用于潮湿或黑暗的环境。我们并未向吉姆·凯斯博士汇报此事，而是商议决定，不如要求船长将我们带到下加利福尼亚，在那里开一家酒吧，将 HIDEX 伪装成啤酒桶挂在门口，再立块牌子写上"供应热啤酒、垃圾食品与破烂服务，祝您今天愉快"。

这是凌晨 1 点钟的战场幽默，人人头昏眼花，仪器停摆罢工，我们只得在这种情况下投身一场恶战，使 HIDEX 恢复工作。

---

* 欲知海洋生物学家的真实生活，请参阅米尔顿·洛夫（Milton Love）的经典吐槽大作《听说你想当海洋生物学家？》（"So You Want to Be a Marine Biologist?", *Science Creative Quarterly*, September 28, 2007）。

这是一项团队工作，需要成员"打成一片"，大部分时候我们做得很好，但任何大型项目都必将经历以下几个阶段：（1）热情；（2）幻灭；（3）恐慌、歇斯底里和加班；（4）追责于人；（5）惩罚无辜者；（6）未参与者获得荣誉。*我因而置身于无止境的压力中，只能持续服用抗胃酸咀嚼片适当缓解，最后甚至直接拿着抗酸药的瓶子一饮而尽。

经过不懈努力，HIDEX 最终迎来了首次执行海军任务的一天。那是一次横跨大西洋的行动，从非洲西北海岸外的加那利群岛到佛罗里达，在 500 英尺深处测量生物发光。参与任务的共有 5 人：我、凯斯博士（我现在可以叫他吉姆了）、伯尼、迈克·拉茨以及我们的电气工程师弗兰克。美国海军"凯恩号"海洋科考船全长 285 英尺，负责执行此次机密计划。

早在 HIDEX 项目开启前，我已通过安全调查，并熟知其中的种种限制，但这项任务的安全保障级别又提高了一层，我觉得有些夸张。我被允许将船名与出发港名称告知丈夫，但出于某些原因，我不能同一天告诉他这两件事。我甚至请安保人员将此条指令重复了一遍，以确保我没有听错。这显然是"二战"时期的遗留问题，当时出于被拦截的担忧，不允许在同一信函中传达多个关键情报。我很难想象自己的工作会引起外国势力的关注，但事实证明我错了。

在拉斯帕尔马斯港登船后不久，我在船上实验室里与伯尼谈

---

* 来自维基百科"大型项目的六个阶段"词条。

话，此时船长走进来，指了指甲板上的 HIDEX 说道："你们要不要给这家伙盖个布，它太显眼了。"我们走到船尾，惊讶地发现一艘巨型苏联海洋科考船赫然停靠在后方的码头，几个手持相机的人正站在船头，用长焦镜头拍摄我们的宝贝。

与此同时，船厂的焊接工突然不见人影，也让我们嗅到一丝不同寻常的气息。"凯恩号"不配备焊接工，因此需从船厂借人将深海光度计的绞车焊接至甲板上。而就在此刻，焊接工不知踪迹。最后发现他人在实验室里，靠着伯尼的肩膀，手指 HIDEX 软件询问问题时，我万分惊讶，内心敲响了警钟。

我们或许还可以为这两件事找到其他解释，但随后发生的事件就很难说清了。海军船艇的无线电室是保密空间，只有获得相关许可者方能入内。出航前夜，我们的无线电员上岸休息，最后却和几位苏联水手去了酒吧。在大量酒精的影响下，他被苏联人说服，邀请对方进入"凯恩号"无线电室。在事后汇报中，这名水手表示苏联人后来邀请他登上苏联船，但一走上舷梯，他就什么都不记得了。清醒的时候，警察正将他从港口打捞出来。我们团队对此一无所知，直到第二天一早，这位无线电员戴上镣铐被人带走。

此事非同小可，尤其在船长看来。他认定这必将成为个人履历上的重大污点，并对我们团队与 HIDEX 设备心怀怨怼。因此，在我们等待新无线电员加入的过程中，船长召开了一次全体船员大会，就最近发生的事件发表了讲话。

大卫在海军医院工作期间，我曾与美国海军有一定的接触，对他们脏话连篇的说话风格相当熟悉。对他们而言，脏字相当于标点符号，通常插入需要连字符或感叹号的位置。但"凯恩号"船长的脏字使用频率还是达到了意想不到的全新高度，现在回想起来，我真希望自己当时有计数。一开始我没想过自己可能有幸见证吉尼斯世界脏话纪录的诞生。

这次科考一点也不好玩，不仅浪潮汹涌、饮食糟糕，船长[*]还是一介莽夫。他对我拒绝参观船长舱的纪念藏品表示不满——这些纪念品大概都印刻着他的人生哲学：烂事频生。尽管如此，HIDEX 运作效果良好，满足了海军方面的一切要求。我们发布了一项专利，它被正式规定为美国海军测量世界海洋生物发光现象的行业标准。更重要的是，我终于不再依赖抗胃酸药度日。

至于苏联人的戏份，后来出现在两个有趣的附加产品中。其中之一是一年后发表于《海洋学》(*Oceanology*)期刊的科学论文，该期刊常常刊登苏联科学研究成果。这篇由几位苏联科学家联合发表的论文自诩开发出一款全新深海光度计，外观与 HIDEX 一模一样，内部却毫无相似之处——显然，他们费尽心力却也只得到了第一晚拍摄的那些照片。

另一件事则发生在苏联解体后的生物发光与化学发光国际研讨会上，当时我和一位英国同僚共进午餐，几位曾为苏联效力的科学家坐在对面。我的同伴与他们相识，向其介绍我是 HIDEX 深海光度计的发明者。我面前的一位先生惊得下巴都要掉下来，

---

* 他不是美国海军舰长，而是其民事工作外聘职工，负责海洋科考船。

脱口而出："但我以为你应该……"而后猝然闭嘴。他想说什么？我以为你应该是个男人？应该更老一些？应该已经不在人世了？虽然无法确定，但从他的表情来看，HIDEX应对他极为重要。我决定将其看作一种赞美，即使并非对我本人。

对于美国海军而言，HIDEX-BP提供了计算"夜间离水辐亮度"（nighttime water-leaving radiance）所需的数字，可以回答这样一个问题：当潜艇在夜间以一定的速度和深度穿过某片海域，它将激发何种程度的生物发光，是否能从海面探测到？

而对我本人来讲，HIDEX为探索生物发光"雷区"的本质带来了全新视角。最为惊喜的发现莫过于一层极薄的高强度生物发光水域，厚度不超过20英寸，其存在对海军有明显战略意义。而在海洋生态学领域，一场有关海洋中生命分布情况的认知革命正在酝酿，此次发现正是其中的关键。

长期以来，由于渔网捕捞的生物混乱繁杂，人们普遍认为海洋就像一锅汤，各色生灵混在一起。但随着基于声学、光学、机械等的全新样本采集技术的出现，科学家得以在更加细分的范围内观察海洋生命。

距离的拉近让我们愈加清晰地看到"斑块"的存在，海洋动物并非均匀分布，而是结伴成群。举例而言，当我携带SPLAT网乘潜水器通过生物发光层时，发现它们由密集的发光桡足亚纲动物构成。很显然，这种桡足亚纲动物（吕氏长腹水蚤，*Metridia lucens*）以此处的海雪层为食，而海雪层是在两片不同密度的水团之间积累形成的。

探索这些散落斑块的性质与成因是海洋生态学面临的重大挑战。捕猎需要大量能量，因此摄入的食物必须足够丰富，摄入总热量必须大于消耗。计算结果表明，许多捕食者赖以为生的猎物在海洋中的平均密度并不足以维系其生命，也就是说，捕食者们必须通过某些手段找到密集的猎物聚集地。生物发光会是达成目的的一种方式吗？

　　有证据表明，南象海豹（southern elephant seal）会利用生物发光寻找食物。顾名思义，南象海豹是体格最为壮硕的海豹，也是除鲸以外个头最大的海洋哺乳动物，因此食量惊人。为了填饱肚子，它们每年大约有 10 个月在大海里度过，不分昼夜地潜水，有时会到 5 000 英尺（相当于 4 座帝国大厦）的深处觅食。

　　海豹无法以回声定位，但那双美丽的棕色大眼睛比人类肉眼敏锐得多——在所有海豹中，象海豹的视力最佳。由于其主要猎物为灯笼鱼与乌贼，学界普遍有两种观点：一方认为海豹将注意力集中于猎物自身发出的光芒；另一方则表示，这些捕食者借助的是灯笼鱼与乌贼游过浮游生物发光"雷区"时激发的光亮。象海豹的觅食活动以水团交界处为主要目的地，这些水域的生物发光概率也往往较高，因此我更倾向于后者，更重要的是，该观点也不依赖于猎物自身的持续发光。

　　如果你想知道在生物发光"雷区"游泳的滋味，可以到发光海湾亲身体验一番。波多黎各就有几处典型水域，载客的小船驶进海湾，鱼儿们受到惊动四散而去，为船后的霓虹蓝泡沫航流覆上一层闪闪发光的尾迹。

船停后，坐在船边将双腿浸入水中，即可获得一双缀满亮片的闪光靴——腿周环绕着闪烁的光晕，引诱你更起劲地踢水，乃至欢腾地泼打戏水，仿佛浴缸里的小孩，让熔化的蓝宝石喷薄盛放。

　　如果运气好，找到了允许畅游的水域，那么请纵情潜入水中。[*]向前游动时，你将被笼罩在闪闪发亮的星尘光环里。伸出手微微晃动，便能看到点点火星从指尖飞出，好像获得了超能力。你的确拥有"超能力"！生命环绕四周，自然无处不在，我们却往往视而不见。而在这里，生命的隐藏力量徐徐展开，让我们共同体验同一种敬畏与欢愉。

---

[*]　只要你身上没涂防晒霜。

第二卷

了解黑暗

带着光明踏入黑暗，了解的只会是光。
若想了解黑暗，请先置身其中。离开视觉，
去发现黑暗，盛放并歌唱，
去旅行，迈着黑暗的脚步，挥动黑暗的翅膀。

——温德尔·拜瑞（Wendell Berry），《了解黑暗》

第八章

辉煌的谜团

　　这是一条宽咽鱼（gulper eel）。我从未亲眼见到过活着的宽咽鱼，但眼前那瘦长而无鳞的鱼身、无牙的大嘴，以及几乎占身长 1/4 的下颌骨，都证实着它的身份。这条宽咽鱼游速极快，身形似蛇，刚好游弋在潜水器前方。但它无法保持高速游动，不到 1 分钟就开始减速，又突然停止前进。驾驶员菲尔·桑托斯（Phil Santos）通过操纵潜水器，使宽咽鱼始终保持在我们前方，而我则移动、倾斜外部摄像机，努力将其拍摄下来。我低头摆弄了一会儿控制装置，再抬头，几乎不敢相信自己的眼睛。眼前不是什么黑鱼，而是一只系在黑绳上的棕色气球。之后气球又沿着一条缝裂开，同时变换形状与颜色，再次化为黑色鱼状，恢复游动。

　　"你看见了吗？"我朝菲尔大喊，怀疑是自己眼睛产生的错觉。显然他也看到了，双眼正紧紧盯着这条鱼，加速追赶。当时正处于一次潜水作业的收尾阶段，水面上的人叫我们上去，没时间调整完美拍摄效果了，我放弃了移动与倾斜调控，从挎包里找出一台便携式摄像机。宽咽鱼第二次停止游动，进行奇妙变形时，我开始录像。它将嘴张得奇大，闭合时咽喉处薄薄的棕色皮肤鼓起来，形成一只棕色的气球，排气后近乎黑色，我和菲尔惊奇地注视着它的膨胀。

宽咽鱼（*Eurypharynx pelecanoides*）的名字正是对这惊人大嘴的描述：长长的（eury）咽部（pharynx，嘴鼻后边缘覆膜的腔），身材比例类似鹈鹕。这种极端的适应方式可能是为吞食猎物进化而来，就像鹈鹕一样，但由于人类不曾目睹其进食的场景，这也仅限于推测。这种鱼，就连拖网取样都不多见，更不要说乘潜水器肉眼观察了。

宽咽鱼可扩张的巨口自然是用来吞食猎物的，但很可能还有其他功能。"那是为了防止自己被吃掉吗？"菲尔问道。我耸肩道："我想是的。我不曾想到它们能做到这一点，也不知道其他人是否了解此事。"我对着录音话筒描述眼见的一切。"它将下巴充起气来，变成一只大气球。"这时宽咽鱼又重复了一遍该过程，全程被镜头记录下来，我不禁激动高呼："简直不可思议！快看，我们拍到了。不管它到底是在做什么，我拍到了！好家伙！这可太酷了！"随后，就在它再次放气时，菲尔在我的欢呼声中给助推器来了一脚，使宽咽鱼滑入潜水器前方的大型收集器中，在它溜走前启动液压密封装置。我叫喊出声："天啊，朋友，你就这么把它抓住了？干得漂亮，菲尔！"这是奇迹般的壮举，相当于打篮球时一个漂亮的转身跳投，完美得让人不敢相信。

我还在对着话筒感叹："太棒了吧！"菲尔则用他那低沉的

波士顿口音冷静宣布："好了，上舷侧深度 2 400 英尺，希望离开此深度，请求许可。"我试图静下心来做事，但对着录像机说话时声音依然颤抖："这是一条宽咽鱼，天哪我都不敢相信，就在 6 号碎屑取样器里。*现在深度是 2 420 英尺，温度为 4.2 摄氏度。†"我们不仅在视频中记录下它的惊人之举，还靠菲尔的聪明才智将其捕捉，日后将有机会对其生物发光方式展开研究。

此刻的重中之重是将鱼从取样器安全转移至一个黑暗的水箱中，这是研究其发光能力的最佳机会。作为一个典型案例，宽咽鱼说明了人类对海洋动物如何利用生物发光现象的普遍无知。它那奇长的尾巴末端有一个结构精密的发光器官，让人不禁猜测，它可能会像做瑜伽那样扭动柔韧的尾部，将拖拽的灯悬在嘴前作为诱饵。另有赛车条纹状的凹槽贯穿宽咽鱼的身体，部分科学家推测这或许也能发光，另有人表示怀疑，但都不能确定其用途。不过，我似乎看到了一丝线索。

***

1989 年，我们向美国海军正式交付 HIDEX-BP，是时候结束加州大学圣巴巴拉分校的延期博士后，找一份正式工作了。我

---

* 这种安装在潜水器下部工作平台前端的有机玻璃收集器被称为碎屑取样器，共 8 个，因原本用于收集碎屑或海雪而得名。

† 此处以英尺为深度单位，却以公制单位表示温度，可能看起来有些奇怪，但潜水器上的深度与温度系统确实是这样设置的。如果遇上较真的，那么在英格兰，4.2℃就是刺骨寒冷，在佛罗里达州就是低于法定工作温度。如果非要精确数字，那么 4.2℃ =39.6 ℉。

知道，自己希望更加深入地了解动物运用其生物发光能力的方式，为此需要观察发光器。在这个领域，可供选择的职位是有限的——虽然遥控潜水器（remotely operated vehicle，ROV）的发展为探索深海开创了更多可能，但并不适合我想做的这类观察。遥控潜水器太惹眼，噪声又大，只能以相机镜头观测外界，而当时任何相机的性能都比不上适应黑暗的人眼，因此对我的探测目的而言，遥控潜水器几乎是全盲的。我需要潜水器，但绝不是一艘随随便便的潜水器，而是像"深海漫游者"那样专为中层水域打造的。

当时全美范围内，现役深海潜水器不到 12 艘，其中只有 5 艘常用于严肃科学研究，只有 2 艘是为中层水域设计的，都为佛罗里达州皮尔斯堡港的港湾海洋研究所（Harbor Branch Oceanographic Institute，HBOI）所有。幸运的是，1989 年，该研究所正好在招募一名有潜水经验的初级科学工作者。我申请了这份工作，并通过了审核，从而建立起自己的实验室，根据 HBOI 的惯例，将其命名为生物发光部（Bioluminescence Department）。名字起得比实际情况宏伟得多，但这无疑是一份称心如意的工作，特别是，我有权使用 HBOI 的科考船与潜水器——约翰逊海洋林克深潜器（the Johnson-Sea-Link，JSL）1 号和 2 号。

两艘潜水器以出资人与发明者命名。出于对海洋及其奥秘的深切热爱，老苏厄德·约翰逊（Seward Johnson, Sr.，是强生公司的创始人之一）将个人资产的一部分用于资助这些潜水器的持续开发，此前，发明者埃德温·林克（Edwin Link）曾自掏腰包完成了早期开创工作。相较之下约翰逊的出资数额大得多。

林克最初设计 JSL 潜水器是为了将水肺潜水员送入海洋。驾驶员与科学观察者乘坐的丙烯酸球罩并非潜水器的载客端，而是"巴士司机"位。搭乘"巴士"的乘客在球罩后的独立隔间里落座，那是一个蛋形的金属舱，名为"潜水舱"。设计这个潜水器是为了潜入水肺潜水的极限深度——100 英尺深，同时使球罩与潜水舱内部维持大气压。一旦到达底部，潜水舱的压力将提升至与外部持平，向下的舱门打开，两名潜水员游出开始工作。这就好比在航天器外进行无缆太空漫步，但潜水员面临的并不只是宇航服内部与太空真空间的 1 个大气压差，而是整整 30 个大气压差（每平方英寸 440 磅）。有限的下潜时间耗尽后，他们便爬回潜水舱，关闭舱门，在上升过程中开始减压。到达水面后，潜水舱将直接与船上的高压氧舱相连，潜水员在高压氧舱中完成减压。对于下至 600 英尺深的潜水员而言，最深潜水时长 4 分钟，减压却要 **27 小时**！

林克很快意识到，如果能从潜水器前端以遥控设备采集样品，可使效率显著提升。经过多年努力，他带领工程师团队开发出一系列令人惊叹的采集设备：1 只配有爪形夹具、海底铲、吸水管、电缆剪等工具的机械臂，1 个由变速泵和 12 个 1 加仑有机玻璃桶组成的抽吸式"生物采集器"，还有 1 个更大版本的取样器，有机玻璃桶容积为 3 加仑。爪形夹具采集的样品可以直接扔进这些桶里，也可以通过机械臂上的吸管抽入。他们还开发出 8 个废纸篓大小的有机玻璃罐，称为"碎屑取样器"，我们捕捉宽咽鱼时用的便是它。

＊＊＊

回到甲板上，我所做的第一件事就是确保装有宽咽鱼的碎屑取样器被运入实验室。这条鱼仍在积极游动，我将容器顶部移开，试图找到将其移至水箱中进行观察的最佳方法。宽咽鱼足有1英尺长，体形庞大，却非常灵活，我决定将其舀至一只玻璃洗手碗中。这条稀有的鱼着实成了湿实验室的明星。将鱼从取样器中捞出的一刹那，我与围过来的同事们不约而同地惊呼出声——一道鲜艳的霓虹蓝光沿着鱼身闪烁着，即使在荧光灯下仍显得光彩夺目，无疑是我见过的最明亮炫目的生物发光现象。

深海捕食者的眼睛非常敏锐，可以探测到最微弱的闪光，且通常缺乏眼睑等阻挡强光的防护结构。这种强度的闪光对于它们的眼睛来说是毁灭性的，如同没有防护直视电弧焊的白热中心。宽咽鱼的防御手段不止变形术一种，晃瞎进攻者也是个有效选择。

至少，这是我能得出的最合理猜测。我们对海洋生物的许多认知都不过建立在猜测之上。眼睛附近的发光器官充当闪光灯，嘴前悬荡的光源是鱼饵，但面对这长到离谱的尾巴尖端的发光器官，以及贯穿整个鱼身的辉煌赛车条纹，我的想象力还是败下阵来。然而，这又是一个多么辉煌的谜团啊——**在宽咽鱼的日常生活中，是什么使得这些成为对生存至关重要的适应性进化？**

找到驱动适应的因素是了解进化过程的根本。在当今世界，探清生命如何适应高速的气候变化，是区分进化赢家与输家的关键，也有助于我们找到管理的重点，尽量减少生物多样性的损失。认识到我们自身的脆弱性是同样重要的，盲目相信人类是世界设计蓝图中不可缺少的一部分，因此一切都会好起来，这既危险又愚不可及。我认为道格拉斯·亚当斯说得最好：

> 想象一下，这就好比一个水坑某天早晨醒来，心里想道："我发现自己活在一个非常有趣的世界，就是我所在的这个坑，不是非常适合我吗？简直就是为我量身打造的，一定是这样！"这个信念过于顽强，即便太阳当空，气温升高，水坑逐渐缩小，它还疯狂坚信一切都会好起来，只因这个世界正是为它而打造的。临到消失的一刻，它仍惊讶不已。*

我们人类以及其他生物是如何做到适应生存环境的呢？这就要感谢古老的两步进化法：**遗传变异**、**自然选择**。**存在**的基础是信息的代际转移，这被写在我们的 DNA 中。有趣的是，它并非完美的转录，而是带有瑕疵。而正是这些不完美的瑕疵作为存在的实验，提供了自然选择的架构。

非致死性突变产生的后代在外形与功能上都会有所不同，你并非祖先的完美克隆，而是和他们有许多差异。其中部分差异可

---

* 引自道格拉斯·亚当斯遗作集《困惑的三文鱼：在银河系的最后一次搭车》（*The Salmon of Doubt: Hitchhiking the Galaxy One Last Time*, New York: Ballantine, 2002）。

能被证明是有益的，存活时间足够长，便有更高的概率将基因遗传至下一代。桦尺蠖（peppered moth）便是典型的案例。工业革命时期，烟尘和污染使这些蛾子栖息的树干与树枝变黑，浅色的桦尺蠖变得显眼，成为鸟类等依靠视觉的捕食者易于捕获的目标。越来越多浅色桦尺蠖被捕获，深色变种的优势日益凸显，在不到 50 年的时间里从仅占种群 2% 扩增至占 98% 的主导数量。它们成功了！

海洋生物发光也是一个类似的成功进化故事。为何这样说？海洋中怎会存在如此之多的发光者？数据是惊人的。威廉·毕比在百慕大附近（也就是他乘球形潜水器下潜的同一水域）进行拖网取样时，发现渔网中 90% 的鱼会发光。经过数学计算，这已不限于数十亿或数万亿，海洋中很可能存在千万亿发光的鱼。

若以数量作为成功与否的评判标准，那么生物发光鱼类可谓地球上最成功的脊椎动物。除此之外，还有虾子、乌贼、浮游生物（如鞭毛藻和桡足亚纲动物）和不计其数的脆弱水母共同构成这闪闪发光的大杂烩。具体数量随深度与位置改变，但在地球上最大生存空间——开阔海洋中，发光生物是毋庸置疑的主宰。

生物发光现象为何如此普遍？从逻辑上讲，发射光芒显然是生物进化出眼球之后的选择。一种观点认为，视觉的发展使捕食者可以发现远处猎物，带来物种多样性大爆发——这是捕食者与猎物之间武力大比拼的结果。随着海洋中捕食者愈加迅猛而凶险，猎物们必须游得更快或者学会隐藏。在没有藏身之处的开放水域，黑暗是唯一的庇护，猎物在捕食者的追赶下向更暗的水域迁移。

　　某些基因突变有利于在黑暗边缘的环境生存，例如视觉灵敏性的提升，以及包括反荫蔽和反照明在内的一切使猎物更不易被发现的伪装。未使用反照明的猎物更易被捕食者看见，就像桦尺蠖的浅色变种。

　　如此看来，无怪乎那不起眼的小小钻光鱼（bristlemouth fish）能成为地球上数量最多的脊椎动物。想想看：总数约千万亿，占据绝对多数的有脊椎动物竟然是一种体长 3 英寸的小鱼，通身最突出的特点是腹部发光器官——使其能够在没有藏身之处的大海里隐匿起来。另一个难题是，海洋中为何**只有**这一种反照明鱼呢？通常来说，当种群被分散到各方，需适应不同环境时，多样的物种便随之出现。在雨林这样复杂的环境中，物种多样性是说得通的：栖息地不同的动物将根据需融合的背景展现出独特的色彩模式，嘴部的形态则取决于食物类型。一旦种群被拆散，它们就会各自改变，从而呈现出多样形态。

　　遗传隔离（genetic isolation）是物种差异化发展的先决条件，也是自然选择的标志，但在没有明显区隔的开放海洋中，多样化是如何产生的呢？答案是……性。

　　有性生殖成功的关键是吸引更多、更优质的配偶，而黑暗的生存环境会加大寻找配偶的难度，因此在生物发光作为伪装手段出现后，它在吸引配偶方面起到的作用便提供了附加价值，以及一种遗传隔离的可能途径。举例而言，深海灯笼鲨除了腹部小而密的伪装性光点外，胁腹还有发光的斑块，乍一看好似赛车上的条纹贴花。这些发光形态皆有种特异性，即有的物种带有细长闪电条纹，有的则饰以镰刀印，其他物种各有其独特发光记号，简化了辨别潜在配偶的过程。这些差异显然并非来自物理障碍，而是出于性偏好。

生物发光对海洋物种划分起到了重要作用，这一点可以从灯笼鲨与尖颌乌鲨（viper shark）的对比中找到依据：尖颌乌鲨腹部也可发光，但胁腹没有发光器官，因此没有明显的性选择过程。目前已知的尖颌乌鲨物种仅有 1 个，但灯笼鲨物种却有 37 个！

陆地上的发光生命体极其罕见，在其映衬之下，海洋中发光生命形式的多样性显得更加惊人。除萤火虫以外，陆地上的发光生物还有一些相对稀少的发光叩甲（click beetle）、蚯蚓、千足虫、蘑菇，以及某种特殊蜗牛。淡水中的发光生物则更加稀少，目前已知的唯一一例是新西兰北部溪湾中发现的软体动物帽贝（limpet）。这些显然是特例而非常规。科学界认为，生物发光现象之所以在海洋之外如此少见，是因为有太多更好的藏身之处可供选择，无须依赖黑暗。

早在生物首次进军陆地、湖泊和溪流以前，生物发光就已在海洋中出现。但早期离海定居的生物并不发光，需要重新演化出产生光的能力——鉴于其在海洋中多次出现，这种能力并非难以获得。然而，在植被充盈、隐蔽角落丰富的陆地景观中，迫使动物们藏身黑暗的自然选择压力并不存在，若不必为躲避捕食者而生存在黑暗中，动物们也就不需要进化出生物发光能力。

生物发光鲜少保存在化石记录中，这为其进化历史溯源工作带来了阻碍。虽然有时能在保存完好的鱼类标本（如灯笼鱼和斧头鱼）中看到发光器官，但它们大多缺乏确定为生物发光的可见外部表征。如此一来，我们要如何确定生物发光的产生过程呢？一种方法便是等待幸运之神的眷顾。

***

　　1997 年夏末在缅因湾执行科考任务时，我就遇到了天上掉馅饼的好事。当时我和前博士后、如今的合作者塔米·弗兰克（Tammy Frank）共同担任首席科学家，第 14 次乘 JSL 潜水器出海考察。我们的潜水地点名为"海洋学家峡谷"（Oceanographer Canyon），位处乔治斯浅滩（Georges Bank）的南缘。当时，塔米和我刚刚结束白天的潜水，我们在不同深度用样带取样，记录动物在不同光线下的分布模式，一旦在样带间发现任何有趣的东西，便将其收集起来。此次潜水，从 2 600 英尺深上升至 2 400 英尺深度时，我们突然发现一只极不寻常的生物：奇形怪状的红色章鱼。第一眼看到时，这家伙正倒挂着，触手向外伸展，其间的网状物使其好似一把倒置撑开的雨伞。当我们向其靠近，这只生物首先试图像水母那样收缩逃跑，但刚完成一次缓慢的搏动，它就放弃了游动，转而膨胀为一只圆滚滚的气球。维持这个姿势几分钟后，它开始慢慢拍打头部两侧的巨大鳍状物，做出划桨的动作，同时扭动身体放气。驾驶员随即将其捕获。

　　回到船上，我们将这只足球大小的章鱼转移至湿实验室中的大号有机玻璃缸内，以便观察与拍摄。它美丽而奇异，我试图从所有可能的角度记录它。与我在水缸中观察过的其他章鱼不同，它没有贴在两侧缸壁或底部，而是悬浮在中央，把弹性十足的身体扭转成莫名其妙的形状。它张开触手，我得以拍摄其嘴部与网状结构的底面，这时我的博士后宋克·约翰森俯身对我说："这看着不像吸盘啊。"我放下相机用肉眼直接观察，确实如他所说——它们看上去更像是白色珍珠，或者更确切地说，像发光器官。这可谓出乎意料，生物发光虽在枪乌贼中很常见，却较少出现在章鱼中。事实上，目前仅有两个已知案例，发光器官也与吸盘无关：在雌性的嘴部周围，奇特的扇形黄色环中会发出光亮，而且只在特定时间——可能是试图吸引配偶的时候。会发光的吸盘是闻所未闻的。

我们立即将这只红气球章鱼*转移至较小容器，从而带入黑暗房间。我和宋克分别置身章鱼的两侧，宋克关灯后，我用手指轻轻戳弄了它一下。章鱼立即做出反应，吸盘发光器官上蓝色的不同步闪光时明时灭，营造出可爱的闪烁光效。这本身已是一项重大发现，但当我们随后在显微镜下观察其发光器官的横截面时，才意识到这远比最初想象的更加关键——我们发现了吸盘特有肌肉环的残余。这是已经进化为发光器官的吸盘！因此，宋克俯身时我正在拍摄的那张照片，最终登上了著名科学期刊《自然》的封面，我们的发现成果也在其中发表。这是一个在进化

---

* 学名 *Stauroteuthis syrtensis*（十字蛸），但我们公布发现后，它就有了"发光吸盘章鱼"（the glowing sucker octopus）的俗称。

过程中被发现的生物案例。

正如桦尺蠖因工业污染由浅变深，其他许多种群也曾因环境的改变而经历了类似的重大变化。查尔斯·达尔文曾说："能活下来的，既不是最强的，也不是最聪明的，而是顺应变化者。"简单点说，生命被迫适应变化，否则只有死路一条。

因此当依靠视觉的捕食者增多，章鱼们急需找到一种藏匿方法，摆脱灭亡的命运。许多章鱼种群的适应策略是成为伪装大师，但也有少数章鱼——如发光吸盘章鱼——选择迁移到更深处的黑暗水域。那里光线微弱，捕食者很难发现它们的存在，但寻找并吸引配偶的过程也阻碍重重。许多章鱼将触手高举过顶，通过展示吸盘引诱配偶，仿佛参加一场湿 T 恤比赛："嘿！看看我多有料！"如此看来，章鱼的性选择会青睐吸盘明显的基因突变是理所当然的。

由于深水域中食物较少，更加突出的吸盘很快彰显出另一价值：吸引猎物。这就能够解释发光吸盘章鱼的食谱为何如此不同寻常。大多数章鱼以扇贝、甲壳类和鱼类为食，但发光吸盘章鱼仅捕食桡足亚纲动物。桡足亚纲好比海洋中的昆虫，这些章鱼的食谱就像要求一只佛罗里达浣熊以食蚊为生。桡足亚纲动物固然众多，但如何才能捕食足够的数量来填饱肚子呢？这就要轮到发光吸盘登场了。在水中倒悬着闪烁吸盘的发光吸盘章鱼很可能在模仿一片美味的浮游生物，将桡足亚纲动物吸引而来，等它们到了一定规模，章鱼就膨胀成一只气球，*把猎物封存其中，用口部的黏膜将其牢牢捕获。随后，它将触手伸向嘴巴，大啖这美味的"海鲜冻"。

随着章鱼进化出可吸引配偶和食物的发光吸盘，它们便得以结束底栖生活，选择在开放的海洋中生存，原本用于攀附岩石和贝类的吸盘失去了作用。某个身体部位一旦遭到淘汰，失去自然选择中的优势地位，就会逐代退化，因为该部位功能障碍的突变会被选择留下，这就是吸盘进化为发光器官的原理。不过，吸盘过去的某些残余特性仍有存留。

根据上述假说，发光吸盘章鱼的生物发光特性最初源于性选择。性选择并非 Tinder† 的发明，自从性诞生以来，它始终存在。但正如 Tinder 一样，性选择也导致了某些异常古怪的适应结果——比如雄性孔雀那花枝招展的大尾巴。那么，宽咽鱼的长尾与赛车条纹会否有着相似的起源？未曾目睹其在自然环境下使用尾光及赛车条纹的我们，又如何得到答案呢？如果尾巴的光亮确实是吸引食物或配偶的诱饵，应如何计算打开它的时机？光亮使其暴露于潜在捕食者的风险有多大？一旦招来捕食者，它利用身体膨胀或致盲技能脱险的可能性有多大？如果能在自然条件下进行观察，一切都能迎刃而解，但怎样才能实现呢？我思索着。在我的职业生涯中，这个问题反复出现，始终得不到解决。

---

* 其行为可起到多种作用，气球般的膨胀也可能是一种对抗捕食者的防护手段，就像宽咽鱼那样。

† Tinder 是国外一款手机交友 APP。——译者注

第九章

黑暗中的故事

　　1997 年 11 月 18 日是最终期限，如果到那时还未通过审核，本次科考只能取消。然而，那一天就在我的无知无觉中悄然流逝，因为接受邀请时，我根本不认为能够成行——菲德尔·卡斯特罗可能允许一艘携带高科技潜水器的美国海洋科考船驶入古巴水域吗？毕竟，美国曾不下 638 次将这位共产主义者设为暗杀对象，*并试图通过军事入侵、反革命以及经济封锁等手段颠覆其政权。1959 年，促使其掌权的革命爆发后不久，美元货币及美国游客就被禁止进入古巴。在此背景下，整个科考的设想都有些荒唐，但一旦获得许可，此前人类科技无法到达的加勒比海深处将首次迎来科学考察。况且，探索频道（Discovery Channel）声称将承担这笔费用。面对一趟免费旅程，我当然得说"没问题"。

　　最终期限显然不是严格规定，因为就在逾期 3 天后，项目审

---

* 卡斯特罗曾道："如果逃脱暗杀是一门奥运项目，我能拿金牌。"

核通过，科考工作重新开启。我的准备工作进度基本为零，距离出发只剩 1 个半星期了，收拾不完就只能放弃机会。我在港湾研究所的实验室助理研究员塔米·弗兰克也将随行考察，我俩才刚刚把缅因湾考察中（就在 2 个月前，当时捕获了发光吸盘章鱼）使用的设备拆包存好，必须争分夺秒，才能将计划携带的所有设备重新组装并校准。

大卫又一次挺身而出为我解困，帮忙在最后关头打包装备，搬运上船，并在船内实验室中安装启动设备。12 月 4 日，佛罗里达一反常态，下了一整天的淅沥小雨，科考队即将在傍晚出发，我却已萌生浓浓的思乡之情。

几年来，我与大卫聚少离多，但除了结婚当年，还从未在圣诞节分隔两地——那是婚后第 6 个月，他被海军派遣至关塔那摩湾。刚刚成婚不久的我对婚姻生活的热情之深甚至都令自己惊讶，离开丈夫 6 个月之久实在太过残忍。早年的分离让我明白，丈夫的陪伴并非理所当然。对于大卫来说也一样，先是险些在背部手术中失去我，随后又不得不适应我的出海工作。**永远不要将对方视作理所当然**——这是一条源于亲身经历的婚姻建议。

此刻，当我们站在码头上道别，面临包括圣诞节与新年在内的 37 天分离，只好用屡试不爽的方式转移话题：构想未来。我们决定，既然婚后的第 1 个和第 25 个圣诞节必须相离，且都是分处美国和古巴，那么应该计划在古巴共同度过第 50 个圣诞节——怀着到那时我们仍然活着，有行动能力，且旅行禁令解除的美好愿望。

此次科考的与众不同之处不仅在于目的地的政治孤立，另有一个重要的事实：全部费用由探索频道承担。我过去也曾与纪录片团队合作，但那时科学工作者是项目的主人，摄影师是客人；这一次情况正相反，我们的工作重心也将显著偏移。

作为科学家，我们敏锐地意识到，需要寻找更多更优质的手段向公众宣传我们研究的意义。电视显然是一种颇为强大的媒介，但大多数科学家心存疑虑：夸张、虚构是讲故事的惯用手段（想想保罗·班扬的蓝牛宝贝），却往往与科学截然对立（再想想深奥费解的研究论文）。

作为一个物种，我们人类最显著而卓越的特性就在于知识的代际传递。从书面文字、印刷术、广播电视、互联网到社交媒体，这种能力日益增强，我们得以师从许多未曾见面的人。然而，天赋也伴随着潜在的缺陷：错误信息与谎言同样能够轻易流传。我们要如何判断真假呢？科学是迄今为止最佳的解决方法。

认识到真理可被检验是人类科学革命的全部基础，其核心概念"科学方法"的含义是：在对某个想法的真实性产生疑问时，须建立一个假说，为可检验的观察结果提供解释。可被推翻的假说是有价值的。在理想情况下，我们要做的是形成多个可供选择的假说，为试图理解的观察结果提供解释。而后，我们将系统性地依次推翻这些假说，直到剩下未能推翻的一个——这就是可能性最大的解释，至少在获得更多优质信息之前。

这就是关键：在科学中，没有什么能被证实为永恒真理。每当有新的信息出现，我们就要以开放的态度面对不同解释。这意味着，优秀的科学工作者必须惯于怀疑，很难以绝对的方式讲话，也几乎不可能为看似简单的问题提供是与否的答案。他们只会说"这很复杂"，而后长篇大论地解释一番，大量修饰语夹杂其中，而这与讲好故事可谓是背道而驰。

科学方法既可以革新人类对世界，以及对自身在宇宙中位置的认知，亦可以改变我们应对纷繁错误信息的方式。在所谓信息时代，误导与错讹仿佛从消防高压水枪中喷溅至人群之中。但这种改变要求我们加强科学教育，培养人们去以科学的方式**辨认真相**，如果科学家与电视制作人能在科学对真理的追求与电视对娱乐的需求间找到平衡，想必可以事半功倍。平衡仰赖于双方建立起的互信，而此次古巴之行，简直就是信任破裂的典范。

***

"苏厄德·约翰逊号"尚未离开码头，问题就已经出现。全体成员在这艘全长 204 英尺的科考船上召开会议，场面仿佛三台同演的马戏。第一个舞台上是高度可靠的船员与潜水器驾驶员。第二个舞台上是科学团队，资深科学家占多数，技术人员与研究生的缺乏证明此次任务形式重于成效，因为后者通常是研究团队的关键成员。港湾研究所共派出包括格兰特·吉默（Grant Gilmore，本次考察的首席科学家）在内的 4 名科学家，另有 2 名美国学者与我们一同南下，2 名古巴学者在目的地与我们会合。而第三个舞台则属于电影制作组。他们大体分为水上与水下两个团队，水上拍摄组由联合制片人吉米·利普斯科姆（Jimmy

Lipscomb）领导，他是一位身材高瘦、思想深刻的纪录片工作者。潜水拍摄组的负责人名叫阿尔·吉丁斯（Al Giddings），体型壮硕、性情彪悍，曾参与许多知名水下影片，包括《深海》（*The Deep*）、《007之最高机密》（*For Your Eyes Only*）、《狼踪》（*Never Cry Wolf*）、《深渊》（*The Abyss*）和《泰坦尼克号》（*Titanic*）。

会议过程中，越来越多的证据表明科学将被放在此次行动的次要位置上。讨论的焦点在于南部海岸线的一艘沉船，这会是一次经过筹划的冒险。沉船潜水自然有趣，但对于随行的科学家而言并无科学价值。

船上还有一位瘦小而精神紧绷的探索频道企业制片人，我得知他不会参与科考行动时，不禁松了口气。此人的作风与经验丰富的探险家形成强烈对比，他对**一切**都过分紧张，就连纪录片片名《古巴：禁行水域》（*Cuba: Forbidden Waters*）都不放过。当时，古巴流亡者的呼声极高，势力强盛，制片人担心这个名字会激起狂热的反卡斯特罗情绪，为避免任何形式的政治斗争，他主张采用更加普通的片名——《古巴：迷人水域》（*Cuba: Enchanted Waters*）。

出于同样的理由，他还呼吁在影片中不要提及卡斯特罗。但这就像讲述斑马而对其条纹闭口不谈一样，而且显然与吉丁斯和利普斯科姆构思并宣传纪录片的基本理念相悖。他们欲将重点放在探索此前被禁行的水域的难得机会上，显然不符合公司规避争议的要求。

编造一个好故事是向公众有效分享科学的前提，我们显然已经具备基本要素：吉丁斯梦幻般的水下摄影效果与利普斯科姆旁征博引的叙事能力相结合，共同揭开此前无从触及的前沿领域那神秘的面纱。吉丁斯和利普斯科姆甚至特意在团队中吸纳了一位政治学学者，理查德·费根（Richard Fagen）。他是位刚刚从斯坦福大学退休的教授，专攻拉丁美洲研究，经人介绍参与本项目，为我们介绍沿途访问地区的历史和政治。

费根很有讲故事的天赋，他让这次旅程的面貌焕然一新。海洋学家们常讲一个老笑话："成为海洋学家，也就看看海洋。"笑点在于，虽然我们常常为了研究前往隐秘奇特之地，但现实远没有想象有趣。从科考船的甲板向下看，每片海洋长得都差不多。但此行古巴，我们将频繁停泊上岸，试图将陆地上的政治与海洋生态系统联系起来。

在第一站圣地亚哥港，我开始体会到这种联系的重要性。港口位于古巴岛的东南海岸，曾经繁忙熙攘，但苏联解体后，来自俄罗斯的贸易终止，空余过去商贸的阴影。

我们在古老的莫罗堡（Morro Castle）城墙下等待领航员引导入港，目光所及处并无其他船只进出，领航员的小船与为我们护航的小炮艇是我那天看到的仅有的两艘有动力船只。除去几艘人力划艇与独木舟，其他所有船艇或被缠绑起来，或停靠在干船坞。因此这里与我曾见过的任何港口都不同，没有浮于水面的油腻光泽和弥漫在空气里的柴油味，岸上飘来馥郁的花香。近乎未开发的陆地覆盖着茂密植被，陡峭的山坡直延至水边。

临近码头，我们得以看到行人与车辆，但除了零星的公交、卡车与老式汽车，路面行驶的大多为自行车，间有少数马车。正如费根在前日递交的文件中解释的那样，古巴人在此"特殊时期"（他的原话）普遍面临的一个难题是缺乏动力驱动的交通工具，因为随着苏联解体，石油基本断供。

靠岸后，我们立即被要求降低美国国旗，使之低于旁边的古巴国旗，否则不得开展任何行动。这似乎不是个美好的开端，但随后登船检查护照与文件印章的官员们与我们沟通顺畅。让我惊讶的是，他们竟准许科考队自由上岸，随心观光。我们分成小队，漫无目地四处探索。

我跟着队伍在海滨漫步，最后逛进了一家非机器生产的古巴雪茄作坊。它至多称得上是一个大房间，散发着未燃尽的烟草的香气，是一种甜美的木质气味。书桌样的工作台上堆放着小摞烟草，男女工人们坐在旁边，徒手将其卷成雪茄。一只小花猫游荡于工作台间，在人们腿间蹭来蹭去。我们得知，工人们会轮流大声朗读小说，使彼此在单调的手工劳动中保持头脑清醒。

随后，我们漫步至附近的大教堂与中央广场，将这座城市的宽敞洁净尽收眼底。尽管部分房屋摇摇欲坠，仍可见到许多辉煌的建筑结构：拱门、圆柱、飞檐、彩色玻璃、精密铁制品，应有尽有。沿街望去，窗边、阳台与屋外的栏杆上晾着衣服。

我们最终在广场一家美丽的老宾馆酒吧（卡萨格兰达酒店）结束了旅行，其他工作人员早已在此等候。潜水队成员赫克托（Hector）精通西班牙语，此时正与当地人攀谈。事后我问他聊得如何，赫克托说他们非常友善，但因物质生活的匮乏而疲惫万分。谈及两国政府间的敌意，古巴人明确将对美国政府的憎恶与对美国人民的喜爱区分开来。赫克托告诉我，一位当地人对他说，他们已有36年没在港口见过美国国旗了，他们想知道未来是否会有更多美国船舶来到古巴。

陆地上的所见所闻与水下的观察成果形成鲜明对比，只要吉丁斯和利普斯科姆得到准许，完全可以讲述一个引人入胜的精彩故事。工业凋敝、动力运输有限，加之海岸沿线土地开发程度较低，为我们留下了一片最干净澄澈的近海水域。临靠岸边的海底山如同水下的岛屿，栖居着大面积健康的珊瑚与海绵，但附近尽是单丝鱼线与船锚，看不到大鱼。古巴人需靠捕鱼获取所需的蛋白质，嘴上说着打造可持续性捕鱼业，但实际需求太大，保护措施严重不足，属于典型的"公地悲剧"。

尽管如此，小型热带鱼的数量还是相当可观，令团队中的鱼类生物学家欣喜不已。离开圣地亚哥不久后，潜水器捕获了一条橙色小鱼：底栖生物单棘躄鱼（*Chaunax*），来自海蟾蜍大家族。我们将它置于湿实验室的水族箱内，它便温顺地停在黑色砾石上（黑色是为了对比鲜明），吉丁斯启用高分辨率相机捕捉完美的艺术镜头，利普斯科姆则与其他工作人员一起拍摄吉丁斯工作的情景，鱼类生物学家们聚在一起录制发言特写，对这可怜的生灵抒发诗情。太多人挤在水缸周围，寸步难行，我无意增加骚乱，从实验室后方慢慢溜达出来，听到一位船员嘟囔道："有什么大不了的，和我小时候养的金鱼没什么两样啊。"

在这条单棘躄鱼身上可以看到纪录片制作者面临的几个典型

挑战，皆源自"好故事"与"真实故事"之间的平衡取舍。任何自然纪录片的成功都离不开栩栩如生的影像。深海世界遍布奇异、陌生、超乎想象的生命形式，在这里，"千言万语不如一幅画"更是被奉为圭臬。但深海生物往往脆弱而不易接近，环境的黑暗更为拍摄其自然状态下的行为制造了难以逾越的阻碍。

摄影师很难不惊扰这些生物，因而往往影响到它们的行动。在应对夜间或深海动物时，照明显然是个大问题。在陆地拍摄中，由于大多数动物无法感知红外线，红外感应相机便提供了优秀的解决方案；而深海环境下，红外光会被海水完全吸收，该方法失去了效用。更糟糕的是，长焦镜头无法在水中完成远距离拍摄，也就无法像在陆地上那样观察易惊而敏捷的动物。在水的光散射特性下，只有距拍摄对象足够近才能获得清晰的镜头，很少有动物能配合完成一个优质特写。再者，高分辨率相机与重达13吨的潜水器相连，在这种情况下，哪怕动物只是轻微移动一点，都很难对焦。因此若条件允许，将生物捕捉后关在封闭空间里会方便很多。

拍摄单棘鼬䲁鱼这类长居海底的底栖鱼尚不算太难，中层水域的动物才最为棘手。这些生物一生中从未接触过物体表面，因此在碰到水族箱壁时容易受惊，最后往往侧卧或仰卧于容器底部，姿态极不自然。对此，一种解决办法是干脆放弃假装正在拍摄生境中的动物，直接展示科学家观察它们在水箱中的样子的画面——正如吉丁斯和利普斯科姆所做的那样。这是最诚实的方案，却有些无趣，针对特殊动物做一次两次还算可行，但如果故事通篇采用这种形式，观众早就跑光了。

除此之外，我们只能不同程度地造假。一种技巧是在水箱中拍摄捕获的样本，将环境伪装成自然海域。《国家地理》一幅艾美奖获奖作品曾出色运用该手段。作品名为《海洋漂流者》（*Ocean Drifters*），展示了小海龟在漂浮的马尾藻垫中与各色生灵相遇的情景。为拍摄该特写镜头，摄影组使用了一个带有光学级窗口的 23 000 加仑水箱，装上水波产生器，再将从湾流中收集的马尾藻及其他动物放入其中，最终成功打造出一个由海马、海蛞蝓、螃蟹和裸躄鱼（sargassum fish）组成的独特漂浮世界，每种生物都完美地伪装起来，隐匿在马尾藻中。这是一种高妙的摄影魔法，也是一个向观众展示精彩海洋生命的好办法。

自然纪录片的既定目标或许是引导观众认识自然，但商业目标作为一切的基石，必然要求娱乐性与观众缘，影片绝不能仅由自然事实铺就，而是**必须**要讲述一个故事。小海龟是《海洋漂流者》故事的主角，巧妙地将不同海洋环境与栖息物种串联起来。

为营造紧张氛围、增加戏剧冲突，制作者还将捕食者鲯鳅（dolphinfish，又名 mahi-mahi）引入水缸，猎物追踪是自然故事中的永恒经典，但往往需要一定程度的造假。在《海洋漂流者》中，鲯鳅快速游动着，攻击海藻边缘的某物，镜头一切，小海龟爬上马尾藻并将后鳍足缩回壳中——换句话说，展现出害怕的样子。画面中的情景十分惹人怜爱，但拍摄时鲯鳅并不在水缸中。在 BBC 的自然纪录片制作指南中，这种行为是被禁止的，文件特别指出：

"对镜头或片段做插入剪辑，给人以事件同时发生的印象，如果这一印象是对事实的扭曲或误导，则这种做法通常不可接受。"

BBC 自然历史组（The BBC Natural History Unit）在纪录片同行中算得上信誉最佳，但他们也不免偶尔越界。《冰冻星球》（*Frozen Planet*）系列中北极熊幼崽在冰穴中的精彩镜头，其实是在德国一家动物园的北极熊区拍摄的。观众确实被误导认为取景于野外，但 BBC 又**确实**在其官网上发布了一段视频，详细讲述了拍摄过程。鉴于我们永远无法在不让拍摄者及小北极熊处于危险状态的情况下，在野外拍摄此类镜头，我想有必要放宽标准。有两种因素会使自然纪录片失去观众：无趣和欺骗。不幸的是，数据显示，前者的杀伤力远大于后者，这意味着制片人负担着最大限度收集戏剧性镜头的重压。

电视电影常常扭曲观众的现实意识。多少人在观看电影《生死时速》后，真以为一辆时速 70 英里的大巴能够飞越高速上 50 英尺的缺口？某些歪曲手法过于普遍，几乎成了行业标准，比如可见激光束[*]、几天前溅上却依然鲜红的血迹[†]、太空中的爆炸声[‡]，以及凶悍野蛮的鲨鱼。《大白鲨》的原著与电影在商业上都取得

---

* 激光器投射出细窄的光束，必须经某种介质的反射才可见。也就是说，除非是在烟雾弥漫的舞厅，激光束在落至目标物之前的传输路径是看不到的。但凡用过激光笔的人，都很清楚这一点。

† 血液会因氧化而变成褐色。给淘气孩子洗过衣服的人都很清楚这一点。

‡ 声波的传递需要空气或水一类的传播介质。任何在真空中待过的人都很清楚这一点。我当然是在讽刺，倒不是说人类无法在真空中生存（昏迷前大概可以坚持 15秒钟），而是我们很难结识有此类经历的人。

了惊人成绩，对污蔑鲨鱼可谓功不可没。随后探索频道的《鲨鱼周》（Shark Week）栏目更是展示了大量极端歪曲事实的内容，添上了一把火。《连环杀手大白鲨》（"Great White Serial Killer Lives"）、《澳大利亚最致命的鲨鱼袭击》（"Australia's Deadliest Shark Attacks"）、《鼬鲨惊魂》（*Tiger Shark Terror*）、《巫毒鲨》（*Voodoo Shark*）等耸人听闻的标题为这些大家伙蒙上了恐怖的阴影。但事实上，鲨鱼每年造成的伤人致死事件仅为 6 起上下，且通常是误认所致。相比之下，人类每年却大约致使 1 亿条鲨鱼死亡！而在试图制定鲨鱼保护措施时，那些热衷于打造夸张"嗜血杀手"形象的人反倒冷漠相向了。

探索频道造假最过火的纪录片名为《巨齿鲨：还活着的鲨鱼怪物》（*Megalodon: The Monster Shark Lives*），是 2013 年《鲨鱼周》的开幕影片，自诩"重新发现了此前被认为灭绝了 3 500 多万年的巨型史前掠食者"。这部宏大制作的影片造假能力可谓一流：科学家是演员扮的，影像证据是计算机生成的，号称"你见证着真实事件的发展"的场景也是虚构的。整部"纪录片"只在最后几秒打上了免责声明，含糊其词，一闪而过，即使像伊夫林·伍德（Evelyn Wood）这样的速读者也准会气急败坏：

> 本片中出现的任何机构或组织皆与影片无关，也并未批准其内容。尽管本片对某些事件与人物进行了戏剧化处理，但直到今天人们仍会看到"潜水艇"。巨齿鲨也是真实存在的。有关巨型鲨鱼的传说始终在世界各地盛行，其身份之谜

仍聚讼纷纭。

尽管骗术曝光后公众一片哗然，节目收视率仍突破纪录，吸引了 480 万观众，至少在制作人看来大获成功。

动物星球出品的《美人鱼：发现踪迹》（*Mermaids: The Body Found*）是另一个臭名昭著的造假案例，它根本是一部科幻片，声称发现了政府掩盖人鱼证据的阴谋。整部影片采用"纪录片"风格，虚假的"情景再现"，不计其数的计算机生成图像，演员假扮的科学家，同样在最后附上了大多数观众都会无视的免责声明。他们以假乱真的水平甚至高明到建立虚假网站——假如你上网搜索所谓前国家海洋和大气管理局（National Oceanic and Atmospheric Administration，NOAA）的科学家吹哨人，就能点进这个网站，它的页面上显示着司法部标志和国土安全调查局（Homeland Security Investigations）特工徽章，下方声明写着：根据《美国法典》（U.S.C.）第 18 章第 286 条、第 287 条和第 371 条授权的美国地区法院签发的查封令，此域名已被美国司法部国土安全调查局查封。这完全是由动物星球的母公司探索传播公司（Discovery Communications）凭空伪造的，也清楚证明了他们为了疯抢收视率毫无底线的做派。

此片播出后固然也同《巨齿鲨》一样激起强烈抵制，却不妨碍它与续集《美人鱼：新证据》一起成为动物星球有史以来的收视率冠军。因此，探索传播公司（旗下包括探索频道、学习频道 TLC 等 150 多个全球有线电视网络）根本不为所动，继续愚弄观众。可悲的是，大多数时候他们都得逞了。无数人相信，演员安德烈·魏德曼（Andre Weideman）扮演的 NOAA 吹哨人是真实存在的，他是 NOAA 掩盖人鱼证据的阴谋的受害者，以至于 NOAA 被迫一反常态地在网站上发表"没有发现水生类人生物"的声明，颇有些超现实感。整件事情笼罩着喜剧色彩，但它也像《鲨鱼周》一样，带来了可怕的附带损害：破坏了公众对科学的信任。一位小学五年级教师的观后感最能概括其影响："如果 NOAA 在美人鱼问题上欺骗我们，那在气候变化问题上肯定也是谎话连篇。"*

　　如果探索传播公司这样的大型有线电视网络（它还自称是"全世界最大的非虚构媒体公司"）都在兜售《美人鱼》《巨齿鲨》这样的节目，怎么能指望公众正确面对气候变化和鲨鱼保护这类重要议题呢？这是一着儿险棋，不仅为重要政策带来了负面影响，也搞臭了探索公司的名声，许多科学家因此拒绝与之合作。在后真相时代，它注定走上螺旋式下坡路。但幸运的是，公司中终于有人听懂了"狼来了"的故事，宣布探索公司将在 2015 年翻开新的一页，不再制作伪纪录片。转变已经开始，但信任一旦失去，就很难挽回。我希望他们真正洗心革面，因为探索公司好比巨型扩音器，对提高公众的科学素养极为有利。

---

* 不少科学工作者曾谈到《美人鱼》节目带来的损害，海洋生物学家安德鲁·大卫·塞勒（Andrew David Thaler）曾为《石板》（Slate）撰写文章《伪纪录片的政治》（"The Politics of Fake Documentaries"，2016 年 8 月 31 日）。这句话便是转引自他的文章，当时看得我脚指头都蜷起来了。

***

古巴考察期间，因为一次意外的挫折，我们经历了为大众消费而包装科学内容的典型困境：在大多数情况下，深海考察期间都能碰到一些新奇的动物或行为，但这次运气不佳，我们没能看到值得兴奋的事物。考察开始前，JSL 潜水器的深度等级从 3 000 英尺降至 2 000 英尺。水体可见度极高，白天下潜时根本无法进入黑暗边界之下，我们能看到的动物仅有隐藏在岛屿陡峭的水下斜坡岩石间的小鱼，以及中层水域中的小型透明生物。或许是苦于没有故事可讲，利普斯科姆开始要求我们每个人讲述乘潜水器经历过的最糟情景——在镜头前。他还希望我们谈谈安全性问题，解释潜水器究竟出了什么故障，需要调整深度限制。我拒绝了这一提议，随后得知其他科学家也都没有同意。我对利普斯科姆十分欣赏，只是很担心我所说的一切会被夸大，以达到耸人听闻的效果。

JSL 潜水器有许多值得一提的特性，使其与一般研究工具大有不同。不幸的是，这些深潜器虽然取得了重大成就，却也因"出事"而闻名。牵扯进研究型潜水器问世以来的唯一一次死亡事故，并不是一件值得骄傲的事。

这个故事已成为潜水员间的传说。事故发生于 1973 年 6 月 17 日，那天是父亲节，距埃德温·林克发明并启用第一艘 JSL 潜水器已过去两年。林克与其团队正在基韦斯特进行考察，他 31 岁的儿子克莱顿·林克（Clayton Link）也是其中一员。那是该潜水器的第 130 次任务，现在回想起来，当时团员成员的心态可能过于放松，未对潜在危险提起重视。那本该是一次深度不大、时间不长的下潜，目标是一艘沉船——退役的海军驱逐舰，被故意击沉打造人工鱼礁。地点离岸 15 英里，深度为 360 英尺，任务似乎非常简单：从驱逐舰的甲板上取回一只捕鱼器。潜水器共搭载 4 人，观测球罩前坐着驾驶员阿奇博尔德·孟席斯（Archibald Menzies，人称乔克），他已乘 JSL 下潜过 100 来次。坐在他旁边的是鱼类生物学家罗伯特·米克（Robert Meek），后方的独立潜水舱中则是克莱顿·林克和阿尔伯特·斯托弗（Albert Stover，人称"烟鬼"）。

至少在一开始，并没有太多戏剧性的事情发生。靠近捕鱼器时，潜水器被一股水流推入沉船缠作一团的线缆中，无法挣脱。挣脱线缆的尝试失败了一次又一次，两个舱室中的二氧化碳含量均在攀升。那个年代，我们普遍使用化学品巴拉林（Baralyme）清除空气中的二氧化碳，但它在低温下效果较差。当时周围水温较低，仅为 7℃左右，两个舱室都在降温，但后方的铝舱比丙烯酸球罩冷却得更快，林克和斯托弗的处境不妙。由于是一次短途潜水，他们没有携带任何保暖衣物，只穿着 T 恤和短裤。

除了刺骨的寒冷，二氧化碳中毒还使他们头痛欲裂、呼吸困难。当他们终于意识到是低温导致其舱室的二氧化碳浓度更高时，便尝试在身体上涂抹巴拉林，为化学品加温。但没有什么效果。被困 20 小时后，驾驶员孟席斯在与水面通话时报告说，已经听到林克和斯托弗在潜水舱痉挛的声响。又过了 11 个小时，一艘商用救助船最终将潜水器捞起，但为时已晚，林克与斯托弗死于二氧化碳中毒。

父亲节这天，埃德温·林克因自己设计的潜水器痛失爱子，经历了命运最残酷的折磨。了解事故的起因、经过后，我一直不敢想象，埃德温当时在甲板上是怎样绝望地做出种种努力，试图解救被困水下的儿子与其他船员。我记得自己曾想，还好他没有经历亲耳听到儿子垂死之声的极端痛苦——就像孟席斯描述的那样。所以我才说，"深海漫游者"进水并不是我乘潜水器以来最糟的经历。因为曾有一次，我身处丙烯酸球罩，我的丈夫待在后方的潜水舱中，而当时潜水器正在进水。

他怎么会与我一同潜水？事情是这样的，大卫从布鲁克斯摄影学院毕业后，曾在视频制作领域工作了一段时间，并对该产业的工程部分产生了兴趣。当时我还在加州大学圣巴巴拉分校，于是他决定也回学校读物理仪器学——讽刺的是，当初我就是在这个专业遭到了阻挠。毕业时，他的学位与计算机工程相当，很好找工作，所在当我在港湾海洋研究所工作几个月后，他也被这里的工程部门聘用，我们有机会在某些项目上合作办公。

1991 年，我担任 JSL 巴哈马群岛科考任务首席科学家，说服大卫与我同去，答应他有机会尝试潜水器潜水。考察第一天我便兑现了承诺，我和菲尔·桑托斯作为驾驶员坐在前面的丙烯酸球罩里，大卫和克鲁诺·雷哈克（Kruno Rehak）则在潜水舱中。这是巴哈马 2 月一个美丽温暖的日子，但我们要前往 3 000 英尺下的深海，温度可能会降到 5℃以下，因此我提醒大卫带一件外套。

我很高兴能与他分享探索深海的乐趣，迫切地希望他享受其中，因此又提醒他克鲁诺有着超乎常人的幽默细胞。某次任务中，克鲁诺着实让我们的一位英国同事大吃一惊——结束初潜回到潜水舱后，克鲁诺做完安全汇报后弹开一把弹簧折刀，说道："知道这是什么吗？氧气倍增器。"幸运的是，潜水员们似乎都挺喜欢大卫，没有像往常那样捉弄新人。*

我和大卫看不到彼此，但能通过耳麦交谈。按照当时的规定，后方乘坐的科学观察员要为前面的科学家做记录，写下主要观察结果，以及生物被采集时的深度、时间和温度。下潜过程中，大卫从潜水舱右舷的小舷窗向外张望，而我则享受着球罩提供的更广阔视野。

我充当着导游的角色，向他讲解海水颜色的神奇变化：从晶莹剔透的绿松石色逐渐转变为柔和的淡蓝色，而后是雾蒙蒙的海军蓝和深灰调的普鲁士蓝，最后完全变成灰黑色，不时有靛蓝色的闪光划过——潜至 1 200 英尺深处时，我们开始看到生物发光现象。观察一段时间后，菲尔打开灯光以便发现水体中的动物，但令我失望的是，附近水域几乎没有生命。接近水底时，我开始寻找想要拍摄并收集的一种远洋海参（学名 *Enypniastes*），这时克鲁诺告诉我们一个可怕的消息：海水进口阀门†正在漏水。

---

* 他们有时会告诫初次潜水者下水前多喝咖啡保持温暖，等受害者结束了惯常的 3 小时潜水，在膀胱几乎爆炸的情况下到达甲板时，他们又会确保最近的厕所已被占用。

† JSL 系列深潜器是为科学研究而打造的，有时需要收集水样。

克鲁诺通报海水泄漏后，我体内肾上腺素瞬间飙升。那次恶名远扬的死亡事故在脑海中复现，我突然无比确信，自己的丈夫会在潜水舱中痛苦地死去，而我只能无助地听着整个过程。恐惧感如此强烈，我人生中第一次，也是唯一一次经历了"联觉"（synesthesia）——所有感官瞬间交织，恐惧化为一道刺目的蓝光，我既能感受到，也能看到。

克鲁诺说目前只是滴水，不至于流淌，但水量正在增加，总之不是好兆头。"菲尔，我们需要**立即**上升。"我厉声发令。但他摇头道："时间不够。"泄漏一旦开始，水位会迅速上升。进水口的金属高压管穿过丙烯酸球罩的底部，有一个可以关闭的备用阀门，只要菲尔够得到。他立即将我们两个座位间的所有电子设备拆除，把录像机和摄影机控制器胡乱堆在我的大腿上，试图清理出一条通往阀门的通路。阀门能关上吗？还是会像"深海漫游者"那次似的，一动不动？

清除掉最后一件装备后，菲尔尽可能向下探去，越过各种法兰盘和管接头，到达阀门处。抓到手柄后，他大力扳动，手柄随之旋转起来，克鲁诺几乎立即报告海水停止渗入。我不知道从克鲁诺第一次报告漏水到宣布漏水停止之间过了多久，但这无疑是我在潜水器中最黑暗的经历。菲尔当时没有多说什么，但在我们重新安装电子设备继续潜水时，我看到他的手背与前臂上遍布着血淋淋的划痕，是在寻找阀门时留下的。显然，这对他而言也是个糟糕时刻。

而直到 6 年后观看古巴节目时，我才知道这给他留下了多深的心理阴影——当利普斯科姆问起潜水器中最糟的经历时，他提起了那次泄漏。菲尔承认："无论你以为自己准备得多么充分，第一反应还是恐慌……'这大概是我最后一次潜水了。'你不愿这样想，却控制不住自己。"听到菲尔在纪录片中的话，我才意识到，我们两个本可能也已经死了，虽然会是在大卫和克鲁诺之后。

＊＊＊

　　尽管可能性微乎其微，[*]但受困而亡确实是搭乘潜水器时可能性最大的致死方式。相比之下，丙烯酸球罩内部发生爆炸的概率小得多。尽管如此，对此类事故的担忧还是导致 JSL 的深度限制从 3 000 英尺降至了 2 000 英尺。

　　使用丙烯酸制作潜水器是埃德温·林克在 1971 年接手工作时提出的新理念。1970 年，海军刚刚造好第一个透明潜水器，即 NEMO（海军实验性载人观测台），深度限制为 600 英尺。1971 年，林克研制出 JSL 1 号潜水器，极大地拓展了深度限制，达到 2 000 英尺。而工程技术指标显示，船体设计可以承受更深处的潜水任务，因此港湾研究所为进一步拓宽深海探测的边界，开始将潜水器深入 2 640 英尺深的海域。当丙烯酸开始出现裂纹，

---

[*]　在研究型潜水器的数十万次下潜任务中，只发生过两起死亡事故，在波士顿开车都比这个危险得多。

全新的球罩制造而成，将船体壁厚度从 4 英寸增加至 5.25 英寸。早在我 1989 年来到港湾研究所之前，这些新球罩就已投入使用，所以当我开始乘潜水器下潜时，常常到达 3 000 英尺的深度。

港湾研究所的两艘 JSL 都相当可靠，其中 1 号有一个小特性：下潜至 3 000 英尺，再上升至 200 英尺左右的水面附近时，潜水器有时会发出一声巨响。尽管驾驶员一早提醒过我，但初次听到时，老天爷，我心脏都要停了！真够响的，我感觉自己要被震到空中了。后来，我曾听工作人员探讨可能原因，但大家都不能确定，这让人很不放心。最后，它被认定为丙烯酸材料的可压缩性导致的设计缺陷。

球罩会在压力下收缩，位处深海时，它的实际直径将减少 0.5 英寸。我自己从未试过，但有人告诉我，如果用一根绳子连接球罩的两端，当潜水器到达 3 000 英尺深时，绳子会松垂下来，直到回到水面才重新拉紧。为应对这种收缩，球罩顶部的铝制舱门两边是斜面的，嵌在丙烯酸中的斜面孔里，周围附着一圈尼龙密封环，允许舱门在球罩收缩时向外滑动，而在球罩膨胀时向内滑动。

但问题是，它在整个上升过程中并未缓步内滑，而是粘在原处，而后突然弹起，带来我们不愿看到的两个结果：一声巨响，以及接口处微小的剪切断裂缝。到 1997 年，裂缝已扩张至好几个 25 美分硬币大。将深度限制降低至 2 000 英尺可消除巨响并防止裂缝继续增大，但潜水器的深海勘探能力也受到了严重阻碍。最终，这个问题通过设计具有不同接口角度的球罩、更厚的密封圈以及新的润滑剂得到解决。但这都是古巴考察**之后**的事了。

***

此次古巴考察没能按照利普斯科姆和吉丁斯的计划进行，他们获取到不错的素材，但碍于深度限制，大部分都来自浅水以及离水拍摄。没什么出人意料的惊奇发现，地点的特殊性也没有得到体现。

随着考察接近尾声，新的一年即将开始，我们驶向临别的最后一站：哈瓦那港。此时逆风当头，海浪有 10 英尺至 12 英尺高。吉丁斯对哈瓦那港抱有两个期待，其一是在他所谓的"埋骨地"下潜。那是一处 600 英尺深的水沟，位于哈瓦那港入口处，据说已积聚了半个世纪的遗物宝藏，均来自在这片水域行驶的商船与宝船。其二，他期待着卡斯特罗的来访。

我们之所以能够获准进入这片水域，主要仰赖阿尔·吉丁斯和菲德尔·卡斯特罗的私人关系——他们都热衷于水肺潜水和海洋探索。吉丁斯曾在 20 世纪 70 年代末到 80 年代初访问古巴，展开拍摄之旅，他们在那时结下了不解之缘。此次科考伊始，吉丁斯就提到可能会带卡斯特罗下海潜水。

利普斯科姆勃然大怒，此事成为两人之间的主要隔阂。将 71 岁的卡斯特罗带入深海可能出现很多问题，而利普斯科姆无疑提出了最关键的问题："他要是在潜水器里犯了心脏病怎么办？没人会相信那是一场意外。他们绝对不会放我们走的，看在上帝的分上，他们会把我们全杀了！"

"埋骨地"下潜与卡斯特罗登船参观发生在同一天：1998年1月2日。上午的下潜行动以失败告终，潜水器沿着深谷斜坡下降至一半时，被水流卷入了坚固难缠的海底线缆中，此刻深度大约320英尺。此情此景与之前的"事故"太过相似，潜水队当即决定放弃任务，没有商量余地。

由此一来，吉丁斯和利普斯科姆能否打造震撼结局，全取决于卡斯特罗会否来访。而我们仍不确定卡斯特罗是否真会前来。出于安全考虑，此事应该会秘密进行。我们被建议当晚留在船上，而不是上岸到户外咖啡馆欣赏美妙音乐，原因顿时明了。日落之后，1艘炮艇悄然停靠在我们的左舷，3辆黑色奔驰迅即开到右舷的跳板上，未闻号角，却见身穿橄榄绿军装、携带自动武器的主席卫队与平民着装、无明显武装的保镖*一同列队而出，古巴指挥官从中间的车子走下。他穿着标准军装，发须少有灰白，看上去比71岁年轻许多。

吉丁斯担任官方迎宾员兼仪式主持人，引领卡斯特罗登船并进行介绍。吉丁斯与潜水器首席驾驶员依次介绍潜水器及其功能时，所有人一窝蜂拥向船尾，你推我搡地抢占位置。担任同声传译的是一位身穿牛仔夹克的娇小女子，她功夫了得，甚至可以还原说话者的举止与手势。谈话内容主要顺应卡斯特罗的提问发

---

* 后来我们得知，他们每人都在衬衣下藏着枪——在船上参观时，有人突然拉开一个抽屉，里面装的是T恤而不是武器，准备作为礼物送出，当时保安们还算轻松，但这些保镖却瞬间提起戒备之心。

展，他充满好奇心，似乎有意了解我们工作的方方面面。

不仅仅是摄影组，每个人都举起了相机，希望记录下这历史性的一刻。我拿着在潜水器中使用的便携式摄影机，却被挤到人群的外围。为了争取拍到清晰的特写，我和塔米选择驻守通向厨房的狭窄走廊，认定他必将通过此处。他确实朝这边走来，我也确实拍到了，但他竟没有直接走过去，而是停下脚步与我交谈！

我立马将相机扔到一边，腾出右手与他相握。他动作轻柔，似乎与公共形象并不相符，令人微感诧异。随后，他提问的科学深度更让给我备感惊讶。他绝不仅仅是在炫耀学识，而是努力获取新知识，这相当了不起。当他问我"您在做什么研究"时，我描述了一个没有阳光的世界，那里的动物仍有眼睛，用以捕捉生命自身产生的光亮。这时，他似乎打岔地问道："它们为何没被冻死呢？"随着问题逐渐深入，我才明白他真正想问的是：在没有阳光加热的深海，温度如此接近冰点，为何鱼没有被冻住呢？这是个聪明的问题，答案极其复杂，需要从炽热的地核、单薄的海洋地壳、大洋环流模式讲到盐分降低海水冰点。掌握这些信息后，卡斯特罗接着询问厄尔尼诺现象与深海气候变化的证据，并详细谈论了气候变化及其对马尔代夫这类岛国，乃至全世界范围内农业和渔业的影响。最后，他还提到了割取鱼翅为鲨鱼种群带来的灭顶之灾。这场谈话在太多方面都太出乎意料，更让人欣喜的是，我发现自己没关摄像机，将整个过程都录了下来，这可能是有史以来最不同寻常的菲德尔·卡斯特罗影像资料——镜头是自下向上倾斜的，详细记录了他的鼻内结构。

晚些时候，我又得到一次近距离接触卡斯特罗的机会。他从舰桥下来后经过厨房，向厨师询问龙虾的烹饪方法，我刚好就在附近。我全程举着摄影机，听他侃侃而谈，表示决不能像法国人那样毁掉龙虾。"法式焗酿龙虾（lobster thermidor）里甚至吃不出龙虾的味道，就好比把水混进了酒里！其实你只需要把龙虾切成蝴蝶状，加点黄油和洋葱，烹上 11 分钟。"一道呈给指挥官的龙虾就做好了。

在"苏厄德·约翰逊号"考察期间，卡斯特罗谈到了许多话题，大多被镜头记录下来，利普斯科姆和吉丁斯得到了大量故事材料。例如，他们此前在岛上一个龙虾渔场拍摄了大量优质素材，如今便可以将卡斯特罗对龙虾历史以及可持续渔业的描述穿插其中。背景故事是：新鲜龙虾冷冻后运往欧洲，成为古巴价值最高的出口品之一，而古巴国内人民却无法享用。讽刺或幽默的是（取决于他们想怎样处理），古巴指挥官提供了本国人民无从食用的食材的一种烹饪法。总之，重点在于卡斯特罗的来访是讲好故事的基础。但问题是，他们会允许我们使用吗？

答案是否定的。公司过于担忧反卡斯特罗群体的潜在抵制，决定一切以稳为先。两小时的成片由马丁·辛（Martin Sheen）旁白讲述，看不到卡斯特罗的影子，标题也由《古巴：禁行水域》改为《古巴：禁忌深渊》（Cuba: Forbidden Depths）。影片特别解释这个"禁忌"指的并非政治限制，而是此次探索的"险恶深渊"，但想到我们只潜到往常深度限制的 2/3，这就显得很荒谬了。

每个人都或多或少对这一结果心存遗憾：利普斯科姆颇有微词，甚至从未打开电视看上一眼；公司不满意，因为这部纪录片收视率很低；科学家也很沮丧，真正的科研成果太少了。不过这仍是一趟不同寻常的旅行。临别时，我为能从如此独特的视角探索并体验古巴而深感荣幸。但一回到家，我就向大卫发誓，如果再有什么电视赞助的考察机会，**我绝对不会接受**。最终，我没能守住这个誓言。

第十章

B 计划

　　我输入指令，要求电脑检索摄像机影像。没有任何反应。又输了一遍，还是毫无动静。我紧咬牙关，试图掩饰失望的神色。此情此景似乎早已注定，无法避免，墨菲定律是不可改变的，**如果事情有变坏的可能，它总会发生**。据此推论：**如果事情有可能在最糟的时刻变坏，它也总会发生**。这个时刻就是现在，面向国家电视台。

　　2003 年，当电影制作人大卫·克拉克联系我探讨此次任务的可行性时，我就想到了最坏的结果。克拉克是一位曾获艾美奖的独立制片人，声誉良好，我通常很愿意与这样的合作伙伴一同工作。况且，他将以客人的身份登船，我仍是下达指令的主人，这也与古巴探索之旅不同。然而，此次任务内容极为特殊。

　　这将是我多年来为之争取资金的科研仪器的第一次实地测试，此类测试的失败可能性通常很高，我并不想在公众面前丢人现眼，但另一方面，克拉克想在纪录片中强调工程之于海洋探索的重要性，我对此非常认可。实地测试成败难料，但这是一个向广大观众传达关键信息的宝贵机会。

我们必须竭尽全力帮助人们理解，在一个海洋星球上生存意味着什么。或者更确切地说，在几个被广阔海水世界包围的干燥小岛上生存意味着什么。而常人对这个海水世界了解之少令人惊讶。地球人口总量已逐渐超出其承受范围，即将越过 80 亿大关。为了养活爆炸性增长的人口，我们高强度耕种土地，大肆捕捞海洋生物，生产大量废物排入海洋，即将压垮维持生命的复杂机制。这是不可持续的，也绝非明智之举。

当今时代，我们怎会对所处星球的机理无知至此呢？探索是了解的第一步。那么，我们对海洋的探索进行到哪一步了呢？常见的答案是 5%。有趣的是，有些人会告诉你这个数字太小了，另一些人，比如我，又会说，这个数字说大了。这完全取决于何谓"探索"。

如果绘制一张地图就能证明此地已被探索，那么我们已经将大海穷尽。然而，那张地图是在太空绘制的，靠的是卫星雷达扫描。雷达无法穿透海水，会在接触海面后反弹，因此仅能提供准确的水面高度测量，其他方面则无能为力。在对波浪和潮汐产生的颠簸震动进行大量测量计算后，我们揭示出海底山脉、海沟等海洋底部特征。不幸的是，海底图的分辨率极低，小于 3 英里的地形便无法辨认，更别提尺寸更小的事物了。那些有关海底山和深海喷烟口的细节特征，以及为海洋动物提供栖息地的山丘、山脊、峡谷和山谷的相关信息还无从知晓。事实上，就连月球、金星和火星地图都更加精确。

海面巡航的船只使用多波束声呐沿海底窄幅投射，至今已产出近 30% 的更高分辨率海底地图，精确到约 100 码的范围，仍有待提升。相较之下，你家附近在谷歌地球上的分辨率可达 25 英寸。*

欲提升海洋地图的清晰度，我们必须从根本上穿透海水的遮掩。因此，如果我们以实际探访某地作为探索的定义，那么我们对深海的探索还不到 0.05%！这就好比整座曼哈顿岛中只侦察了 3 个城市街区，**而且**仅包括地面部分。即使 0.05% 的比例也完全忽略了海底**上方**的广阔生存空间——平均深度 2.3 英里，相当于 1 207 层楼高。†

那么，究竟是什么阻碍着我们探索地球的绝大部分呢？还是那句老话：这不是航天科学。科研经费长期匮乏，我们既没有类似对月发射的计划，也没有 NASA 这样的机构。

1962 年，肯尼迪总统发表著名登月演讲时，将太空描绘为势在必得的全新疆域，他说："为了获取新知识，赢得新权利，我们踏上新的航程。"他着重强调美国须在太空领域占据先机，保护"太空不被敌方滥用"，并暗示如果在与苏联的太空竞赛中败下阵来，可能造成不可挽回的后果。他这番慷慨陈词无疑极大地推进了登月计划，尽管许多人认为这是巨额资金浪费。

肯尼迪的前任，德怀特·艾森豪威尔曾明确表示："花 400

---

* 仅根据个人经验猜测，毕竟也取决于你家的方位。谷歌地球的分辨率在 6 英寸至 50 英尺之间。

† 帝国大厦（The Empire State Building）不过 102 层。

亿美元登月，疯了吧。"事后回首，大部分人都不会认同他这话。在月球上行走被普遍认定为人类的伟大功业，以及美国例外论（American exceptionalism）的光辉典范。

而海洋探索由于缺乏类似的地缘政治动机或明确的目标，从未获得任何切实的长期财政承诺。2013 年，美国为太空探索拨出 38 亿美元预算，海洋探索则只得到了 2 370 万——前者的约 0.6%。换个角度来看，航天飞机每发射 1 次，所需费用（含有效载荷，约 10 亿美元）足够我们每天乘潜水器下潜 2 次（每次约 12 500 美元），一共下潜 110 年。其间的天壤之别或可解释我们为何对身处的海洋星球所知甚少。

科学成就总是与技术进展息息相关，但没有持续资金来源何谈创新？技术开发需要钱，后续升级与应用也需要钱。最近的一次非凡太空技术成就——观测 90 亿光年外的恒星——来自 20 多年对哈勃太空望远镜的高额投资，总成本超过 100 亿美元。

海洋领域可与之相比的投资是"阿尔文号"深潜器，一艘小小的三人潜水器，最初造价不到 50 万美元。但在它身上，我们能看到技术进步带来不可思议科学发现的典型事例。只不过，由于缺少太空项目那般高效的公关运作，这些发现很少得到大众的颂扬与认可。在很多人看来，"阿尔文号"不过是一艘笨重的小型潜水器，名字倒是挺可爱的。

科学界首次提出专为科研开发潜水器的建议时，没人能确定收效如何，这一提议也因此没能被广泛接受。1956 年，伍兹霍尔海洋研究所的科学家阿林·瓦因（Allyn Vine）在华盛顿特区召开的全国研讨会上最为清楚地阐明了人类向海洋进发的必要性："我坚信，**如果我们明确知道想要测量的对象，那么一台好的仪器定会比人做得更好**……然而，人类又是如此博闻且聪慧，能够感知到什么是需要做的，能够调查问题。我很难想象什么仪器能取代当年'贝格尔号'上的查尔斯·达尔文。"（强调处由我所加。）此番演讲足以震动公众舆论，于是在潜水器最终建成，并于 1964 年下水执行任务时，它被命名为"阿尔文"，是阿林·瓦因的缩略表达。

"阿尔文号"的出资者为美国海军研究署，最初设想的下潜深度为 8 010 英尺 *，搭载一名驾驶员与两名乘客。自那时起，它经历了几次重建与升级，最近一次是在 2013 年，由美国国家科学基金会（National Science Foundation，NSF）资助。凭着各式各样的躯壳，"阿尔文号"在其跨越半个多世纪的悠长生涯中，完成了无数辉煌事迹，包括发现热液喷口，在西班牙南部海岸找回丢失的氢弹，探索"泰坦尼克号"沉船，在"墨西哥湾深水地平线"石油泄漏事件发生后拍摄被褐色黏液浸没的深水珊瑚，以及数不清的重大科学发现与突破，其中许多可从根本上改变我们对世界运作机制的理解。

＊＊＊

我对潜水器的重视源于直接经验。在我工作中的绝大多数时间，任何摄影系统对生物发光现象的观测能力都无法与适应黑暗

---

*   如今额定深度为 14 760 英尺。

的人眼媲美。因此，我长期乘潜水器泡在深海里，熄灭灯光，亲眼观测这地球上最庞大的生态系统。这景象很少有人目睹。我有充足的时间思考动物们在此环境下的生活方式，常常想，人类带着刺耳的助推器和炫目的泛光灯进入深海世界，对这些动物的影响一定极大。

这些思考常常唤起童年的记忆：夏天的夜晚，邻居家的孩子们聚在一起捉迷藏。我们常常在街角的灯柱旁集合，而后四散至住宅区的黑暗角落，为的是不被当"鬼"的人发现。那时，邻居家院子里路灯光环边缘外是一个绝佳的藏身之地。平躺在地上，可以看到大本营附近小朋友们的动向，却又不被发现。坐在开着灯的潜水器里，我可以想象周围有一个球形光圈，动物们就潜伏在灯光范围外不远处，玩着它们的捉迷藏游戏。我们要怎样将其吸引过来呢？

＊＊＊

尽管我对潜水器十分热衷，但阿林·瓦因是对的：如果你知道想要测量的对象，或许要为之开发一个远程系统。我想知道的是：如果**没有**我贸然进入带来的惊吓，深海本应有哪些动物，做出怎样的行为。

合乎逻辑的解决方案是开发一套远程系统，我需要一台可长时间自行运转的电池供电深海摄影机，这种设备不是没有，但只能在白光下启动。我想让生物发光现形，必须关掉灯光，但我同时也希望能看到那些动物。为真正减少干扰，我需要一种动物看不到的相机照明系统。此前许多潜水器研究员曾尝试使用红光，但结果皆不尽如人意。这种光线会在短距离内被水吸收，基本没用。我想尝试使用此前拍摄 SPLAT 网刺激发光现象的增强型相机，以此弥补红光在水中的微弱照明。若照明强度恰到好处，我应能同时看到动物本身和它们产生的光芒。经过数学计算，我确信自己的方案可行，甚至为其起了个很酷的名字：海中之眼（Eye-in-the-Sea）。万事俱备，只欠资金。*

填写拨款申请书之类的流程就不在此赘述了，但问题是，任何资助机构在权衡财政支持时，都要确切知道我会发现什么——关键是我也不知道啊！但我坚信，那里一定存在着大量生物，许多闻所未闻，因为我们把它们都吓跑了。从收到的几份提案反馈看来，我必须提供概念证明，即实地数据，证明我的照明方法可以在动物看不到我的情况下，成功观测到它们。

深海实地研究耗资巨大。当时，我每年大概能获得两三次大型科考行动的资金支持，但由于开支太大，出海天数严重不足，特别是还会因恶劣天气与设备故障而损失时间。在仅有的出海任务中，我根本腾不出时间搞什么红灯测试。

1994 年，我写下了海中之眼计划的第一份提案，6 年之后，在蒙特雷湾水族馆研究所（Monterey Bay Aquarium Research Institute，MBARI）的帮助下，我才终于得到一个提供概念证明

---

* 假如你有失眠的困扰，可以尝试如下做法：给一位科学工作者打电话，问问资金情况，你将听到一大段喋喋不休的悲惨故事，冗长且催眠，堪比古希腊悲剧。

的机会。蒙特雷湾水族馆研究所是一个位于世界前列的研究机构，其历史可追溯至 1985 年"深海漫游者"在蒙特雷峡谷的科考行动。更具体地说，它源于布鲁斯·罗比森（"黄蜂"和"深海漫游者"的首席科学家）与大卫·帕卡德（David Packard，坐拥惠普公司的名誉与财富）在那次任务时的交流。

帕卡德曾经资助蒙特雷湾水族馆，选址于罐头厂街（Cannery Row）的最后一个沙丁鱼罐头厂旧址，1984 年开放后大获成功。他是一位坚定的科学支持者，始终构想着与水族馆相关的研究项目，而当罗比引领他踏入深海的世界，看到"深海漫游者"带回的超高清视频时，他的愿景也逐渐延展。何不创建一个完整的科研机构呢？蒙特雷湾拥有非比寻常的水下地形，蕴藏着丰富生命的巨大海底峡谷仅离岸一步之遥，为何不利用这独特优势设立一个研究所呢？

罗比自然受聘于这个新成立的机构，1987 年起开始在那里工作，使用研究所最先进的遥控潜水器研究蒙特雷峡谷的深海生物。他建议我在该研究所申请兼职研究员，如此便可享受研究所慷慨提供的免费船舶与遥控潜水器使用时间。我随即递交申请，收到录取结果时激动不已——我终于有机会进行红光实验了。但我还没有可以留在海底的电池摄像机，因此在 2000 年为期两天的测试中，我打算使用研究所的"本塔纳号"遥控潜水器在海底放置一个诱饵盒，将自己的增强型摄像机连接在潜水器上，对吸引而来的动物进行观察，用红光与白光交替照明。我希望能够向潜在的资助机构证明，红光照明在这种设置下行之有效，最好是能搜集更多证据，表明在红光下能比在白光下观测到更多的动物。

　　几位朋友曾告诫我，蒙特雷湾水族馆研究所的科考船"罗伯士角号"素有"呕吐彗星"（vomit comet）的"美誉"，但我想自己应该扛得住，毕竟已经出海16年了，也经历过许多名声类似的船只。因此，当我在任务开始几小时后第一次感到不太舒服时，只当是时差导致的，因为我刚从佛罗里达飞过来。

　　据说，晕船分为五个阶段。第一阶段是否认；第二阶段是恶心，到达潜水点时，我已接近这种状态；第三阶段是"喂鱼"；第四阶段开始害怕会死掉；等到了第五阶段，难受的就是不能以死解脱。*我绝不可以晕船，原因有二。首先，这次出海带队乘"罗伯士角号"是执行系列任务的开端，我绝不想给人留下呕吐不止的第一印象。再者，罗比专程前来指导我操作遥控潜水器，必须集中精力。

　　最终到达潜水点时，我走到甲板上大口呼吸新鲜空气，试图将注意力集中在远程潜水器操作问题上。"本塔纳号"就立在船尾的甲板上，高大的尺寸与齐备的功能堪比工具间——8英尺高，6英尺宽，8英尺长，装有相机、灯光、操纵器以及动物取样器。潜水器顶部1/3由模塑复合泡沫制成，外表涂成橘红色，附有蓝色的蒙特雷湾水族馆研究所标志——象征蒙特雷峡谷的锯

---

* 不是夸张，这些年来我得到过可靠信息，说是当晕船达到第五阶段时，必须限制此人的行动，防止其跳海结束这苦难。

齿状 V 字形裂缝中，画着一条蜿蜒的深海宽咽鱼。其余 2/3 则布满密密麻麻的仪器与线缆。

重达 7 500 磅的"本塔纳号"将从船的右舷投入水中，届时安装在船尾的起重机会将其拖下甲板，通过直臂升降，几秒内就将其扔进大海。入水后，起重机将迅速撤离，甲板上的驾驶员则通过装有遥控设备的腰包进行操控，使潜水器离开科考船，待工作人员解开缆绳后开始下潜。只有当其安全降入水下后，甲板上的驾驶员才会将操作权转交给控制室。

这个过程令我印象深刻，因为这样可以最大限度减少空气与海水交界处的颠簸给潜水器带来的损伤。正因如此，相比于约翰逊海洋林克潜水器，"本塔纳号"团队能够在更加凶险的海域使用并回收深潜器。而且，它们也不会受到电池电量的限制，所需的电力均通过缆绳传输，可延长观察海洋动物的时间。但它也有一个小问题：只有在控制室内才可以进行观测，而控制室位于船头——在一艘 110 英尺长的船上，其颠簸程度可与过山车媲美。我别无选择，只得最后深吸一口新鲜空气，向甲板下方走去。

黑暗的控制室内汇集各类高科技产品，一面巨幅显示器前摆放着四把软垫座椅，均固定在甲板上，与飞机驾驶舱十分相似。两把座椅是为遥控潜水器驾驶员准备的，另外两把则提供给指导驾驶员的科学研究者，他们会持续对观察现象与辨认动物进行评论，作为每次下潜录制的高分辨率视频的音轨部分。

我坐在离船头最近的椅子上，盯着眼前的显示器，上面是遥控潜水器上摄像机正在记录的水下场景。由于科考船的移动会沿着缆绳传送而下，因此显示器上的画面也在上下颠晃，而且与我身体感受到的晃动完全不一致。这简直就是肠道罢工的绝佳配方，多年来无数受害者在此中招，[*]并为这艘船起了一个令人闻风丧胆的绰号：呕吐点。

一阵阵恶心涌上喉头，我越来越难以集中精力听罗比的指示，最后我的神志被物质彻底击败，一场胃部灾难迫在眉睫，混乱中我咕哝着说要喝杯咖啡，然后便冲向厕所。我糊弄不过他们——罗比与驾驶员们见得多了。从胃里翻滚的污秽中解脱出来后，我回到控制室的位置上坐好，试图开始工作，假装什么也没有发生。

此时遥控深潜器已经到达海底，我们开始寻找地方放下诱饵盒。"本塔纳号"正对着峡谷壁的一侧，灯光照射下，我们看到几处理想的突出岩架，我指向其中一处，驾驶员开始操纵深潜器到位。接下来的一个小时就在疯狂探索深潜器的操作极限：似乎每当靠近岩架，缆绳就会将它拖拽回来。我有身穿"黄蜂"潜水的经验，知道缆绳会带来诸多限制，但 JSL 潜水器让我逐渐忘记了这个问题。经过坚持不懈的摸索，深潜器持续搅动着岩壁上堆积的淤泥，终于造成了小型沙尘暴，我们不得不等待它散去才能继续想办法。时间如此漫长，过程中我忍不住又一次冲向

---

[*] 其中最有名的是拍摄《陆军野战医院》(*M*A*S*H*) 的阿伦·阿尔达 (Alan Alda)，他在开始拍摄精彩的 PBS（美国公共广播公司）系列节目《美国科学前沿》(*Scientific American Frontiers*) 后不久登上了"罗伯士角号"，镜头前脸色明显变绿，那套节目从此再也没有在海上拍摄。

厕所。

又经过了多次尝试，深潜器终于对准位置，驾驶员用操纵器将诱饵盒放了下去。但令人目瞪口呆的一幕发生了：刚刚将盒子松开，它就着了魔一般滑向悬崖边缘，就像《鬼驱人》（*Poltergeist*）中的厨房椅子一样。遥控深潜器的另一缺陷是无法感知深度，表面看不出来，但这岩架的底部向下倾斜，从诱饵盒滑动的速度来看相当陡峭。

幸运的是，在它滑入深渊之前，驾驶员设法用操纵器抓住了盒子，只是我们必须找到另一处岩架，重新开始整个过程。等我们终于将诱饵盒安顿完毕，熬好的粥里掉进了一颗老鼠屎：遥控深潜器没法挂空挡并关闭助推器——这是我在 JSL、"深海漫游者"中的常规操作。为安全起见，深潜器设置为正浮力，一旦失去动力便会漂回水面，必须持续运转助推器才能待在水下。这根本就不可能实现无干扰！最后，我们自然没能获得任何数据。

对于第二次尝试，我的首要目标是战胜晕船。与上次不同，我确保自己充分休息，并服用了所谓的"海岸警备队混合剂"（Coast Guard cocktail）晕船药，是"呕吐点"受害者们推荐给我的，他们向我保证喝了不会犯困。航行至潜水点的一路上，我都站在甲板上，目不转睛地注视着海平面。我还选择了距海岸较远的深海潜点，这让我有更多时间适应海上生活。总之，我成功了，这次没有不舒服。

新的潜水点底部环境较为平滑，我们不必浪费时间寻找平地，只需放下诱饵盒，退后几英尺进行观察。首先，我们开始对比红光下与白光下观测情况的差别，结果证明，红灯与增强型摄影机配合效果完美。由于相机是黑白的，而且有自动增益控制，*必须详细记录才能知道录制画面中何时开了红灯，何时又是白灯。

红灯开启状态下，我们很快看到盲鳗（hagfish）与巨大的裸盖鱼（sablefish）小心翼翼地靠近诱饵盒。而一旦打开白灯，裸盖鱼会立即逃散而去，只留盲鳗待在原地。毕竟是"盲"鳗，主要靠嗅觉生存。耐心等待一段时间，裸盖鱼还会游回附近，但只在盒子附近，停留时间也短得多。平均下来，红灯照射下每10分钟可看到39条裸盖鱼，白灯下则只有7条。这些数字很有说服力，但从裸盖鱼的行动来看，它们显然也能看到红灯，因为关灯一段时间再次亮起后，裸盖鱼会游走。即便如此，它们讨厌白光远甚于红光，增强型摄像机的作用也至关重要。

既然深潜器的动静无法消除，下一步行动只能是制造最初设想的电池相机，但我仍然申请不到资金，只能东拼西凑地筹钱把整个系统拼在一起。第一个资金来源有些不同寻常，项目名为"工程诊所"，是由加州克莱尔蒙特的哈维·穆德学院（Harvey Mudd College）创新设置的本科生实践教学项目，目的是为学生提供团队工作经验，为"客户"解决现实世界中的工程问题。若想成为学生们的客户，需要支付 35 000 美元，并按要求提供

---

* 自动增益控制是一个闭环反馈系统，输入信号的变化（此时就是照明水平）对输出信号（画面亮度）的影响会很小。

所有材料。我的内部预算里根本没有那么多钱，只能说服港湾海洋研究所出资，同时出售部分深海动物图片以供购买设备。

在我看来，亲身实践解决问题是最理想的学习方式，而这个项目正是展现这一教学方法正向激励效果的优秀案例。哈维·穆德学院的学生们在迎接现实世界工程挑战的过程中接受了实用的跨学科教育，同时也耳濡目染学到了深海生物学知识。极具探索性的工作令学生们很兴奋，有助于他们长时间保持热情。面对繁杂的工作与挑战，他们一一攻克难关，成功创造出由计算机操控的台式相机／记录仪／照明系统。

如此一来，系统的基本框架已经成形，配合着蒙特雷湾水族馆研究所取得的红光数据作为概念证明，我向美国国家海洋和大气管理局申请到 15 000 美元的资金，将相机／记录仪放入防水壳，并设计打造一个便于将其安装在海底的框架。蒙特雷湾水族馆研究所又一次伸出援手，为我提供了运行该系统所需的水下电池，最重要的是，他们还借船给我，以便在 2002 年首次开展实地测试，也就是大卫·克拉克请求拍摄的海中之眼第一次出海任务。

作为海洋探索的前沿工程案例，它看起来复杂奇特，又其貌不扬。铝管制成的三脚架高约 7 英尺，底部配有电池，相机／记录仪装在一个圆柱形的防水壳中，置于电池上方。红灯安装在距离相机尽可能远的轴线上，位于脚架顶端，以减少反向散射（水中的颗粒会反射灯光，降低图像质量）。

投放潜水器那日天朗气清，风平浪静，完全不必担心晕船。

我们到达部署地点后，遥控深潜器工作人员动作迅速地将海中之眼从甲板上抬起，下放至 2 000 英尺深处，安放诱饵盒时也毫不拖泥带水，为我们接下来的探索节省出大量的时间。随队的克拉克希望能够拍摄尽可能多的素材，罗比也作为联合首席科学家参与进来，热情邀请我们参观他的工作室，展示了深潜器捕捉高清脆弱胶状生物影像的实力。第一天非常完美。

到了第二天，问题开始出现。先是我借来安装在海中之眼上的声波发射器未能传送可以接收的信号。面对广阔无垠的海洋，屡次搜寻失败加剧着我的焦虑。最终，深潜器通过声呐发现了一个目标，我们得以将其找回。当我看到它像离开时那样完好无损地待在那里时，欣慰之情溢于言表。与此同时，诱饵盒正被成群的蟹与海胆包围，蠕动的盲鳗在塑料网中溜进溜出，看样子，镜头范围内一定捕捉了许多影像。

而当我们将海中之眼带回甲板，事态急转直下。我用一根长长的电缆将海中之眼与笔记本电脑相连，而后回到实验室内。克拉克全程跟拍，我只得努力忽视他的存在。墨菲大人，**请怜悯我吧！**无声祈祷后，我输入指令，检索摄像机收集到的图像。**什么也没有。零。**无论我怎样循循善诱，系统都拒绝做出回应。失败几次后，我回到甲板上检查摄像机的连接状态，才发现球形摄像机内进水了。

这种可怕的景象我此前只见过一次，那是在职业生涯早期，我加入港湾海洋研究所后不久。那时我需要一个感光极佳的光度计，用在 JSL 潜水器上。由于市面上找不到类似产品，我只得说服海军研究署和国家科学基金会这两个资助机构分担其开发成本。一次初期测试中，光度计失灵，潜水器工作人员吉姆·沙利文（Jim Sullivan，亦称"苏利"）报告了光罩内进水的悲惨消息。

那时我呆愣地注视着波涛起伏的海面，感到自己的事业命悬一线。但苏利简直是哲思与幽默的源泉，我愿称他为尤达大师。我的尤达大师安静地在一旁站了一会儿，而后慢条斯理道："你知道，人生是否成功取决于你的B计划，毕竟A计划谁都能做好。"过了很久我才真正理解这句话的含义，这正是我所需要的。我将这句话写下来贴在办公室墙上，因此，当大卫·克拉克将相机凑上来记录我应对海中之眼进水的第一反应时，我知道应该说什么。

罗比也知道该如何应对。回到码头，他立刻在镜头前侃侃而谈，说我们必须随时做好准备迎接失败还提到了大卫·帕卡德的话："如果你从不失败，那我会认为你的目标不够远大。我希望你向想象力的极限前进。"

但一般来说，人们开始为你敢于失败的勇气发言——尤其是在国家电视台——绝不是个好兆头。更何况，这已经是我设想中最坏的情况了。我感到身心遭受重创，但又不能喊疼，因为早已预见这种情况可能发生，我是自愿的。眼下最糟的不仅是公开失败所带来的羞辱，更令人担忧的是，海中之眼的未来资金很可能因此断绝。必须解决这个问题，而且要迅速利落。

下一次任务前，我仅有3个月时间用来扭转局面。我先是询问克拉克是否愿意拍摄之后的复出科考，但他表示既没有钱也没有时间，如果海中之眼能拍到不错的镜头，他会试着放入成片。

而后的工作就是四处求人，艰难修复。幸运的是，我有一位盟友。年轻的海洋工程师李·弗雷（Lee Frey）于 1997 年加入港湾海洋研究所，不到 5 年时间已从实习生晋升为高级工程师。李不仅对深海探索事业倾注了无限热情，还是控制预算完成工程的一把好手。海中之眼的资金眼看就要见底，他不知怎的总能采取变通之法，不至于让我可怜的金库破产。但这一切不免太过冒险，第二次任务启动时，我仍没有多少信心。

克拉克并未加入，这起初让我感到宽慰，毕竟如果再失败一次，我绝不想同他分享。但墨菲定律再次奏效，这一次我们成功了。* 整个操作过程与之前一模一样，但在插上相机电缆输入检索图像的指令，稍等片刻（却仿佛永无止境）后，笔记本中开始弹出视频片段。

这些录像是那么迷人，让我仿佛重回孩提时代，暗中悄然观察着自家周围的情况。虽然没看到生物发光，但包括鲨鱼在内的无数鱼类蜂拥而至，诱饵盒附近热闹非凡。更令人开心的是，克拉克的纪录片《深海科学：中层水域之谜》（*Science of the Deep: Mid-Water Mysteries*）于 2004 年在科学频道播出后，我得以在全国性电视栏目中看到这些影像。该节目为克拉克及其联合制作人苏·诺顿（Sue Norton）赢得了美国国家科学院科学传播奖（the

---

* 实际上这就是墨菲定律无数推论中的一个：事情进展顺利时，无人关注（在我这种情况下，就是无人在场）。

National Academies Communication Award ）*，颁奖词为"它展现了工程在科学探索中的重要性"。影片确实记录了海中之眼最初的失败，却也展现了它最终的成就。

想要探索边界，任职要求中必有一条是"愿意承受失败"。相关名言不胜枚举，我最喜欢的一句出自温斯顿·丘吉尔之口："成功就是无数次失败跌落而不失热情。"若想在"狂暴命运的无情摧残"下仍保持热情，需要极深的根基。有些人执迷于成为到达某处的第一人，比如月球或马里亚纳海沟底部，这种强悍的驱动力能带来有价值的技术发展。

但对另一些人来说，揭开自然界潜藏的奥秘才是热忱所在，实现这个愿望并不一定要去往世界的极限。显微镜的发明便揭示出一个无人知晓的世界，微生物第一次展现在人们的面前。多么神奇啊，竟能在我们的世界里发现另一个世界。

如果我们能学会在不惊扰生命的前提下进行探测，这片广阔的黑暗海洋会向我们呈现一个怎样的世界呢？

---

* 美国国家科学院、工程院和医学研究所共同设立的一个项目，由凯克基金会（W. M. Keck Foundation）资助，旨在帮助公众了解科学、工程和医学。

第十一章

光的语言

在黑暗的边界摸索，不管是真实的黑暗还是比喻意义上的黑暗，我们会明白灾难才是事物的自然规律。然而，永不满足的好奇心与乐观精神的结合，让我们在永无止境的挫败中继续向前。保持乐观需要付出相应的努力，我们往往要关注那些微小的成功。在那次重大考察任务中，海中之眼传回影像的精彩程度远超想象。

***

但在蒙特雷峡谷完成部署后，胜利的喜悦没能持续多久。初期实验中，我在深潜器中发现裸盖鱼似乎能透过白灯外的红色塑料滤光片察觉到红光。对此我并未感到非常惊讶，从此前的透光率测量结果来看，一小部分波长较短的蓝光确实可悄悄透出。但在海中之眼中，我已改用红色 LED 灯，其功能描述是"发出单色光"。大部分深海鱼也是单色视者（monochromat，也称全色盲者），只能看到一种颜色，通常是蓝色（光波长在 470 纳米至

495 纳米之间*）。我希望它们无法看到红色 LED 发出的灯光（光波长为 660 纳米），可惜经过仔细分析发现，它们明显看得见。

红灯亮起，有些鱼看上去没有反应，另一些鱼则会逐渐调整游动方式，远离灯光方向。少数情况下，甚至没有那样和缓：红灯一亮，它们便逃之夭夭。在随后的尝试中，我采用了更接近红外的 LED 光（光波长为 680 纳米），但波长越长，在海水中的传播效果就越差，因此得到的录像也就越为黯淡。而这也不过是徒增分析难度——鱼仍能感知到光。

事实证明，无论 LED 的"单色光"还是鱼类的"单色视"都是一种误导。尽管大多数深海鱼仅有单色视觉色素，但它可以吸收多种颜色，只是鱼类无法区分这些颜色，它们的视觉仿佛一台黑白相机，不同颜色仅展现为不同的灰度。裸盖鱼对蓝光（波长 491 纳米）最敏锐，若以蓝色为白色，那么同等强度的绿色便是浅灰色，黄色是中灰色，橙色是深灰色，红色将接近黑色。

若根据其视觉灵敏度绘制图表，将得出一道极宽的钟形曲线，以蓝色为峰值，左侧趋近于零处为波长小于 400 纳米的紫外线，右侧的曲线则奇长无比，一直延伸过 600 纳米，介乎橙色与红色之间。另一方面，红色 LED 灯发射的光色好比一道窄窄的钟形曲线，峰值在 680 纳米。如果将两条曲线画在同一坐标系内，乍一看并无重叠，但在大幅度扩展纵轴,†放大两个峰值之间的部

---

* 可见光波长以纳米（nm）为单位，一纳米等于十亿分之一米。可见光的范围为 400 纳米（光谱的蓝色端）至 700 纳米（红色端）。

† 如果您有数学天赋，也可以将其绘制在对数刻度上。

分后，可以看到它们其实有重叠。

我现在进退维谷，一面是视觉色素吸收的光谱之宽，一面是红外线在海水中的极端衰减，我们很难看到海洋鱼类，同时又不被鱼类看见。

＊＊＊

2003 年海中之眼试验成功后，我立即向 NOAA 海洋探索研究办公室（NOAA's Office of Ocean Exploration and Research）上交了一份提案，建议以一种全新方式探索海洋——将海洋生物的视觉能力考虑在内。若能不被察觉，我们究竟会发现哪些闻所未闻的事物呢？

我计划在 2004 年前往墨西哥湾，目标是让海中之眼成为此次科考的主角，但考察时间日益迫近，我仍在与照明问题做斗争。

神奇的绿鹦鲷是我的灵感来源，早在最初研究各类生物发光的颜色时，我便用光学多道分析仪测量了它的发光情况。与许多深海鱼一样，它的眼睛旁边可发出蓝色闪光，但下方还有一个更大的发光器官，能发出红光。绿鹦鲷的惊人之处在于，它不仅能发出红光，也能看见红光！这意味着它拥有狙击手视角，能够"看见而不被看见"。

这优势简直难以置信：能够追踪猎物而不被发现，亦能与伴侣交流而躲过捕食者的目光！绿鹦鲷的红光器官具有一个突出特点，即其上方效果显著的截止滤光片（cutoff filter）*，可将器官原本产生的明亮红橙色转变为更暗的红外线。这一颜色转变令我印象深刻，测量过程中，我对绿鹦鲷为遮挡较短波长光线而牺牲的光能感到震惊。显然，自然选择下的隐匿躲藏代价高昂。

凭着大自然赋予的灵感，我决定将截止滤光片与红色 LED 相结合，从而降低照明的可见度。市场上新推出的一系列更高功率 680 纳米 LED 让我兴奋不已，它们将有助于补偿滤光片损耗的能量。我曾希望在蒙特雷湾水族馆研究所的下一次部署中测试改良后的新型照明系统，但截止滤光片需定制，工期较长，最终没有机会在这次科考前进一步测试。

除新型滤光系统外，我另外设计了一个小花招，想再试试与动物们交流沟通。20 年前通过"黄蜂"与"深海漫游者"下潜时，我曾尝试将灯挂在长棒上，使用简单的蓝色闪光源唤起某种生物发光交流，而现在可以确定的是，当时光棒之所以没有起到效果，是因为我不够隐蔽。如果新的照明系统能够按预想工作，我便得以测试这个理论。此外，此前经历的数十次任务让我深谙生物发光表现的特殊性，因此，此次尝试对话并非只使用单一蓝光，而是模仿某种生物发光，换句话说，我将使用一种它们可能可以识别的语言。

在各类模仿发光中，效仿礁环冠水母（*Atolla wyvillei*）的成

---

* 类似一种低通滤波器，只有截止点以下的声音频率得以通过，较高频率则被拦截。绿鹦鲷的滤光片则允许低频红光滤过，拦截频率较高的蓝光、绿光、黄光和橙光。

果最为可观，无论外界光照条件如何，这种深海水母都宏伟而瑰丽。光线下，它仿佛一朵绯红的向日葵，长长的鲜红触须从半透明的红色"花瓣"，即水母的"缘瓣"（lappet）中探出。而在黑暗中，根据不同的刺激方位与强度，它展现出各样有趣的发光反应。碰一下缘瓣，它便会喷射出一道纤细的光流，用以在黑暗中分散捕食者的注意力，仿佛在说："喂，看这里！"然后自身则趁机逃至黑暗之中。轻轻撞一下气胞囊，短暂的光脉冲会在接触面一闪而过，我将此举解释为："咳咳，这是我的地盘了。"若延长刺激时间，模仿捕食者撕咬的情形，水母则会被迫使出浑身解数，在表面创造一个旋转不停的宝蓝色"风火轮"。

绚烂的环形光圈是如此持久而夺目，能够起到防盗警报的作用，向更高阶的捕食者求救。深海生物往往有着超凡的眼力，任何提示性闪光都可能使捕食者发现猎物，此时的猎物已不再是水母，而是它的捕食者。水母请求救援的"尖叫"仿佛在说："救命啊！谁来把这家伙吃了，在它吃掉我之前！"在我看来，这种规模的生物发光现象或许能吸引到数百英尺外的捕食者，如果真是这样，那么模仿礁环冠水母的优势有二：既有助于证实其防盗警报的作用，又能将大型捕食者吸引至海中之眼的镜头范围内。

我们为这种新型诱饵起名"电子水母"（electronic jellyfish），在电路板上安装一圈蓝色 LED，而后将其置入透明的环氧树脂（epoxy）中做防水处理。至于浇注模具，我们选用了一个圆形的塑料餐盒，形状、外观都很像水母——只要你能无视"气胞囊"顶部大大的"ZIPLOC"商标。

我的目标是将海中之眼放置在某个深海绿洲中，也就是物种丰富且可能有大型捕食者在附近巡视的海底区域。我打算至少在那里停留一天，看看会有哪些发现。最终选择的绿洲是墨西哥湾的盐卤池（Brine Pool），*自从初次听闻，我就一直想要前往勘探。盐卤池是一种深海池，犹如爱丽丝梦中的仙境那般让人难以捉摸，非要亲自前往一睹真容才能相信。

在恐龙时代，墨西哥湾的形态不同今日，其范围更小，通向大洋的开口也更窄。墨西哥湾会同期性干涸，形成厚厚的岩层。在板块运动的作用下，这道海湾逐渐扩大，沉积物堆积在海底。当古老的盐层向上穿透沉积物，在海水中溶解时，附近便形成高浓度的咸水池，称为"盐卤池"。盐卤水比普通海水更重，因此在海湾底部汇聚成池，周围有明显分界线。

这还不是最奇异的。有些时候，碳氢化合物沉积物与盐水共存会创造出化学合成生物群落（chemosynthetic communities），与热液喷口的情形相似，只是盐卤池没有极端高温，所以这被称为"冷泉"（cold seep）。无数生命就在这暗无天日的冷泉中蓬勃繁衍，甲烷、硫化氢、铵等富含能量的化合物持续从海底渗出，为管虫†、巨型贻贝等生物提供养料——通过与化合菌（chemosynthetic bacteria）的共生关系，它们得以依靠这些化合物存活。就在盐卤池周围，科学家发现了迄今已知的墨西哥湾最大

---

* 尽管墨西哥有多个盐卤池，但我们特指的是名气最大、相关研究最丰富的一个。

† 相比太平洋，墨西哥湾的化学合成生物群落中的管虫直径及海葵体积都较小，但它们可以形成大簇的"灌木丛"（bush）。

的化学合成贻贝群落。

在此次任务中，我为能够亲眼见证这神奇秘境而激动不已，更是对海中之眼的模拟鱼类发光系统与电子水母诱饵可能带来的新发现寄予厚望。另外，我们的合作者多为光学海洋学（optical oceanography）与视觉生态学领域的国际专家，与我们同样热衷于探索光在海洋生物中扮演的角色。更让人欣慰的是，与这些人共同出海总是妙趣横生。

参加我们这场科学派对的共有 16 个人，关键人物包括老熟人塔米·弗兰克和宋克·约翰森，前者曾作为我的联合首席科学家共同研究被捕获生物在黑暗中的视觉敏感性，后者结束在我这里的博士后研究后，获得了杜克大学的终身教职，计划以深海底层生物的伪装策略为研究方向。除此之外，我们的团队中还有移居澳大利亚的英国学者贾斯汀·马歇尔（Justin Marshall），他将与宋克一道研究偏振光在深海视觉生态学中可能发挥的作用；我的研究生埃里卡·蒙塔古（Erika Montague）也将与我共同进行海中之眼实验。宋克、埃里卡和贾斯汀都有一种轻微扭曲的幽默感，根据过去的经验，他们几个凑在一起互相逗趣，能带给我们所有人莫大的欢乐。*

我们的任务计划是在 10 天的考察中探访 4 个潜水点，起始

---

* 某次考察结束前，宋克和埃里卡在贾斯汀离船前"偷"走了他剃须刀的刀片，贾斯汀在飞回澳大利亚的长途飞机上想刮个胡子，却发现剃须刀无法运转，感到十分困惑。几天后，他收到一张"赎金条"，上面展示着他的刀片，背景是当日的报纸，还后期加上了太阳镜与抽烟的图像。

地点为佛罗里达的巴拿马城，距离最远的盐卤池排到了最后。为按计划完成所有实验，保证 6 位主要研究人员都有机会使用潜水器，我们安排每天乘 JSL 潜水三次，比通常情况多一次。日程表复杂紧凑，我们对局势的预估高度乐观。

但任务开始不过 8 小时，天气就变得异常恶劣，风速达到 20 节，据预测只会越来越糟糕。与其浪费宝贵的潜水时间等待放晴，我们选择改变行程，长途跋涉至密西西比河三角洲西南约 150 英里外的盐卤池，希望到达时那里如预报中一样天气良好。

次日下午到达现场时，气候条件奇佳。首潜定在下午 4 点，我与驾驶员坐在球罩中，埃里卡和另一位潜水员[*]则在后方潜水舱。为赶上进度，我们需要在午夜前完成两次潜水，时间非常紧张，只留半个小时抵达 2 100 英尺以下的海底，1 小时部署海中之眼和动物陷阱，返程也只有半小时。下潜过程中，我急切地寻觅生物发光迹象。第一道闪光出现在 1 000 英尺附近，这个深度依稀可见头顶上方昏暗的蓝光。继续潜至 1 200 英尺时，蓝色已过渡为炭灰色，而后在 1 800 英尺处逐渐褪为黑色，驾驶员随即开启潜水器的照明灯。

经过 2 100 英尺后，盐卤池的边缘已若隐若现。盐卤池的表面非常明显，这是高浓度盐水和其上盐度低许多的海水之间折射率相差较大所致。与此同时，一幅迷幻的景象展现在视野之中：海水中有一片湖泊，界线分明的池边布满了巨大的贻贝。这些贻贝

---

[*] 此处"潜水员"（subby）为俚语，指潜水器上的工作人员。

至少比我此前见过的大一倍，彼此间距很小，一平方英尺能挤满几百只。它们呈现出色泽各异的棕色——胡桃色、铁锈色、花生色和炭灰色，开口的贝壳露出些白色，与几近墨黑的盐卤池水形成对比。在潜水器灯光的直接照射下，池水透出苔藓般的水绿色。

靠近后，我看到一条盲鳗从潜水器上方游来，穿过水面进入池中，而后重新出现。但很显然，那些不够原始的鱼类会很难适应咸水，池面上漂浮的几具鱼尸即是证据。*我问驾驶员，如果我们试图潜入盐卤池又会怎样？他答道："根本进不去，密度太高了。"而后，他操作潜水器靠近池面，为我做出演示。他的动作奇异地在池面激起慢速的波浪，缓缓拍打着池边，带来一种梦幻而陌生的诡异感。

沿池子表面巡视过后，我们向西面边缘处寻找一个部署海中之眼的合适位置。我和埃里卡一致认为池边的贻贝滩†凹凸不平，无法安全放置相机，因此最终选择了盐卤池东北端贻贝层外某处。这是我们第一次身处潜水器中部署海中之眼，担心它很难从前端固定用的装置上脱离。多亏技术高超的驾驶员灵活操纵机械臂，整个部署过程无可指摘。

在下一次潜水取回相机之前，我们无从得知视频采集结果，只能大致猜测视野范围，但我们仍努力将其与前景中的贻贝和背景中的盐卤池边缘对齐。电子水母放置在贻贝上，与后方几英尺

---

* 这为饮食不应过咸提供了明显证据。

† 冷知识：加州威尼斯的肌肉海滩（Muscle Beach）也曾名为"贻贝海滩"（Mussel Beach），那时它还以双壳软体动物而非肱二头肌闻名。

处的相机瓶相连，旁边是一个塞满诱饵的网袋，目的是将尽可能多的小动物吸引至相机镜头前。动物陷阱也放在附近，希望可以看到海洋生物的反应与互动。做完这一切，我们回到盐卤池东南角的大片管虫中，放下另外两个动物陷阱。然后再一看时间，竟然要返程了。

我和埃里卡都对这片神奇海域恋恋不舍，只好请驾驶员在上升过程中关上灯，让我们得以陶醉在生物发光的震撼景色中。这一切令人叹为观止。我们可以通过各种方式施加刺激：机械方法，即撞击；光照方式，即打开手电筒或相机的闪光灯。手电筒照耀之处，总能看到纤细的光丝团乍然亮起，随后消逝；闪光灯的效果则更加显著，刹那间，无数发光体如星系般一齐闪耀。*

相机在深海放置了整夜，翌日一早被取回。此次下潜，塔米坐在前方球罩里，我在后面操作分光计，测量入射阳光对深海的穿透力。潜水舱空间有限，放入分光计后，我和另一位潜水员只好挤一挤。下潜过程中我完成了诸多测量，描绘出深海特有的持续变窄的美丽光谱。

将光谱的最后一段测量结果存入电脑后，我正打算重新摆置装备伸伸腿，耳机中响起塔米的叫喊："快看那儿！"我望向潜水器前端相机画面的视频监视器，只见一头巨型六鳃鲨（sixgill shark）充满整个屏幕，正从海中之眼前游过。说"巨型"都有

---

* 这现象的成因尚未查明。我们稍后再详细阐述。

点轻描淡写了，驾驶员使用激光照射法[*]测量，预估长度约15英尺。海中之眼仍在拍摄模式中，我有理由认为它拍下了这巨兽的影像，最好是在尚未被潜水器干扰期间。我迫不及待地想将它带回甲板，翻看存储记录。

但是什么也没有。一帧都没有。我们被强烈的失望吞噬，只好安慰自己，至少这次没有进水。我和埃里卡立即对系统逐项排查，没有发现任何机械故障，最终得出的结论是：我们中的某个人无意中上传了一个旧的配置文件，这里就不说是谁了。宋克曾说，我们出海时智商起码要减10，他是对的。[†]于是我们很快立了规矩：每一项配置都必须经过两个人的双重检查。在多次确认上传了正确的配置文件后，我们于午餐后备好相机，再次下潜部署。设定的视频录制时间持续到隔天早上，那将是我们在盐卤池的最后一次潜水。

最后一潜时，贾斯汀坐在前面，后面潜水舱里是一位研究生。他们报告没有发现六鳃鲨，虽然有些失望，但至少顺利收回了相机，并在上午10点前带着海中之眼返回了甲板。我与埃里卡迅速对相机进行检查，确认视频采集成功后松了一口气。但我们暂时没时间观看，必须迅速下载保存，为接下来的部署做好准备——下一站，绿色峡谷（Green Canyon）。

这一次宋克在前我在后，我依旧忙着操作分光计。我一生中

---

[*] 相隔一定距离，如10厘米，平行安装两个红色激光器，由此可以凭借鲨鱼身上的两个红点推断其全身长。

[†] 可能人在旋转起伏的船上，大脑的一部分始终用于计算调整方位？

很少像此时这般急于结束潜水，只为回去看看拍摄成果。多年来我孜孜不倦地凝望黑暗的深海，有理由相信自己终会成功。我们在管虫群附近部署了相机，而后在其上方 100 英尺处盘旋，等待电子水母的闪光。这次电子水母被设置为立即发光，它果然迅速映入眼帘，即使在相距 100 英尺处也格外醒目。如此看来，它真的有望吸引远处依靠视觉的捕食者。

一回到船上，我立刻钻进实验室查看盐卤池的录像，幸而对焦效果不错。但坏消息是，电子水母与诱饵袋都没能录到，三脚架似乎陷入了泥中，相机倾斜，水母与袋子都位于画面底部以下。

尽管如此，我仍可看到部分贻贝以及盐卤池的边缘。更棒的是，鱼类与巨大的等足目生物（isopod）在画面中自由游动，似乎并未受到相机灯光影响。眼前的场景对其他人而言或许都相当无趣，但我却坐定在椅子边缘，紧盯着显示器。我终于窥见了另外一个世界，而其中的"居民"对我的存在毫无察觉，这意味着我可以在任何时候看到此前无人知晓的事物。对我而言，这就好比发现了图坦卡蒙墓的入口，当时尚不知道，但我即将揭开那口黄金石棺。

当初部署海中之眼时，我将电子水母的激活时间推迟到 4 小时后，试图长时间观察不受干扰的生物行为。视频播放至电子水母启动，就在 **86 秒**后，屏幕中出现了一种好似巨型鱿鱼的东西，我瞬间从椅子上弹起来大声叫喊，人们应声从船上各处奔跑赶来。大家一同反复观看这段影片。

这是一只奇形怪状的鱿鱼，鱿鱼的触须通常细长而富有弹性，但这只鱿鱼的触须竟短小而肌肉发达。它似乎正在攻击架子底部的电子水母，在屡次失败后拍打着鳍准备撤离，我们只能在画面的顶部边缘看到一部分，它正将触须向旁边弯曲。那短粗的触须仿佛一条章鱼腕足，只是颜色较浅、没有吸盘，长度也仅有腕足的 2/3。

即使在海洋漂泊，我们仍可使用电子邮件通信，这是现代海洋学的一大幸事，也是个灾祸。我不必等待归岸，就能将视频片段发送给史密森学会的鱿鱼专家，他们几乎立刻回复宣布，这是**一个全新的鱿鱼品种**——并不仅仅是新种或新属，很可能是一个新科！* 这一发现的重要程度还有待消化，但我至少确定了一件事：我不需要再做什么证明了。新物种的发现足以宣告此次科考的巨大成功，但我们的任务并未结束。

大家围坐着回顾神秘鱿鱼视频时，不禁为电子水母和诱饵袋未能入镜而惋惜起来——我希望证明鱿鱼是被电子水母吸引而来的，同时也需要可供参照的物体，用以确认鱿鱼的大小。据我猜测其长约 6 英尺，前提是我对相机与电子水母间的距离估计准确。短期内，唯一的解决办法似乎只有在剩余的潜水任务中，尽一切努力确保电子水母位于镜头范围内。然而，下一次还是相同的问题：电子水母和诱饵又跑到了镜头以外的下方。

我们一致认为应当在相机框架上安装某种延长装置，而后将电子水母固定在一定距离以外。但由于海中之眼在安装与回收过程中装载在潜水器上，其间余出的空隙相当有限，这种延长装置

---

* 根据近期捕获的 3 只特征相似的鱿鱼，它被暂时命名为勇枪鱿科（Promachoteuthidae）。

必须是可折叠的。我当然相信港湾海洋研究所的工程师们定会找到办法，但必须等到下一次潜水。

直到在困倦中睡去，我都还是这个想法，但次日一早，贾斯汀和埃里卡给了我一个新方案。他们彻夜未眠，赶出了一个高度复杂的方案。他们找到了一把铝制梯子，说服船长后将其切开，再用环形夹固定在海中之眼外壳的底部横杆上。由此一来，它便可以从水平方向旋转至垂直方向，而后用弹簧钩锁定。电子水母则连接到铝梯的一小节上，适当倾斜，对准海中之眼的正中。这个装置看着有些简陋，实际却相当坚固，初次下水部署后得到了检验，完全可以按照想象的方式运作。将海中之眼放置稳妥后，关键步骤来了：潜水器需伸出机械臂，松开固定梯子的弹簧。我从视频中看到梯子气势磅礴地旋转降下，简直想用《2001 太空漫游》（ *2001: A Space Odyssey* ）中施特劳斯《查拉图斯特拉如是说》序奏《日出》里嘹亮的号声为其喝彩。*

第一次部署时，我们只等了几个小时便将其取回，为的是检测工作效果。看过视频后，我们发现梯子在镜头中的位置偏高且有些反光，于是调整角度后将其喷成黑色。再一次下放时，我们不仅在电子水母旁挂了一个诱饵袋，还找了些鱼头绑在梯子的横档上，简直做了一份"深海寿司拼盘"，就等客人上门了。两天后，我们将海中之眼收回甲板，这顿大餐显然吸引了食客，鱼饵

---

* 只放开始的几小节，不是整整一小时的《查拉图斯特拉如是说》全段。我需要的曲调是宏伟的，而不是冰冷的。

袋不见踪影，鱼头附近的油漆布满刮痕。

这次播放录像时，众人纷纷围在视频监视器旁，与我一同欢呼大喊。我们看到无须鳕与巨大的等足目生物*啃食诱饵；每当电子水母发光时，都会有一条大洋鲈（rosefish）游来瞟上一眼，我们戏称其为"偷窥鱼"；最后，黑暗中再次出现一头巨型六鳃鲨，它用脑袋推开一只超大的等足目生物，张开大口啃食诱饵，呈上精彩的压轴大戏。NOAA为宣传此次科考专门开设网页，我们将这些视频上传后引来了诸多关注。

在递交NOAA的提案中，我曾为任务取名"深镜"（Deep Scope），强调我们将采取全新的考察方式：新技术将帮助我们看透深海，并提供一种动物眼睛的视角。†2004年的深镜考察非常成功，NOAA于是接连在2005年、2007年和2009年资助我们团队完成后续探索，海中之眼始终发挥着核心作用。它几乎在每一次任务中都会带来光与生命本质的全新启示，但2007年的巴哈马群岛考察尤其令我激动——我终于成功地与动物展开交谈。

我们发明了一种更精简的发光水母及诱饵系统，取代了贾斯汀与埃里卡机智的应急装置，但为了向他们的聪明才智致敬，宋克提议将其命名为"CLAM"，即"梯子拆分排列机制"（cannibalized ladder alignment mechanism）。

电子水母如今可以模仿不同的发光方式，其中一种是蓝色

---

* 想象一下烤面包机那么大的潮虫。

† 不是像贾斯汀、宋克和埃里卡说的那样开发什么新的直肠病学。

LED 快速重复闪光。2007 年的考察中，该闪光模式数次引发了精美的液体光点回应，是某种生物高速螺旋游动时释放的——我猜是虾。那效果就像加入了夸张的螺旋助推器，张扬地宣告："拿下它！"电子水母常常射出一系列短促的闪光，总会得到回应，而且是来自许多不同的生物。这是一场光的对话。或许有些胡言乱语，但我真觉得眼前的景象具有性挑逗的意味，因为它与海萤求偶惊人地相似。

海萤是一种发光的介形纲生物，有时会从底部向上射出光线，有时又会留下水平或倾斜的光点，仿佛串串漂浮的珍珠。这些珍珠的间距、强度、位置与尺寸是一种复杂的代码，雌性据此识别潜在的配偶。目前认为，求偶发光的非凡复杂性是对生物聚集的进化反应，如此一来，不同物种才能互不干扰交配而共存。

很显然，使用生物发光来吸引配偶可能引来捕食者，因此若能释放持久的云状光团使发光者与光团保持物理距离，将获得极大的进化优势。经过共同进化，海萤中某个品种的雌性已能通过雄性发出的降落信号灯判断其游动轨道，从而与之相遇。

即使没有潜水器，我们也能观赏这场发光秀——甚至无须水肺潜水，海萤求偶发光仪式发生在极浅的水域，浮潜便可以看到，只需在日落后不久跳进水中静待表演开始。这曾是佛罗里达群岛附近的常见景象，如今却大多因污染而消失了。尽管如此，整个加勒比海地区仍有多片海域全年存在该现象，请一定要抓紧机会前去探访。被成千上万海萤的光芒包围，仿佛沉浸在光的交响乐中，绝对值得列入人生愿望清单。趁还来得及，尽情享受吧。

第三卷

龙出没

生活中没有什么是可怕的，有的只是尚待理解的事物。如今我们应该理解多一些，才能畏惧少一点。

——玛丽·居里

第十二章

地图的边缘

　　每个人都是探险家。我们生于世上，如同踏上陌生的土地，是探索塑造了我们对周遭世界的认知。当我们离开安全的襁褓，想要探索下一个转角的风景时，其实是在满足找寻新事物的自然本能。而在地图的边缘开拓、每时每刻准备迎接自然界隐藏的奥秘，更会激起深藏肺腑的激情——一种原始的兴奋。

　　我所认识的最幸福的人总是对发掘新事物怀着孩童般的好奇心，我自认也是其中一员，但坚持下去并非易事，世界往往被展示为学无止境的事实，而非有待破解的谜团。茫茫海洋潜藏着太多眼花缭乱的复杂事物与异闻奇观，那无尽的谜题吸引着前仆后继的探索者，其中最神秘的当属光如何塑造着海洋中的生命——无论是阳光还是生物发光。

　　20世纪初，最早的海洋科考人员对渔网捕获的样本非常困惑，甚至宣称："在生物海洋学领域，最让人一筹莫展的就是如何解释在不同深度下光线强度与生物眼睛发育之间的关系。"*自从领略到水下光场的性质，人类便在深海生物眼睛奇观的追因之路上迈进了一大步。

我们乘潜水器深入黑暗的边界时，会强烈感受到视觉场景的巨变，这便是奇异现象产生的原因。在这里，愈渐昏暗的上方日光逐渐消失，无尽漆黑的深海中，生物发出的闪光成为主角。在此区域生存的许多动物通过上方游动的猎物的剪影捕食，另一些则追寻下方与前方的生物闪光，或是两招轮番上阵。

以长头胸翼鱼（deep-sea brownsnout spookfish，学名 *Dolichopteryx longipes*）为例，尽管名字普通，该鱼却是样貌惊人：大大的脑袋上伸出四只突出的眼睛。其中两只眼睛瞪向上方，凸出的晶状体可以收集微弱的下行光，另外两只小眼睛朝下，采用镜像反射并聚焦生物发光点源的光亮。再来看看帆乌贼，它们仅用两只眼睛应付同样的挑战：鼓胀的大号左眼向上看，凹陷的小号右眼则朝下张望。第三种解决方案来自大鳍后肛鱼（Pacific barreleye fish，学名 *Macropinna microstoma*），这种鱼的脑袋里竟有一双可旋转、可伸缩的眼睛！虽然长相清奇、通体漆黑，大鳍后肛鱼的头部却是透明的，为眼睛罩上一层保护圆罩，宛如战斗机的机舱盖。各色进化适应方式千奇百怪，难怪让早年科考人员晕头转向。

除此之外，不同海洋深度动物的眼睛尺寸也让人颇为不解。影响眼睛大小的关键因素无外乎两个：首先是敏感性，眼睛越大，收集的光越多；再者是成本，眼睛越大，其制造与维系所需

---

* John Murray and Johan Hjort, *The Depths of the Ocean* (London: Macmillan, 1912).

的能量成本就越高。

生命需要能量，而深海中往往能量短缺。大部分生命所需的养料来自太阳，这是切切实实的，尽管唯有 650 英尺深度以上的表层水域才可获取足以驱动光合作用的日光。除了构成极小部分可用资源的热液喷口与冷泉中的化学能源以外，即使在**不见日光**的海洋深处，光合作用也是最常见的食物来源。

浮游植物生长于表层水域，死亡后沉入深海，或被水母、甲壳生物、鱿鱼、鱼类等取食者垂直向下运输，在死亡或排泄时释放出宝贵的食料。对于深海居民，这就如同来自天堂的甘露。但天赐的养料是有限的，在到达海底的途中被多方吞食，汹涌洪波也变为涓涓细流，因此越向深处，动物的数量越少，尺寸也越小。

然而早年研究者想不通的问题是：虽然动物随着深度的增加而**缩小**，眼睛却会**变大**，直到黑暗边缘。而后趋势一转，眼睛尺寸又随着深度的增加而越来越小了。这是为什么呢？

其实，正如我在手术后领悟到的那样：视力的关键不在于探测光亮，而在于区分物体与周遭环境之间的亮度差异，也就是**对比度**。对于那些需要在昏暗的背景光下分辨出小小黑暗轮廓的动物而言，增强对比度的最佳途径就是吸收更多背景光线，自然也就需要更大的眼睛。正因如此，在光线朦胧的中层水域，背景光越暗的深处，依靠视觉的捕食者向上看的眼睛也就越大。同理，明亮的物体，如发光生物，在黑暗背景下拥有极强的对比度，无须借助大眼睛即可有效捕捉。

达·芬奇曾说："最高贵的快乐是理解之乐。"为诸多令人困惑的事实与观察结果找到简单优雅的解释，会带来一种"原来如此"的愉悦感。一旦了解光场的性质及其中的生存挑战，许多曾经看似无法解释的事情便昭然若揭。

例如，我初次身穿"黄蜂"潜水服下潜时曾看到一条垂直悬浮于水中的银鱼，属于带鱼科（cutlass fish），英语名称含义为"短剑鱼"，因其通体银白、身材修长（5 英尺）、尾部收尖而得名。我在乘潜水器下潜时也曾见过许多这样的鱼，非鱼类生物学家们常常称其为"pogo鱼"*，因为它们往往悬浮于海底上方，每当鱼尾碰到海底便猛地向上一蹿，效果相当诡异。一群带鱼聚在一起，看起来就像无数双刃无柄剑垂直悬挂在水中，跳着不同步的舞蹈，交替着直冲上去，又轻轻地落下来。若不了解光对于其生存的作用，这场景简直荒谬至极。

带鱼科乃是贪吃的食肉动物，利齿似獠牙，大大的眼睛在昏暗的水域搜寻猎物，识别头顶上方的轮廓。竖直的姿态对其猎食策略相当有利，既可以直视上方，又能以最小的轮廓呈现给下方的捕食者。带鱼科有其擅于捕食的光区，因此在我们潜水器或遥控潜水器带着明亮的泛光灯闯入时，它们会向下游去，远离光线，直到触底反弹。有时它们会游走，但更多时候会在周围徘徊不去，循环往复，疯狂舞动。†

如果我们对太阳光场及生物光场的了解更加深入，将能解释

---

* pogo 意为随音乐原地舞动。——译者注
† 仿佛一场短暂的朋克摇滚舞狂欢。

多少同样古怪的行动与适应模式？举例而言，深海海底也存在关于眼睛大小的难题。根据上文所述，动物的眼睛在黑暗边缘以下普遍随深度增加而缩小，但这一趋势在深海海底也发生了逆转：许多深海生物的眼睛在全身的占比大得惊人。在阳光无法穿透的深海区域，合乎逻辑的推论是，这些眼睛是为适应唯一可见光——生物发光——进化而来的。这种想法的问题在于：相比于生物发光现象普遍的中层水域，海底的发光生物数量相对较少。

＊＊＊

为解开谜题，我在 2009 年与塔米·弗兰克和宋克·约翰森组成科考小组，在 NOAA 的资助下前往探寻深海海底的生物发光现象。我们想知道"生物发光匮乏"的假设是否只是因为至今无人认真勘测。截至当时，大多数海底生物取样都依赖残忍的深海拖网，这会使发光生物遭到重创，它们的产光化学物质可能已在捕捞的过程中丧失殆尽，因此人类不知其发光能力。即使潜水器或遥控深潜器收集的样本也可能无法活到水面，因为运输中往往缺乏温度变化保护措施，样本在人们能检查发光器官前就已经被"煮熟"了。

为检测这一设想，我们决定启用约翰逊海洋林克潜水器，一方面小心收集海底生物，将其保存在"BioBox"低温箱内，同时关闭灯光后使用潜水器控制器在水下实际探测，看看能否刺激发光现象。那么我们该如何挑选潜水点呢？

地球上 3/4 的海洋底部贫瘠而平平无奇，而剩余的 1/4 则有着最奇异的生物群落。初次探访时，我望着那片不按常理出牌的海域目瞪口呆。

1985 年我乘"深海漫游者"在蒙特雷峡谷下潜，为观察那片中层水域的生物发光样带，我关闭了所有灯光。正常情况下，我可以凭借声呐读数操控潜水器，与海底保持一定安全距离，但不巧的是那天声呐失灵了，我只能听从水面母船的指示，但他们显然搞错了距离。公平地说，大部分是正确的，我全身心沉浸在样带环网面的发光现象中，听从指示驾驶几分钟后，猝不及防地撞到了海底。很显然，在样带的后半段，海底开始向上倾斜，但没有人注意到。

在几千英尺深的黑暗水域与坚硬的实体相撞绝不是什么好的体验，我猛地打开灯，肾上腺素瞬间飙升，甚至对眼前画面的真实性产生了怀疑。

我误打误撞闯进了苏斯博士想象中的海底花园。粉红色泡泡糖珊瑚*的巨扇将我包围，潜水器旁挨着一块硕大的黄色海绵，形状颇似一顶倒置的花边女巫帽。如果说这些尚能理解，那么生长于二者之间、铺满整个海底的巨大蘑菇丛简直就像来自皮克斯电影或独角兽居住的魔法王国。这些蘑菇或白或粉，颗颗饰有羽毛状的纤长组织，从蘑菇帽上探出头来。一只橙色的蛙坐在蘑菇下面抬头看了看我，眼神格外专注，好似要责骂我扰了它的清梦。

后来我得知，所谓的"蘑菇"是一种我此前从未见过的软

---

* 学名 *Paragorgia arborea*，拟柳珊瑚科。

珊瑚*，与海鳃目生物有亲缘关系；而"蛙"则是一条靠胸鳍停在海底的巨眼条纹狼鲈（rockfish），尾巴收在身后，看上去不像鱼而更似青蛙。与我在中层水域碰到的动物相比，这些生物的尺寸大到不和谐的程度。更神奇的是，除了条纹狼鲈以外，它们竟全为碎屑食性动物。

碎屑食性动物得名于其以碎屑为食的习性，这些碎屑即是从上方水域落下来的食物颗粒。海绵通过构成其体壁的微小腔孔持续吸水，在海水排入中央腔之前滤出食物碎屑；多节的泡泡糖珊瑚及蘑菇形海鳃目生物通过将珊瑚虫伸入水中抓取过往颗粒物获取食物。由于碎屑是食物的主要来源，在海底这种堆积碎屑的地方出现这类巨型生物便不足为奇了。但这类庞然大物也非随处可见，它们只存在于蒙特雷峡谷，以及海底山和外露岩块周围。这些海域兼具表层水域极高的生产力、硬实的海底附着点，以及携带颗粒的水流。

2009 年，我们选择了另一个苏斯的花园，甚至比峡谷中所见的更加奇幻。该海域坐落于大巴哈马岛西端的海洋深处，海底由一片片平行的石灰石丘坡面构成。这些石丘状似倒置的船体，尺寸从小型独木舟到大型邮轮不等，南北朝向，与佛罗里达洋流一致。一座座石丘仿佛被海洋沉积层环抱的绿洲，让我们能够同时对这两种海底生态系统采样。

我心怀憧憬地等待出发，对可能在深海海底发现的发光生物

---

* 蘑菇珊瑚（Mushroom coral），学名 *Heteropolypus ritteri*，曾用学名 *Anthomastus ritteri*。

数量有两种猜测：一方面，所有这些大眼睛都说明能够捕捉生物发光现象具有较大的自然选择优势；而另一方面，海底不像中层水域那般缺少藏身之地，此处的生物无须依靠反照明掩盖自身轮廓，躲避捕食者的追踪，因此生物发光现象或许就不那么普遍。沿海地区印证着我的第二个猜想，那里往往只有 1% 至 2% 的底栖物种发光，而中层水域则高达 75%。但与深海不同的是，沿海水域的阳光与月光照明较为充足，生物发光并非视觉交流的必要条件。欲知真相如何，唯有自行前往探寻。

此次考察，我们全程沉浸在视觉的盛宴中。首潜选址于一个大石丘的北端，看上去好似边缘陡峭的岛屿，被洁白的沙海环绕。顺坡而上，我们向石丘的"龙骨"驶去，沿途遇到了一排排奇异的稻草色有茎海百合。这种古老生物的外形仿佛微型卡通棕榈树，与近亲海胆、海星相差甚远。它们的口位于羽状"棕榈叶冠"中心，所谓棕榈叶其实是它们的触手，或称腕部。当我们继续逆流而上，一张张嘴巴正对着我们，而触手则向后弯曲减缓水流速度，使管足更易捕捉水中颗粒。

每排海百合的个体间几乎不留空隙，但垂直于水流方向的梯形排之间却相距较远，似乎是为了便于顺流坡面的碎屑收集。查克·梅辛（Chuck Messing）是我们此次考察的合作者之一，他在海百合生物领域研究颇深。此次发现定会令他激动万分，我们带回部分样本请他鉴定，同时也希望监测海百合的生物发光情况。生物发光在海百合中很罕见，却也不是没有，所以当我们发现此次考察中的所有海百合物种都不发光时，未免有些失望。

随后我们沿着石丘顶部向南行驶，一种完全不同的景观展现在眼前——那是一片金碧辉煌的巨扇形"珊瑚之林"，每株约高3英尺、宽6英尺，颜色从淡黄、锈橙到赤褐色不等。根据经验，这种生物极有可能发光。果然当我们关灯后，用潜水器的机械臂抚过其柔软的枝条，它们骤然迸出强烈的绿松石色光亮。此处还有一些精致的小海扇*，多为金色，间杂着鲜艳的紫色，与之共同铺就致密的底层生物群落。不过，它们都不发光。

坡面上还散落着同样不发光的白色石珊瑚†，脆弱的枝条以不同角度探出，与扇形珊瑚精致的扁平形状相比杂乱无章，但错综交替的枝条之间并无纠缠，确保垂直于水流。另有一种名为竹珊瑚‡的羽毛状珊瑚，其内部结构由白色长条与黑色短条交替而成，好似竹节一般。经测试，它们也是发光的，某些品种的珊瑚"竹竿"一经触碰便发出霓虹蓝光，另一些则频繁闪光，乍一看像是无数微型圣诞树的青蓝色灯泡在闪烁。

不过，这些奇妙的生命体虽然看着像小树或灌木丛，其实都是动物，确切地说，都是碎屑食性动物，其枝杈上栖居着更多碎屑食性动物，包括蛇尾纲、海星、鹅颈藤壶（gooseneck barnacle）、水螅（hydroid）、海绵、海葵、海百合和蔓蛇尾亚目（basket star）生物。我们尽可能对所见的一切生物进行采样，最终测试显示，仅有不到20%的动物可被证实发光。其中大部分

---

* 科名 Parazoanthidae。

† 属名石珊瑚（*Lophelia*）。

‡ 属于软珊瑚目（Alcyonacea）。

的发光能力此前已为人所知，但也有些新奇的例外。海葵是我的最爱。有一种维纳斯捕蝇草海葵（Venus flytrap anemone）*宛如音乐剧《异形奇花》（*Little Shop of Horrors*）中奥黛丽二世的亮橙色版本，但它们并不吸血，只会在被戳到时喷出串串黏稠的钴蓝色发光物，或许能够阻止那些不愿冒险被捕食者盯上的天敌。

更奇妙的是，我们在一只寄居蟹的贝壳上发现了两只发光的海葵，一经触碰便会发光，不禁让人想象成深海中的活动房屋，周身装饰着精致的维多利亚式灯具，又像阿拉丁神灯那样经过摩擦才能发光。

上述一切都很美妙，但当我们关闭灯光，静静停泊在黑暗之中时，才发现此前这些发现微不足道。若是在中层水域，只要保持潜水器一动不动，眼前便是绝对纯粹的黑暗，没有生物自行发光。但在这片海底，生物发光现象频频出现，并非来自底栖的碎屑食性动物，而是那些水流裹挟而来的浮游生物因撞击碎屑食性动物而应激发光。我用自己那部增强型黑白相机录制了一些视频，记录下金色珊瑚枝杈上的短暂闪光。但宋克的录制成果更佳，他使用尼康开了 10 秒的彩色曝光，并在捕捉图像之前请驾驶员操纵扫过金色珊瑚，刺激其发光。最终得到的影像中，可以清楚分辨出镶有发光蓝绿色珊瑚虫的枝条。而当路过的浮游生物撞上去，它们则显示为蓝色的条纹。

我对收集的所有动物样本进行了发光光谱测量，发现许多海

---

* 属名捕蝇草海葵（*Actinoscyphia*）。

底生物的光芒偏绿，与中层水域占主导地位的蓝色不同。这是因为，靠近海底的悬浮沉积物有利于绿光而非蓝光的传播。颜色的转变大概反映着最强可见度的自然选择。在充满沉积物的沿海水域，某些发光生物有向绿光演变的趋势。*

我们想知道，碎屑食性动物和撞击它们的浮游生物之间存在的发光颜色差异是否可以解释塔米研究中另一个耐人寻味的谜题。塔米在 2005 年的深镜任务中发现一种学名为东方扁虾（*Gastroptychus spinifer*）的铠甲虾眼睛中似乎有两种不同颜色的受体。但由于只在一种动物中发现此现象，她认为尚不足以发表成果，于是在 2009 年的任务中，她设法寻找更多标本证明此现象。看见颜色往往要以放弃敏感度为代价，因此，这种适应性进化背后的原因非常令人好奇。

这些铠甲虾扁平的橙红身体看起来更像龙虾，而不像与其亲缘关系更近的寄居蟹。不过，它们的生存方式和进食策略与二者皆不相同。我们看到很多铠甲虾高高地栖息在金色珊瑚的枝杈上，奇长无比的螯肢向两侧张开，钳爪大张。它们的大眼睛并排朝前长在肉柄上，而非分布在两侧，或许可实现双眼视觉，换句话说，深度知觉。

根据塔米的研究成果以及我们对深海海底发光情况的观察，我们推测铠甲虾可能是使用色觉区分撞在珊瑚上的发蓝光浮游生

---

* 这种宝贵的绿色荧光蛋白可用于照亮细胞内部的运作方式，大大推进了细胞生物学研究。这种从维多利亚多管水母（*Aequorea victoria*）中提取的分子应是沿海物种从蓝色发光进化为绿色发光的一种适应表现。

物与发蓝绿光的珊瑚本身。双眼视觉、色觉，加上一双钳爪，让它们可以直接从宿主口中夺食，实在不是受欢迎的房客。

观察深海异常陌生的视觉环境对于了解其中生命至关重要。尽管我们在深海海底发现的发光物种数量比中层水域少得多，但自发的生物发光却更为普遍。对于许多眼睛硕大的海底居民而言，浮游生物，也就是食物，落到海底触发的生物发光很可能是一条宝贵的觅食线索。

＊＊＊

海雪是另一种重要的食物来源，在触碰海底时也会发光。"海雪"一词最早由威廉·毕比创造，用以描述深海中每日缓缓落下的食物碎屑。不愧是他，这名字十分贴切，这些白色的絮状颗粒像极了雪，时而如纷扬小雪，时而如暴风雪。而仔细观察后，又能在其中发现些差别：有的像一粒粒雪渣，有的像白色的绒毛，又有的混作一团。据称，因纽特人光是描述不同类型雪的词就有五十多个，海洋中的雪也值得这般语言的嘉奖。

令人惊讶的是，有时在关灯后也能发现这种多样性。这显然只出现在海雪发光的情况下，但据我的经验，海雪大多发光。海雪发光必须通过机械刺激或光刺激，而且一旦熄灭不易再次触发，这就为取样制造了阻碍。

寻找发光海雪的最好方法即关闭灯光，在一定水域内上升或下潜，在黑暗中间歇制造闪光。若是使用手电筒，便可得到局部反馈。（一位潜水器驾驶员告诉我，他曾遇到极稠密的发光海雪，甚至能在光亮中写出自己的名字。）而当你操纵潜水器泛光灯，频繁开关制造闪光，则会得到更加壮观的回应——灯灭时，暴风雪降临，所有雪花同时乍亮，而后逐渐消逝。这不是冬雪，而是海洋之雪，如同我初次穿"黄蜂"潜水时发现的"人鱼之泪"，一串串微小的发光球体包裹在纤薄的护套中，又像是轻盈的微型红千层花，每个花丝的末端都闪闪发光。眼前的场景会让你想起许多相似的脆弱结构。灯亮时，光源隐而不现，你会看到星星点点的海雪，却看不出它们是否为发光的本体。

海雪极其重要，它们是深海中主要的食物来源，我们似乎应该对其生物发光能力，以及其在深海动物生存策略中发挥的作用展开更加深入的考察。但一直以来，海雪又是一种极难记录的现象。随着摄影技术的发展，我真希望有生之年能够揭开这个秘密，因为它不仅是地图边缘的深奥谜题，也可能带来非常重要的启示。

具体而言，我希望了解海雪在"生物泵"中扮演的角色。所谓生物泵即海洋中的碳循环，近些年来越发受到重视，因为它为降低大气中二氧化碳含量、减缓全球变暖做出了重要贡献。

根据多年来的亲身观察，我认为自己看到的深海海雪发光现象多为细菌引起，但略有争议的是，海雪的生物发光需要被刺激。细菌性生物发光不同于大多数其他生物发光，它会发出持续光亮而非闪光。这是因为细菌性生物发光的光化学反应与其呼吸化学反应，也就是呼吸链，直接相关。

大多数人都对细菌性生物发光较为熟悉，鮟鱇鱼与灯眼鱼采用的正是这种发光方式，它们不制造自己的产光化学物质，而是利用细菌产生的光亮，并以食物与庇护相报。鮟鱇鱼提供的细菌生长箱被称为"esca"，位于用作钓竿的长鳍末端，将少量发光物悬挂在牙齿外凸的大嘴前。灯眼鱼则恰如其名，让细菌居住在眼睛下方的硕大光器官中，还可以靠一种类似眼睑的组织关闭灯眼，切断光线。[*]

进化出细菌共生关系的鱼与鱿鱼会以各种方式控制光线，通常是机械的遮挡法，有时也靠调节氧气浓度——没有氧气，细菌就无法发光。旧金山的探索博物馆在生物发光细菌展览中设置了一个可爱的展品。多年前初次参观时，我看到他们在一张震动桌面[†]上搁着培养生物发光细菌的烧瓶。桌面静置时，烧瓶内毫无动静，而一旦开始震动，培养物经搅动注入氧气，生物发光即被激发。最近，他们又想到一个更精巧的方案，将细菌培养基置于薄壁罐内，上方有进气口，参观者可以亲自操控进气口，创造出打旋的生物光图案。

至关重要的是，细菌只在有氧环境下方能发光。海雪中的浮游生物与其他有机物会被耗氧的微生物分解，这是生物泵中的一个环节，负责将二氧化碳释放至水中。海雪本身或许会被含氧海水包围，但其颗粒内部的微环境是缺氧的。撞击"雪团"的作用就好比晃动展厅的震动台面，引入氧气让细菌发光。另外，光的照射也可能刺激蓝细菌（cyanobacteria）生产氧气，这种可进

---

* 某些物种的发光器官其实靠向后旋转"关灯"，就像兰博基尼的大灯。

† 一种用于搅拌试管或烧瓶内物质的摆动台面。

行光合作用的细菌在海雪中非常常见。这或许解释了海雪的发光原理，却并未揭示其原因。

我刚刚开始从事生物发光领域研究时，身边争论最激烈的问题之一即生物发光最初如何在细菌中进化产生。换句话说，单个细菌的生存怎会需要光？从进化的角度来看，这个问题尤为棘手，因为单个细菌产生的光线太暗，不足以为任何已知的眼睛所察觉，唯一的可见途径是数以百万计的细菌聚在一起。那么，第一个发光的细菌是如何通过自然选择的呢？更令人困惑的是，如果你将同一物种发光与不发光的两个菌株混在一起，那么不发光的突变体将迅速占领培养物，因为产生光的能量成本过于高昂。不论怎么看，细菌发光进化都会面临重重阻碍。

波兰科学家曾尝试用紫外线照射无光与发光突变体的混合培养物，提出了一个可能的解释思路：一经紫外线照射，局势立即逆转，发光细菌似乎占了上风，占领培养物。在紫外线的照射下，发光菌株始终占据优势地位，而一旦关闭，无光菌株就会重新主宰。这是因为紫外线会损害 DNA，因此请永远记得涂抹防晒霜。*

紫外线光子携带巨大的能量，远超蓝色、绿色和彩虹光谱中的任何其他颜色，足以扰乱 DNA 的结构。鉴于紫外线的破坏性，细菌进化出一种叫作"光修复酶"（photolyase）的强效酶，可以修复被紫外线破坏的 DNA。有趣的是，这种酶需汲取可见光，即蓝光，方可发挥魔力。如此看来，细菌生物发光的选择优势体

---

* 选用的防晒霜最好不含对珊瑚有害的物质，如氧苯酮（oxybenzone）和甲氧基肉桂酸辛酯（octinoxate）。

现在刺激 DNA 修复方面，*即便亮度弱到不可见。

目前，学界将细胞修复机制的需求视为许多生物发光化学反应的进化根基。除了紫外线损伤，地球上的生命还必须应对氧气破坏的挑战。在我们的认知中，氧气是生命赖以生存的良物，但它确实有一个缺点，即对电子的需求过于强烈，会将 DNA、蛋白质等重要分子中的电子夺走。正因氧气的这种破坏性影响，我们才必须食用新鲜水果、蔬菜等富含抗氧化物质的食物。抗氧化剂可以抵御与衰老、疾病有关的细胞损伤，这些疾病包括癌症、帕金森病、阿尔茨海默病、心脏病等。

其实，许多萤光素都具有抗氧化特性，许多生物最初进化出萤光素都是将其作为氧化剂的清道夫。其后，随着特定萤光素酶的进化，这些分子才参与到产光活动中。细菌发光则略有不同，解毒方是酶本身而非酶底物。不过，两者的基本原理相同：生物发光化学反应的关键参与者最初是为抗氧化进化而来的。

就细菌而言，经过上述波兰实验，研究重点似乎发生了转变。昏暗的生物发光可以保护细胞免受紫外线的伤害，但生产明亮的光线需要完全不同的选择优势——可能是有助于确保在食物匮乏的环境中为细菌提供可靠食物来源。

虽然有句俗语叫"你不可能擦亮一坨屎"†，但在海洋里可真不一定。事实上，某种细菌确实可以让排泄物**闪闪发亮**。我在吉

---

* 我们甚至可以在某些"抗衰老"护肤品中看到这种酶成分……价格不到鱼子酱的一半。

† 比如废旧汽车，尤其是我和大卫自行组装的那辆大众。

姆·凯斯的实验室里第一次发现这种现象，当时迈克·拉茨正参与一项展现深海虾反照明伪装技巧的实验。实验过程中，这只被关在特制测光容器里的虾突然发出持续而明亮的光，与其头顶的光毫无关系。经检查发现，这只虾竟能产出发光的粪便颗粒。有意思的是，实验过程最终发表在著名科学期刊《科学》一篇关于反照明的文章中。其实文章上下文中并不需要插入这一事件，我想这只能是因为凯斯博士故意而为的幽默感。

事实证明，许多海洋生物的粪便颗粒之所以能发光，是因为助其分解的细菌会发光。根据"诱饵假说"，细菌会通过在海洋中集体发光使自身成为依靠视觉的取食者的明显目标，细菌将与粪便颗粒一同被海洋动物摄入体内，从而进入食物丰富的肠道环境。如此一来，它们就比不发光的细菌拥有更加明显的优势——后者因不易被看见而更容易沉入食物来源有限的深渊。上述观点由布鲁斯·罗比森等人在 1977 年发表的一份摘要中提出，其学术价值相当瞩目，此后另有其他人对此进行了扩展。*

而当粪便颗粒沉入深海，逐渐远离阳光中有害的紫外线辐射，生物发光在 DNA 修复中发挥的选择优势便随之终止。当一个消耗能量的化学过程不再有用，它通常会因自然选择而消失。但这时，另一种有利于生物发光的选择优势开始发挥作用，达到的目的却截然不同：提供更多营养物质。细菌通过发光吸引水中

---

* 科学摘要即对科学论文或演讲进行的简短概述。这篇是在西方博物学家学会（the Western Society of Naturalists）所做演讲的摘要。

流动的"自助餐",也就是其取食者的胃容物。不过,只有细菌足够多才能产生如此效果。

这就涉及另一种令人叹为观止的适应性进化——"群体感应"。这是一种颇为巧妙的生存技巧,使细菌们能够相互交流,彼此协调努力,共同受益。与生物发光相结合,群体感应可以让细菌在无法聚集足够数量的情况下,不耗费能量制造产光化学品。为统计数量,细胞会产生一种小小的信号分子,该分子浓度达到一定阈值水平会触发基因表达改变,使细胞开始生产发光所需的化学物质。群体感应最早发现于发光细菌中,随后这种交流方法出现在各种细菌特性中,包括毒力、抗生素生产,以及运动性。

＊＊＊

发光大便的概念有着极强的吸引力。*顺便一提,鮟鱇鱼头上挂着的"esca"之所以能够起到诱饵作用,就是因为它们模仿了这种常见的食物来源:发光的排泄物碎屑。诱饵假说的间接证据十分丰富,例如,分析显示鱼类肠道内存在大量发光细菌,足以表明后者能够通过鱼类肠道生存下来。实验室实验则证明,接种了发光细菌的浮游动物更易被夜间活动的鱼类捕食。

如果占领粪便颗粒有利于生物发光细菌的生存,那么我认为,海雪也是一个不错的选择。但从观察结果来看,海雪的光芒需要机械刺激或光刺激。我曾在熄灯的潜水器中静坐良久,确实没有看到

----

* 想想猎奇商品行业的前景即可知道。

一丝海雪光芒，直到开关泛光灯进行闪光刺激。*海雪的发光反馈可能平凡无奇，也可能惊心动魄，但总归有些反应。形状或许不同，反应动力学原理却是相同的：亮度迅速升至最高，多秒后渐渐变暗。第一次刺激后的反应是最亮的，随后的回闪则一般较暗。

也许海雪对刺激的要求可以看作一种节省能量的手段，想想那个古老的问题："如果一棵树在林中倒下，但附近无人倾听，那么它倒地时会发出声音吗？"当海雪在空无一物的深海中沉落，它还会发光吗？我的猜测是不会。海雪需要刺激，无论机械刺激还是光刺激（或许是来自许多深海生物的生物闪光），也就是说，除非附近有可以看到并将其吞食的生物存在，否则海雪将保持黑暗，直到触底的机械刺激使其发光。出乎意料的是，我们竟从物理学中找到了证明此结论的证据。

师从吉姆·凯斯后不久，有一天我在实验室接到一通电话，对面是位情绪激动的物理工作者。他正参与一项重大的中微子探测任务，†在海洋深处部署了大批超灵敏光探测器，尽可能避开阳光。他们希望找到至暗的深处，探测器将通过带电粒子以超光速穿过海水时产生的微弱闪光来识别中微子。‡

---

* 两个短促的光脉冲比一个的效果更好。

† 中微子是由放射性衰变产生的，包括恒星核中的衰变，因此探测中微子有利于天文学家以一种新的视角探索宇宙，中微子天文学分支也相应而生。

‡ 尽管任何事物**在真空中**都无法超过光速，但某些粒子的速度可在水中超过光速，同时产生名为"切连科夫辐射"（Cherenkov radiation）的光（以首次证明它的苏联科学家命名）。正如飞机在空气中超声速飞行时会发出声爆，粒子在水中以超光速移动时也会出现光爆现象。切连科夫辐射是水下核反应堆相关蓝色光亮的成因。

问题是，探测器接收到的光比构想中多出许多。物理学者打给我们实验室，是因为有人提出这些光可能是生物发光。他的声音微微颤抖："这会是真的吗？"我表示极有可能。他沉默良久，终于开口询问："海洋中存在没有任何生物发光的地方吗？"我回答道："据我所知没有。"而他显然不想听到这个答案。

　　这项耗资高昂的大规模项目竟在存在如此缺陷的情况下得到了资助，简直不可思议，但这也表明人类对海洋中生物发光的全貌知之甚少，直到今天依然如此。该项目名为 DUMAND，是深水 μ 子和中微子探测项目，在 1976 年至 1995 年间挣扎了近 20 年，试图在夏威夷岛附近 15 750 英尺深处的太平洋水下安装超敏感光探测器阵列，最后由于一系列技术难题无法解决而半途中止。

　　后来，另一个目标相似的项目取而代之，新的中微子探测器安装在法国地中海近岸处 8 200 英尺深的地方，费心命名为"中微子望远镜天文学和深渊环境研究项目"（Astronomy with a Neutrino Telescope and Abyss Environmental Research），只为了首字母缩写为"ANTARES"（心宿二）。这个系统也面临生物发光的干扰，不仅会影响其探测深度，还需运用一些复杂的背景抑制技巧。不过，这部望远镜不仅可以探测中微子，还带来了有记录以来最长的深海生物发光连续时间序列。

　　许多值得注意的观察结果由此产生：首先，研究人员为了更好地理解观察到的生物发光现象，通过取样证明，至少是间接证明，ANTARES 望远镜记录的大部分生物发光来自细菌，且这些细菌寄居在海中颗粒上，而非独立自由生存。研究人员还对其中部分发光细菌受到的压力影响进行了测试，发现它们在高压下发光的亮度比低压时高 5 倍，证明它们专为深海环境进化。而最耐人寻味的是，他们发现季节性的高密度海雪"风暴"与望远镜记录的生物发光增强有所联系。

海雪风暴袭击深海海底时，可能会触发大量生物发光现象，这一事实有助于解释为何在看似没有生命的 3/4 海底，动物们也能通过视觉定位食物。

＊＊＊

除海雪以外，另一种在深海海底聚集的主要食物来源是生物尸体。这些食物有时会被称为"尸落"，其中最庞大的当属鲸落。鲸落蕴含的丰富养料是深海生物竞相争夺的对象。在这里，生物发光也必然发挥作用，因为大体积食物的下落不仅可以通过嗅觉探知（下游的气味痕迹，通常高度定向），还可以靠生物发光显明（可以是全方位的，且可见距离较长）。

当食物坠落至深海平原，海雪和浮游生物在与底层水流中的尸体碰撞后因机械刺激而迸发的光芒会将其暴露。还有一种情况是，被诱饵吸引而来的动物可能会受刺激而发光，以抵御附近的其他捕食者。又或者，诱饵感染了生物发光细菌后，会像一颗超大的发光粪粒。不论在哪种情况下，六鳃鲨这类有眼睛的大型移动捕食者都能取得明显优势，先到先得。

对于六鳃鲨这样的大家伙，一般认为其巨型尺寸可供储存更多能量，支持觅食过程中的长途游动。近来，深海生物学家们担心过度捕捞会大大减少坠落海底的食物数量，动物的游动时间必然会越来越长。不过深镜任务的另一惊人发现揭示出六鳃鲨的独特觅食技巧，这种技巧可能为它们提供替代能源。

2007 年，我们在巴哈马群岛开展深镜任务，发现六鳃鲨显然是被诱饵的气味或电子水母的视觉刺激吸引到海中之眼附近，但这些大家伙并未追逐诱饵，而是将身体竖直在水中，头部朝下吸食沉积物，而后将其从鳃部喷出，形成波浪状的云雾。我们推测六鳃鲨此举是在过滤软质沉积物上层的穿孔生物。

我们此前一直以为广阔贫瘠的深海海底区域如同荒漠，现在却意识到并非如此。事实上，这里有无数令人印象深刻的小生物四处钻孔，比如蠕虫、甲壳生物、腹足动物（gastropod）、线虫（nematode）等等。它们以碎屑为食，在食物匮乏时很可能成为深海巨兽的盘中餐。

但在发表这一卓越发现前，我们需要进行后续研究。我们计划在每个部署地点收集沉积物样本，确定这确实是一种进食方式。可惜的是，我们没能获得这个机会。2009 年的考察项目是我与约翰逊海洋林克潜水器的最后一次合作，2010 年，港湾海洋研究所将其退役，卖掉了最后一批船，不久之后还辞退了工作人员。潜水器的黄金时代似乎宣告终结。

第十三章

北海巨妖

咔嘣！震耳欲聋的断裂声传来。在远离海岸的船上，任谁也不愿听到这种声音。灯光已灭，我与其他科学家一同奔向船尾。就在刚刚，我们还围在电脑旁，激动地观看下载的视频。踏上甲板后，我们明白这艘船是被雷电击中了，甲板上到处是天线碎片，船尾处飘浮着一团黄棕色的烟雾。在船上所有人相当可观的航海经验中，雷击事故是**一次都没有**的。当我们就此事发表看法时，似乎内心都是一个想法：**完了！刚刚的视频没备份！电脑不会也被雷击了吧！**我们很可能失去了美国水域有史以来的第一个活体大王乌贼镜头，这简直太可怕了。

对于海洋生物学家而言，大王乌贼就像亚哈船长的白鲸一般，象征着"常常溜走的那一位"。巨型乌贼的笑话只是航海文化的一部分，每当拖网突然拉紧，一定会有人喊道："肯定是抓到了大王乌贼！"而每当收网后一无所获，网面破损时，大家也要怪在大王乌贼头上。我们不可能信誓旦旦地声称自己拍到了大王乌贼，要求别人"必须相信我"。

对于在那些学术生涯中狂热追寻大王乌贼的亚哈船长式海洋生物学家而言，终生梦想便是成为全球首位在自然栖息地看到这一著名无脊椎动物的人。而对于我来说，这只是一个遥不可及的幻想。

***

古时的水手们将许多可怕的海怪故事代代相传，一壶壶烈酒下肚，海怪的个头与凶残程度随之剧增。在所有海怪中，最著名的当数挪威人口中的北海巨妖"Kraken"，它是水手们心中骇人的泰坦。在他们的描述中，北海巨妖是一只遮天蔽日的多臂怪兽，漂浮在海面时甚至会被误认作岛屿。它凶险而致命，常常导致水手连人带船一同埋葬在海洋坟墓。如今我们终于明白，水手们描述的正是大王乌贼。

科学界曾对这些早期描述存有诸多怀疑，但在 1861 年，一艘法国军舰在加那利群岛附近作业时偶然撞见了这样一只庞然大物。它显然已奄奄一息，但海员们不愿冒任何风险，又补上几枪将其彻底了结，最后用绳子拖上军舰。这头巨兽在自身重量的压迫下被鱼线割断身体，导致多臂的头端掉回了海里。

不过，他们还是画出了一幅草图，并设法将尾端捞起证实自己的说法。这些发现足够支撑其发表于法国科学院的论文。著名作家儒勒·凡尔纳看到了这份报告，将其纳入了小说《海底两万里》，呈现为与北海巨妖"Kraken"的血腥战斗，更加烘托了大王乌贼传说的恐怖。

科幻小说家们再也找不到更吓人的异形生物了——北海巨妖不仅拥有八条肌肉发达的腕足和两条超长触手（看起来都是从巨大的圆锥形头部长出来的），还长着一个鹦鹉般尖利的喙状嘴。锯齿状的吸盘可以刺穿并锁定黏糊糊的猎物，喷射推进系统则可正反双向使用，蓝色的血液在三颗健硕的心脏中流淌，眼睛足有人类头颅那样大。

人从小就对尺寸巨大的事物兴趣浓厚，大恐龙、大机器、大鲨鱼等等都让孩子们痴迷不已。或许在生命中最具想象力的年龄，自然会将一切都想象得比自己大。海洋科学家也对巨型生物颇感兴趣，除了因为它们很酷，还因为它们与深海中的大部分生命极为不同。对于异常硕大的生命形式而言，最明显的问题是，它们如何在食物稀缺的深海觅得足以支撑其体形的营养物质呢？

深海巨兽涵盖一系列异常丰富的物种，例如巨型等足目这类甲壳动物（好似 Tonka 玩具卡车一般大的潮虫），蟹爪张开逾 12 英尺的巨螯蟹（Japanese spider crab），以及与大众甲壳虫汽车一样长的七腕章鱼。（只有雌性才会长到这么大。雄性则小得多，却有另一种不同寻常的性修饰：它的八条腕足中有一条专为性活动打造，整齐地盘绕在右眼下方的一个囊中。*）除此之外还有可达 24 英尺长的格陵兰睡鲨（Greenland shark），硬骨鱼中身长居首、最长 26 英尺的皇带鱼（giant oarfish），少说也有 43 英尺长

---

* 根据《魅力男人时尚指南》，这是最新的潮流趋势，取代了颜色协调的口袋方帕。

的大王乌贼，以及众多巨型水母，其中包括澳大利亚岸边海底峡谷中发现的管水母，据说那是有记录以来最长的海洋生物，足足有 150 英尺。

有些巨兽生活在海底或靠近海底的区域，食物从上方落下聚集于此，形成了相比于中层海域更丰富的营养环境。等足目生物、巨螯蟹等清道夫便以降落海底的尸体与有机物为食。食物充足时，它们会茁壮生长；而当食物匮乏时，它们会调整新陈代谢以抵御长时间饥饿。在食物匮乏的情况下，若能维持几周甚至是几个月不进食，将会获得巨大的生存优势。[*]

格陵兰睡鲨也采取了相似策略，它们在海底缓慢游弋，既吃活鱼也食尸骸，包括海豹、驼鹿和驯鹿。[†]只要不停止生长，那么活得愈久，体形也就愈大。巨螯蟹的寿命可以长达一个世纪，而根据碳定年法推算，格陵兰睡鲨能存活四百年以上。因此除了尺寸以外，它们的寿命同样令人震惊，表明此时此刻深海中游弋的巨兽在当年"五月花号"起航时就已存在了！

那么，中层水域深处以粪便颗粒与海雪为食的巨兽又如何解释呢？那里的食物含量极其稀少，相当于 1 立方米的海水中只有几粒米。[‡]为适应这样的食物条件，动物们必须对巨量海水进行

---

[*] 据说，日本水族馆中一只巨型等足目生物在拒绝摄入固体食物的情况下继续存活了 5 年！

[†] 据我们所知，格陵兰睡鲨和《周六夜现场》(*Saturday Night Live*)中的陆地鲨鱼没什么关系，所以那些驼鹿与驯鹿估计是从冰面落入海中的。

[‡] 1 立方米海水中大概有 10 粒米热量（约 1 卡路里），相比之下，同等体积的啤酒大概能装 17 桶，热量却是 421 000 卡路里！

筛取，每天过滤的水量是自己身体体积的十万倍到一千万倍！许多较小的动物，如桡足亚纲、磷虾等，会通过拍打附肢将水流引入口中，制造进食水流筛选颗粒。然而，较大的动物则需要弥补摄食效率随体形增大而下降的问题。一种办法是部署巨大的黏液进食网或其他食物收集装置，从而增大捕获量。

黏液好比海洋中的胶带，将海洋世界连接在一起，可以用于各类神奇构造。我最喜欢一种"幼形纲"（larvacean）的蚂蚁状生物建造的精致黏液"房子"。一只几英寸长的幼形纲生物可以建造逾 3 英尺宽的黏液状"麦克豪宅"（McMansion）。这种房子最独特的建筑特征在于它的过滤器，形状仿佛一对脑叶，附有平行的波峰与波纹，类似于伊丽莎白时期的白蕾丝颈围。幼形纲通过拍打肌肉发达的尾巴使海水进入聚集食物的过滤器。当过滤器被幼形纲无法食用的较大动物堵塞时，这座房子便会被丢弃。某些品种的幼形纲每天要新建多达 40 座房子。* 废弃的房子与捕食网随后将成为七腕章鱼等大型生物的食物来源，它们不介意多摄入一点黏液。

水母及其他胶状浮游动物 † 的身体 95% 由水组成，在周身海水的支撑下，远离湍流的它们可海量进食。以其脆弱的内部结构来看，这在空气中是绝无可能的。陆地环境中，最接近这种

---

* 幼形纲装修技巧：（1）低成本建筑材料；（2）一小时内改造完成；（3）以物种特有图案的生物发光颗粒自己动手装饰外墙。

† 这是一类通常透明的软体动物，包括水母、栉水母、管水母、纽鳃樽（salp）、幼形纲、某些蠕虫及软体动物。

结构的是蜘蛛网。150 英尺长的管水母可以打造一张布满带刺触角的帘子，用以"捕捞"小型甲壳动物、鱼类等猎物。管水母有许多个胃，触手将食物拖进其中一个胃，名为"刺丝囊"（nematocyst）的带刺细胞负责将其固定并杀死。这是一种非常适合中层水域的食物采集策略。巨型水母形式多样、摄人心魄，其捕食者天敌亦然：棱皮龟（leatherback turtle）是海洋中最大的活海龟，身长可达 7 英尺，体重超过 1 500 磅；海洋太阳鱼（ocean sunfish）重达 2 200 磅；而我们的老朋友七腕章鱼也喜食水母。

但即使在这众多奇形怪状的巨型生物中，大王乌贼也算一个异类。首先说说年龄：一只动物需要花上多久才能长到四层楼高？乌贼的寿命通常很短，只有三五年，而生长速度极快。有学者根据大王乌贼平衡石（相当于人类内耳的平衡器官）的日生长轮推测，大王乌贼仅需约一年半的时间即可达到成年体形，也就是每两个半星期它的体形就会**翻一倍**。

然而，大王乌贼其实并不像大多数乌贼那般留下日生长轮，而是每次进食后产生生长轮。平衡石的碳测年表明其寿命不超过 14 年，*这样算来，其生长速度便合理得多，但在食物匮乏的环境中也够了不起的了，更遑论大王乌贼还遭受着进化所致的怪癖限制，注定不能胡吃海塞。

平衡取舍的案例在生物进化过程中比比皆是，常常会为生物带来某些根本性缺陷，这源于对现存系统逐步改进时忽略了整体

---

* 但这建立在关于深度范围与暴露温度的假说之上，实际数字存有疑问。

层面的设计。举例而言，每年有成千上万人死于呛食窒息，正是由于呼吸与进食共用一个通道。*鱿鱼面临另一种窒息危险——它们的大脑形状好似甜甜圈，咽喉则位于中心小孔，一口吞太多可能会导致大脑受损。

从大王乌贼尸体的胃内容物来看，它们以鱼类与其他乌贼为生，这意味着其食物来源相当集中，必须耗费能量进行追捕。如果捕获猎物后只能小口啃咬，大王乌贼就要面临获取食物成本与回报不对等的严峻问题。正因如此，学界对于大王乌贼究竟是主动猎杀还是被动浮游坐等食物始终争论不休。

眼睛是这些巨型乌贼最醒目的特征之一，尤其是将其与天敌抹香鲸相比较：后者的眼睛与台球一般大，近距离看已令人印象深刻，但大王乌贼的眼睛还要大出五倍，尺寸超过篮球！考虑到此等感觉器官的代谢成本极为高昂，视觉显然在大王乌贼的生存中起到了关键作用，或许是检测生物发光定位猎物，或许是躲避捕食者，又或许兼具两种功能。

一种假设是，大眼睛可帮助大王乌贼逃脱抹香鲸的猎捕。尽管我们曾在抹香鲸的皮肤上看到大王乌贼留下的吸痕，证明乌贼并非毫无抵抗之力，但抹香鲸肚子里发现的大量大王乌贼嘴表明捕食者占据绝对优势。

齿鲸通过声音反射定位猎物，而乌贼应是依靠硕大的眼睛探测鲸游过生物发光"雷区"时激发的弓形光波而逃过劫难。这

---

* 所以说啊，我们应该细嚼慢咽，也要学会应对紧急窒息情况。这不是开玩笑！

种情况下，眼睛的硕大尺寸便说得通了。如果它们能够对潜在攻击发出警告，为乌贼争取时间躲避天敌，那么这种敏锐性的提升便与生存直接相关。

据推测，大眼睛在探测大型猎物行动与聚焦生物发光防盗警报方面同样极具价值。但如果不能直接观察，我们要如何验证这些假设呢？

大王乌贼体形巨大而行踪诡谲，无怪乎让人类寻觅追踪如此之久。在自然栖息地将其拍摄下来已成为自然摄影的圣杯，人类为此付出了诸多努力，包括 1997 年和 1999 年新西兰附近的两次大型跨国考察活动，却无一例外全部失败。最终，许多成片都只好以首席科学家站在船头仰望夕阳收尾，以旁白对科学探索的波折进行感人至深的美言。

而后，由于所需资金过于高昂，大王乌贼探寻任务直到 2004 年才重获资金支持，重整旗鼓。这一次，日本乌贼学者洼寺恒己在深海栖息地抓拍到一张大王乌贼的静态图像。他在带饵的渔线上装了一台照相机，每 30 秒拍一张照片。3 年来，他一直乘坐日本渔船出海，赶往他认为可能存在大王乌贼的海域。他最终成功捕捉到的图像是一系列的静像，一只大王乌贼在 2 952 英尺深的地方攻击鱼饵。

这些图像一经公布便激起民众的热烈回应，日本广播协会 NHK 在探索频道的协助下迈出了野心勃勃的一步：为在自然栖息地拍摄大王乌贼提供资助。而我也因海中之眼项目的成功，参与了这次历史性的探险任务。

2004 年，首次深镜行动圆满结束后，我再次向美国国家科学基金会提出申请，希望打造一部系泊式的海中之眼。升级后的设备无须每隔一两天重新部署和取回，将作为半永久性装置设在蒙特雷峡谷。此前，蒙特雷湾水族馆研究所已率先在峡谷底部开发部署了电源带，以便科学工作者为设备供电，并通过 32 英里长的电缆从岸上远程操作。

在不惊动海洋生物的前提下进行数以月计的观察，这是我梦寐以求的，因此当评议员竖起拇指表示认同时，我不禁心花怒放。李·弗雷是负责开发打造新系统的项目经理，这位年轻的工程师对海中之眼的成功运转功不可没。在那些一穷二白的日子里，他东拼西凑，想出各种节省开支的变通之法，而如今我们拥有 50 余万美元的预算，让他得以设计出更加优质的系统，满足我的一切愿望。

新版海中之眼的相机可以由岸边远程操控，还装有三个折叠平台，也就是之前提到的 CLAM——一个用于放置电流表和温度探测器，一个固定电子水母、水听器和生物发光传感器，还有一个摆放其他实验装置，如遥控潜水器运送的诱饵。系统兼有红、白灯光，同样可从岸上操控，还有一套用于测量尺寸的平行激光测距装置。

2009 年 10 月，相机顺利部署完成，遥控潜水器将其插入电源带时系统联网正常，没有出现任何故障。经历了多年的困苦挫折，这似乎是一个奇迹。但对于李而言，奇迹并不存在。相比于求神拜佛，海中之眼只需要一位稍逊于神的存在——卓越的工程师。

系统激活后开始自动记录，自此我们对深海生命的观察从微不足道的间歇细流变为消防水龙头喷涌而出的水瀑。我对此早有预期，因此将工程预算的一部分划给蒙特雷湾水族馆研究所的计算机工程师，请他们开发一款自动图像识别系统，匹配某些动物的外形轮廓，并将出现生物运动的位置在影像中标出，这样我们就不必将时间浪费在无用的视频上。但事实证明，挑战无处不在。

海雪落下，无休无止，时不时便有鱼蟹或柔软的海鳃掠过镜头，虽然动作并不夸张，有时会在一个地方连续停留几个小时，但对于了解其能量需求具有一定价值。计算机工程师们负责探讨可能实现的分析技术，我则尽可能筹集所需资金，将视频上传至网络，把海中之眼打造成一部深海网络摄像机。最终，一位慷慨大气、富有远见的捐助者帮我们实现了梦想。

在"系泊海中之眼"运行的八个月中，人类第一次对深海中生物的日常生活展开长期隐蔽的观察。我们积极开展各类实验，其中使用光线诱导的实验结果最为突出——我们发现，电子水母对美洲大鱿鱼（Humboldt squid）的吸引力极强。我们一次又一次释放"风火轮"，记录下美洲大鱿鱼高速袭击的全过程。而一旦它们意识到光线背后没有食物，就会喷射着离开，有时留下一团墨水以表不满。

不过，我们也曾遇到一位有趣的例外，我愿称其为美洲大鱿鱼中的爱因斯坦。出于种种原因，这只乌贼从一开始就意识到不对劲，它小心翼翼地靠近，在电子水母上方盘旋，舒展腕足，似乎在寻找引发这种警报的捕食者。半天没找到，它就撤离此地，然后再度到访。第三次尝试后，它停留的时间更长，大概是在重新构思搜寻方法，因为第四次它改从侧方而来，却仍未发现任何美味，终于彻底死心，喷射而去。

我将视频传上互联网，事实证明观察深海生物相当令人上瘾，不只少数深海生物学家，各行各业的广泛公众也参与进来。随着网站知名度提升，国际爱好者也对此产生兴趣，一对意大利父子甚至比我看得更勤，得出了各种有趣的观察结果与问题。更意想不到的是，相机取走后，许多人请求将其放回，其中最令人惊讶的是一家医院，声称这是癌症病房中最受关注的网络视频，不过想想我自己的住院经历，便不难猜到原因。

现代观众常常被描绘为沉迷于显示屏的僵尸，渴望得到即时满足，对于这类人而言，我们的深海网络摄像机可谓无聊至极。全程黑白，一条深海比目鱼静静停在海底，身旁是一动不动的柔软海鳃，偶有成片的海雪落下。这显然不够吸引眼球。只有当你迈出自我的狭域，真正去思考眼前所见之物，才能体验这场惊心动魄的深海戏剧。再没有什么比生存之战更能让人深刻体会到生命的奇迹。只要潜心于此，对生命的"观察与琢磨"将成为一种锻炼思维、引发深思的活动，更重要的是，我们随时可能成为某个物种或行为的首位见证者。

总体而言，系泊海中之眼大获成功。但它需要从岸上铺设电缆，花费极高，后勤物流压力较大。随着资金日益减少，再次部署的可能性十分渺茫。而最早由电池供电的海中之眼也面临潜水器部署的高额开销，毕竟它需要载人或遥控潜水器，当然前提是你要能找到。因此，在2007年深镜项目结束时，我、贾斯汀·马歇尔和宋克·约翰森构想了一个全新平台，将其命名为"美杜莎"（Medusa）。

　　我们的设计理念是尽可能压缩体积，使其能够从船舷上放下来，回收时只需发射声学信号，美杜莎便会卸下重物弹回水面，然后被拖回船上。由于海中之眼仍是其沿袭的基础，我们一致认为必须请李·弗雷主管此项目，打造出世界一流的最新海底摄像机。于是，现在需要做的只有筹集资金。

　　贾斯汀首先争取到澳大利亚研究理事会的资助，此前他一直致力于推动澳大利亚周边深海探索，项目命名为"深海之下"，这笔资金已够支付李的工程设计与两个美杜莎平台的生产费用。这意味着我需要再筹集1/3的费用，约6万美元。我向美国国家科学基金会提出申请，表示美杜莎建成后将用于《国家地理》杂志赞助的哥斯达黎加的海底山项目，我此前已经接到该项目的邀请。不幸的是，美杜莎因工期延误未能赶上。

　　结果，美杜莎的初次任务是前往英国石油公司漏油事发海域，在西尔维娅·厄尔的领导下对油井封闭数月后的海底损害进行调查。受恶劣天气影响，我们只在浅水区进行了两次部署，但这对美杜莎排查隐患以供正式使用至关重要。自此，美杜莎已整装待发，只是无处可去。

＊＊＊

2010年，我在 TED 发表演讲后成为一名大王乌贼"猎人"。TED 代表技术（Technology）、娱乐（Entertainment）与设计（Design），其使命简明却深刻：将观点传播出去。2010年，TED 在全长 293 英尺的豪华考察船"国家地理奋进号"上举办首次海上会议。

会议名为"蓝色使命之旅"（Mission Blue Voyage），是西尔维娅·厄尔*2009年获得"TED 奖"时提出的心愿——TED 将这个奖项颁给"以创意和勇敢愿景激发全球变化的领导者们"。蓝色使命旨在探索重大海洋挑战的解决之法，将政策制定者、意见领袖、领先科学家、创新者、活动家、慈善工作者、音乐家与艺术家召集到一起，于 2010 年 4 月在加拉帕戈斯群岛进行为期一周的考察。这是一场令人惊叹的盛事，TED 演讲之间穿插着水肺潜水、自然漫步、浮潜、音乐创作与乘船游览活动，带领人们融入这片特别的领域，与海洋建立起情感联结。活动结束后，深受触动的参与者们承诺为海洋保护提供 1 700 万美元的专款资金，用途包括建立海洋保护区，也就是西尔维娅口中的海洋"希望点"。

---

* 1998 年，西尔维娅·厄尔被《时代》杂志列入首批"地球英雄"。在其职业生涯中，厄尔始终为海洋保护工作不懈努力。我在许多事上对她感激不尽，而印象最深的一次是乘"黄蜂"潜水时，我将光度计落在了岸上，但当时的海况不佳，以小船将其运至科考船太过冒险。西尔维娅无意中听到我从船上发来的请求，自告奋勇担当运送使者，尽管此前我们并不相识。

我在演讲中谈到生物发光的传奇世界，向观众展示了海中之眼迄今取得的诸多成果，也讲起用红光减少干扰、电子水母作为光学诱饵等创新手段。在演讲者中，迈克·迪格瑞（Mike deGruy）*是我有幸认识的最富热情的海洋拥护者之一。他的 TED 演讲仿若一部海洋狂想曲，没有幻灯片的辅助，仅以文字描绘出生动细致的影像。

　　在我的演讲结束后，迈克立即追上我，几乎是颤抖着身体向我问道："你觉得红灯与光学诱饵的方法可以用来拍大王乌贼吗？"我此前并未认真思考过这个问题，但这么一说，有何不可呢？"当然可以，"我回答，"我认为它的巨大眼睛表明我们应该更加关注其视觉生态，至少，我们不该使用明亮的白光把它们吓跑。而如果它是一种积极的捕食者——我觉得应该是，那么它就可能会被模拟生物发光诱饵吸引而来。"趁热打铁，我向他介绍了美杜莎设备，指出将其部署在海底或悬于水中的功能。

　　迈克告诉我，他秘密参与了一个为电视节目拍摄大王乌贼的项目，问我是否愿意 8 月前往马里兰州银泉，在会议上介绍我的策略与发现成果。迈克永不气馁的热情极具感染力，因此，尽管我对电视节目有些迟疑，†却还是同意了。

　　这场"乌贼峰会"将电视从业者与乌贼专家召集在一起，

---

* 读音与"degree"相同。我在参与《国家地理》杂志《完美鲨鱼》（Perfect Shark）系列制作时与迈克相识，他为节目提供了发光雪茄达摩鲨（cookie-cutter shark）的片段，并以动画形式将我关于鲨鱼"狗项圈"作为诱饵的假说展现给观众。

† 这是在探索频道推出《巨齿鲨》和《美人鱼》而彻底堕落之前。我的迟疑来自此前古巴考察的教训。

其中包括首次拍下大王乌贼静态图像的日本科学家洼寺恒己，史密森学会的世界知名鱿鱼专家克莱德·罗珀（Clyde Roper，曾数次参与巨型乌贼追踪活动），以及伍兹霍尔海洋研究所的头足纲动物行为专家罗杰·汉隆（Roger Hanlon）。与会电视从业者来自 NHK 电视台与探索频道。在我的印象中，这些人曾对我的出席表示质疑，迈克不得不对他们施加压力。

我从科学出发展开演讲，以数据证明这个方法的优越性。我指出，在红光下动物们会聚集在诱饵周围，白光则无法实现，并以数据说明红色截止滤光片与增强型摄像机的重要性。我展示了几张美杜莎外形图与几种不同部署配置图，讲解电子水母的模拟发光功能，强调使用光学诱饵吸引活跃捕食者而非仅仅食腐肉生物的必要之处。最后我播放了乌贼袭击电子水母的视频，电视从业者们看得眼都直了，身子向前凑去。演讲结束后，我看到迈克在微笑，他知道这事就这样定了。

考察定在第二年，也就是 2011 年的夏天，将在日本沿岸展开。我对整个行动抱有诸多疑虑。组织者决定租用一艘名为"阿卢西亚号"的私人船及其自带的潜水器：一个双人"深海漫游者"和一个三人"特里同"（Triton）潜水器。尽管听说这些设备配置良好，但我对船员一无所知，仍感到非常不安。让我坚持下来的原因只有两个：我将有机会出海整整 6 个星期，以我目前的资金状况来看，简直是不敢奢想的好机遇；况且，迈克·迪格瑞的热情极具感染力。我想，有他把控大部分摄影工作，我便可以退居幕后，不被电视节目制作的事宜淹没。

从考察前的系列事件来看，悲剧与失败似乎早已注定。2011年3月11日，日本沿海发生有史以来第四大地震，超过里氏9.0级。席卷一切的海啸浪涌高达130英尺，将福岛第一核电站吞没，引发3次核泄漏事故。这是一场影响深远的大规模浩劫，NHK被迫将考察任务推迟一年，即2012年。然而就在2012年2月12日，迈克·迪格瑞在澳大利亚拍摄纪录片时因直升机坠毁而丧生。*他的离去对所有认识他的人来说都是沉痛的打击，在圣巴巴拉的追悼会上，迈克的兄弟弗兰克将他的一生描述为"一个巨大的人类惊叹号！"一颗明星就此坠落。

是迈克将我引领到这个疯狂的项目中的，没有他，真让人不想继续。我想完全放弃此事，尤其是当实验室中唯一受过美杜莎训练的技术人员布兰迪·纳尔逊（Brandy Nelson）告诉我她怀孕时，考察期与预产期冲突，因此她不能参与项目。但我最终还是坚持下来，只因不愿背叛迈克。我联系了澳大利亚的贾斯汀·马歇尔，询问他手下接受过美杜莎训练的人能否参与此次项目。幸运的是，一位名叫钟文松（Wen-Sung Chung，音译）的博士生既精通美杜莎系统，又是鱿鱼爱好者，非常愿意参与到项目中来。

***

2012年6月19日，大卫开车送我去西棕榈滩国际机场，当

---

* 这部由詹姆斯·卡梅隆（James Cameron）执导的纪录片发布于2014年，名为《深海挑战》（*Deepsea Challenge 3D*）。澳大利亚电影制片人安德鲁·怀特（Andrew Wight）也在事故中丧生。

时我内心的预期极低。出发前，我与其他考察参与者鲜少交流，项目保密性极强，我又失去了迈克这位中间人，完全处在一片迷茫之中。与大卫亲吻告别、拥抱我们的金毛狗洋基（它坚持与我们同去机场）时，我很难装出笑脸。航班的终点站迎接我的尽是陌生面孔，就连我以为绝不会放弃追捕大王乌贼的克莱德·罗珀也选择了退出。此次任务的首席科学家是洼寺恒己，我仅在乌贼峰会上与他有过一面之缘，此外仅剩一位素未谋面而名声古怪的科学家，名叫史蒂夫·奥谢（Steve O'Shea）。

此次考察的一切都不同寻常。从古巴考察的经验来看，节目制作需求想必会凌驾于科学考察之上，但也有些意外之喜。

首先，"阿卢西亚号"相当强悍。那是一艘配备潜水器的182英尺豪华快艇！我第一次听说时，就觉得像是詹姆斯·邦德的幻想。但真正一睹其容后，才意识到它比想象中更加光彩夺目。从水面上看，"阿卢西亚号"气势恢宏，船后配有一个巨大的A型架，用于潜水器的下放与回收。*此外，"阿卢西亚号"还设有直升机停机坪，也就是机库的屋顶，机库内停放着3艘深潜器，比我最初得知的2艘还多，数量超过世界上任何船只。这艘豪华快艇的主人是对冲基金经理、慈善家瑞·达利欧，其实配备有4艘潜水器，分别是"特里同"、2艘双人版"深海漫游者"（其中1艘用于远景拍摄"特里同"，另1艘正在整修），以及1艘双人版"深海工作者"（DeepWorker），此次作为应急装备随

---

* 这艘船之前的工作是辅助法国研究型潜水器"鹦鹉螺号"。

同出海。

　　船内设施更是非比寻常。一般来说，科研用船的住宿条件都比较简陋，必须与他人合住一舱，舱室小得像壁橱一样，上下铺间距极小，翻身时甚至会碰到上层底板。所以当我得知将与另外两名女性——探索频道制片人兼导演莱斯莉·什未林（Leslie Schwerin）和史蒂夫·奥谢的技术助手泽韦林·汉纳姆（Severine Hannam）合住时，我预期会拥挤如常。但我们的房间简直是殿堂级的！并非常见的舷窗，而是直面大海的全景大窗，内设宽大的毛绒床、充裕的抽屉与配有衣架的衣柜空间 *、一张书桌，以及可与瑞典桑拿房媲美的浴室套间。更夸张的是，工作人员每天都会为我们整理床铺、洗衣服，甚至提供美味可口的一日三餐。而且，我很可能有机会长时间待在潜水器内。可载 3 人的"特里同"潜水器每天下潜七八个小时，其中包括一名驾驶员、一名 NHK 摄影师，以及一名科学观察员（我、奥谢或洼寺恒己）。这样过 6 个星期，显然算不上困难啦。

　　但另一方面，我仍有一些安全顾虑。我们将在极深的水域执行任务，当海洋底部深度超过潜水器承受限度时，需要为其系上缆绳。我上一次使用缆绳还是在"黄蜂"上，并不是多么愉快的经历，但这至少是"黄蜂"的惯常操作。而"深海漫游者"和"特里同"则将是第一次系绳下潜，需要特别设计。

---

* 在一般配备储物空间的研究船上，能找到衣架是很幸运的，因为一般衣架都被应急操舵装置征用了。

我们计划使用聚丙烯材质的缆绳，装在手摇式轮桶上。"特里同"潜水器的缆绳将从其常用补给船（32 英尺长的"北风号"）上部署，"深海漫游者"则必须通过冲锋舟。"北风号"补给船配备了水下追踪"特里同"潜水器所需的技术，但"深海漫游者"只能从"阿卢西亚号"上追踪，这就要求船员与潜水器工作人员之间紧密协作。

本次登船的 41 人中，有 11 位日本人，大多不会讲英语。然而正是这些人为此次大规模行动买单，所以发号施令的也是他们。探索频道也有一定投入，并派来 3 名代表登船，但财务贡献水平之差很快在排位顺序上体现出来。

除了上述后勤保障问题，还要考虑所谓的好莱坞科技，这比我想象的还要糟糕。原来，NHK 和探索频道打算**各**拍一部纪录片，我此前抱有的部分幻想在第一天就破灭了。首先，洼寺恒己是 NHK 影片的绝对主角；其次，特别喜欢在镜头前表现自己的奥谢将填补迈克·迪格瑞的空缺，成为探索频道的焦点。第一天早上，我被要求在湿实验室中接受探索频道工作组的镜头前采访时，就对自己的处境有了清醒认识。

我了解到，他们计划把节目设定为三位科学家之间的竞争，因为我们三个打算使用不同的探寻方法。洼寺恒己以一只大鱿鱼作为诱饵，这也是他获得第一批静态图像时采用的手段。诱饵鱿鱼将通过一条线与潜水器相连，他本人则将坐在黑暗中，使用红灯和低照度摄像机拍摄，尽可能不引起注意。奥谢计划使用喷射器，将碾碎的鱿鱼射入水中作为化学诱饵；而我则在潜水器和美杜莎上同时部署电子水母作为光学诱饵。我们三人都对此故事线表示反对，更愿意以合作的姿态出现在镜头前，但制作组置若罔闻。

不过，NHK 似乎仍打算制作传统的自然纪录片，尽管影片语言为日语，我仍然没能从镜头前脱身。他们希望我用英语讲述，而后配上日语字幕。他们虽然没有像探索频道工作组那样公然描绘一场竞争，但这种气氛仍挥之不去。我能感觉到，两方团队都认为我不可能获胜。

***

我们的潜水点位于小笠原群岛附近，该群岛是东京以南 600 英里处的亚热带岛屿链。洼寺恒己正是在这些水域拍摄到静态图像的，他相信抹香鲸每年都会来这里捕食大王乌贼。他最初来到此处，是因为当地延绳钓渔民报告大王乌贼触须曾很多次被钓饵卡住，其中两次是整个身体都被卡住。更有人表示，曾见过抹香鲸的下颌冲出水面，长长的鱿鱼触须从其嘴边垂下。我们抵达后不久就在海面发现了这些齿鲸，它们一边倒的喷水方式独树一帜。看来我们找对了地方。

抵达现场后，我们必须测试缆绳模式的可行性，我已准备好应对糟糕局面。但幸运的是，一切进展顺利，这主要仰赖于几个因素，其中最关键的人物是潜水器负责人马克·泰勒（Mark Taylor，又名巴克）。这是一位红发的英国人，常常露出狡黠的笑容。巴克的潜水经验令人印象深刻：他曾作为皇家海军的潜水员与潜艇操作员接受培训，参与 2000 年沉没的"库尔斯克号"核潜艇搜救行动，也曾为军队及私人机构开设潜水器驾驶员培训课程。从这份出海履历来看，他驾驶潜水器经历过的危险局势或许比我见过的任何人都要多。他绝对能做到眼观六路、耳听八方，独特的幽默感也有助于缓解船上复杂的派系斗争。其他潜水员也同样优秀，尽管最初并不相识，但很快彼此协同工作，好似认识许多年一样。

科学潜水的第一日天气晴朗，风平浪静。洼寺恒己作为首席科学家率先动身。早餐时与他和奥谢交谈后，我吃惊地得知他们二人此前都未乘过潜水器，奥谢说他有过机会，但不愿意下去，因为"烟瘾太大"。洼寺恒己提议我们以"洼"称呼他（可能是为了避免各种发音错误），他看起来有些紧张，却跃跃欲试。

我很喜欢在人们第一次潜水前后和他们聊聊天，尤其还是两位一生都在研究海洋的科学家，我很愿意看到他们的观点如何被潜水经历所改变。因此，我很期待洼第一次下潜 7 小时归来后的所想所言。奇怪的是，他似乎没什么想说的。他看到一条大青鲨（blue shark），表示即使在 2 000 英尺下仍能看到阳光，但当我询问生物发光现象时，他却说寥寥无几。置身黑暗之中，在缆绳的末端上下晃动了 7 个小时，竟然没看到多少生物发光现象？这就有些奇怪了。也许他这个人不会轻易表现激动，也可能是语言障碍。我还要等上几天才能亲自下潜，一探究竟。在此期间，我专心为美杜莎的首次部署做准备。

虽然很想念布兰迪，但我很快发现钟文松对美杜莎非常熟悉。他将摄影系统组装完成，又备好浮筒、砝码和绳索，几乎不用我操心。然而我仍非常紧张，期待着在洼潜水后的第二天进行首次部署，甚至在凌晨 3 点就醒来，脑中一遍又一遍梳理检查清单，再也没能入睡。文松曾在悬浮模式下部署美杜莎，但我没有相关经验，一直在想可能出现的问题。

原理很简单，与海中之眼相比，美杜莎结构更加紧凑，大约 4 平方英尺，3 英尺高，重量只有 300 磅，应该很容易下放与回收。我们计划用 A 型架将其从船尾投放下去，一旦从"海洋扣栓"*释放，美杜莎应会向深处坠落，一条 2 400 英尺长的连接线将其与海面的卫星跟踪信号浮筒相连。

"特里同"潜水器第二次下潜时，† 我们开始部署美杜莎。一经释放，我便和文松挤进冲锋舟追踪浮筒，通过声学传感器探测它在水中的下落。这主要是出于谨慎考虑，如果美杜莎脱线向限制深度以下坠落，我们能及时发出信号，使其卸去重物浮回水面。当它在水中缓慢下降时，我们不断发出信号检查其深度，接近 2 400 英尺时，我紧张到大气都不敢出。没想到，下一个回传信号显示 2 460 英尺，我被吓得不轻。**不会吧？第一次部署就脱线了？** 我向文松望去，才发现他正笑着，原来我们已漂离浮筒一段距离，因此我们测量的距离并非深度，即美杜莎与浮筒间的距离，而是美杜莎、浮筒与我们的冲锋舟形成的三角形的斜边。很

---

* 　一个快速切换的卸扣释放机制。

† 　此次潜水的科学家位置由一位声学成像系统专家填补，他正在测试一种新的无白光观测方法。

显然，他也曾遇到过这种情况。我们又取了几个读数确保稳定，随后关闭了传感器的电源。

即便如此，想象中的惊险场面仍深深刻在我的脑海中，回到船上后，我简直患上了严重的分离焦虑症，不停设想着再也见不到美杜莎的情景。巴克对我预设 B 计划表示赞同，因此在"特里同"潜水器回到甲板后帮我收集了一些备用装备，陪同我们乘坐冲锋舟回到浮筒旁，在附近安装了另一个浮筒、一个 VHF 追踪信标作为卫星信标的备份，以及一个频闪灯。我终于放下心回舱安眠。那天晚上，我甚至做梦都是美杜莎在黑暗深处悬浮，用接近红外的红光与增强型摄像机在漆黑的海水中探测的情景。

第二天一早，终于轮到我乘"特里同"潜水器下水。计划非常简单：潜至黑暗边缘以下，而后坐等置于潜水器前面长杆末端的电子水母吸引捕食者上钩，通过增强型摄像机与红光照明观察捕食者的攻击行动。我安坐于舒适的右舷座椅上，按捺不住激动的心情，并不仅仅因为可能看到大王乌贼，更是由于第一次获得了长时间观察中层水域而不造成干扰的机会。

即使找不到大王乌贼，我也相信绝对会发现某些神奇的事物。然而随着时间的流逝，视线范围内仍空无一物，这让我非常沮丧。这里什么也没有，是我所见过的最荒芜的水域。海水清澈剔透，甚至没有多少海雪，遑论生物发光现象。我想不明白，大王乌贼与抹香鲸维持生命所需的食物网从何而来呢？

也许美杜莎传回的录像会有所不同。我们原计划在潜水结束后马上将其取回，但它已向北漂了很远，着实花了些功夫才将其收回。回到甲板后，我成功读取到拍摄数据，这才放下心来。但我们将视频快速扫视一遍后，几乎什么也没看到，仅有栉水母和几只虾。接下来的两次潜水分别由奥谢和洼进行，同样一无所获。那些日本人每晚在休息室举行组织会议，气氛明显凝重起来。NHK 为这项任务投入了巨额成本，许多人为此押上了自己的职业前途。

7 月 3 日，我乘"特里同"第二次潜水。在此期间，我们第二次部署并收回美杜莎系统。第一次部署时因有待进行压力验证而没有带上电子水母，这次我携带了电子水母。我在下潜前夜迅速浏览视频，却同之前一样空无一物。文松计划在我下潜时仔细观看视频。此次潜水，我终于看到了一些生物发光现象，但大多是回闪。我们在下午 3 点半前回到甲板，于船尾处接受了NHK 的采访，讲了讲所见的生物发光情景，而后回到餐厅喝了一杯茶。

史蒂夫·奥谢找到我说："文松在视频里发现了一些东西，想让你看看。"他看起来并不兴奋，因此当我来到文松身边时，以为只会看到某个需要辨别的水母或虾子。探索频道团队正将镜头对着我们，算是常规操作。文松找出一组平淡无奇的镜头，屏幕上只有空荡荡的海水，正当我胡思乱想时，三根粗壮的鱿鱼腕足突然从右侧扫进视野。当它们从电子水母与摄像机之间根根垂下，仿佛我的心脏也跟着翻了个跟头：一开始进入屏幕的是细细的尖端，而后是弯曲拱起的粗壮肌肉腕足，兼具力量与柔韧性。它们的横截面并非圆形，而是三角形的，其底部有两排突出的吸盘。红光照耀下，它们在黑白摄像机中如白鲸般亮白。

"我的老天啊！"我不禁大喊，四处寻找洼来确认这画面的真实性。这是圣杯吗?！史上第一段在自然栖息地拍摄的大王乌贼视频？洼、奥谢和文松都露出万圣节杰克灯般的傻笑，我们兴奋到失去理智，蹦蹦跳跳大喊大叫，拥抱在一起。

此次共拍摄到三段彼此独立的大王乌贼视频。前两段相隔不过 4 分钟，第三段则在 1 个多小时后，其中两段只录到了腕足，另一段则清晰捕捉到整只大王乌贼——黯淡的灰色轮廓远远悬在水中，腕足与触须如一把半开的伞舒展开来。多少人苦苦寻觅多年都未能追踪到大王乌贼，配备光学诱饵的美杜莎系统却一战成功，连续捕捉到**三组**镜头！这是我能想到的最甜蜜的胜利果实。纵使在最不着边际的梦想中，我也不曾奢望新开发的探索方法能如此见效，能够通过吸引而非追逐找到这让人苦苦寻觅的目标。

大王乌贼溢出屏幕过多，我决定尝试将电子水母部署在离摄像机更远的位置，于是和文松换上了一根 3 英尺长的铝支杆。5 天后再一次部署美杜莎时，我们又一次看到了大王乌贼，距离第一次 3 英里之外，不知道是不是同一只。

船上的人陷入一种濒临癫狂的兴奋状态，出于电视节目制作考虑，节目组开始着重拍摄美杜莎在部署和回收的外景。同时，我们也愈加希望通过潜水器拍摄大王乌贼，方法是与美杜莎相似的红光照明与光学诱饵，但优点是有高分辨率的彩色摄像机。

这个愿望在几天后洼下潜时终于实现，他使用当地延绳钓渔民捕获的 3 英尺长菱鳍乌贼（diamondback squid）作为诱饵，以近 15 英尺长的单丝鱼线与潜水器相连，体腔内塞了几块合成泡沫，使其仅有轻微负浮力，得以在水中缓缓下沉。除此之外，它还装上了光学诱饵，那是一个深海鱿鱼钓具，闪烁着蓝、绿、红三种颜色的光。潜水器上的另一位乘客是 NHK 摄影师杉田达彦（Tatsuhiko Sugita），以"魔术师"之名著称，曾在几次聚会上为我们表演神奇的魔术技法。驾驶员吉姆·哈里斯（Jim Harris）前一天才刚刚上船，接替另一位驾驶员，这是他本次探险中第一次下潜。

那是平静无波的一天，大家对潜水器的施放与回收已太过熟悉，甚至没多少人在甲板上照看洼、吉姆和"魔术师"的清晨下潜。但就在午饭后，我听到吉姆通知控制室他们拍到了一只大王乌贼，兴奋之情迅速蔓延。我冲进控制室了解细节，紧张的气氛扑面而来，明亮的泛光灯下所有摄像机均在转动，显然正在拍摄控制室人员的反应视频——是对什么的反应呢？

此刻无人说话，我不明白他们为何仍在拍摄。当我听说他们拍到了大王乌贼，还以为只是短暂的几秒钟，但现在看来它应该还在镜头范围内。我问道："多久了？"得到的回答是："目前 15 分钟了。"这怎么可能，一定是我们之间理解有误。这时，我却从通信器里听到吉姆的声音："持续拍摄中。"最终，他们拍摄大王乌贼达 23 分钟之久！潜水器与船之间没有直接的视频传输，所以我们暂时看不到，这么长时间的相遇中究竟会发生些什么呢？

所有人都候在甲板上，对他们的凯旋翘首以盼。在众人七嘴八舌的激动言语中，一时难以提取关键细节，但总的来说，他们此次下潜仅开启红灯，吉姆仔细将潜水器与诱饵鱿鱼的下降速度匹配——仅靠压载控制，不使用助推器。下降至黑暗边缘时，黯淡的红光已不足以让他们看到诱饵鱿鱼，但增强型摄像机仍能拍到，于是吉姆使用闪烁的钓竿灯判断其位置。大王乌贼袭击之时，他们大概位于 2 000 英尺深处。

我们只有等到当晚休息的时候才能观看他们无法用语言形容的场面。红灯照耀下，我们可以看到大王乌贼攻击的全过程：它将八根腕足大张，从头端距离潜水器最远处吞噬诱饵。摄影机拍下这一幕时，洼就坐在潜水器中向黑暗窥探，却什么也看不到。极度兴奋下，他急切地想要看清楚发生了什么，不管不顾地打开了白光手电筒。当他发现大王乌贼并未被吓跑时，又决定冒险打开潜水器的白光灯。我望着屏幕，好像自己就坐在他的身边，当灯光亮起，屏幕花白，我不禁屏住了呼吸。随后，相机自动增益控制启动，大王乌贼出现在高分辨率的镜头焦点——那样雄伟壮丽，与我想象中截然不同。

首先映入眼帘的是那通体的金属光泽，介乎镀铜与抛光铝之间，让人惊喜万分。过去看到的样本都是尸体或濒死的大王乌贼，均为红色。不仅如此，镜头中大王乌贼的颜色仍在不断变化，主色泽从铜色向银色过渡。它的腕足呈独特的三角棱体，随着水流波动起伏，颜色为灰白，随机间有青铜色的横条纹，好像条形码。

一只诡异的巨大眼睛直勾勾盯着我们，杏仁形，大片眼白包裹着硕大的黑色瞳孔，而虹膜却只有薄薄一层。这是一只摄人心魂的眼睛，起初眼球在眼眶中打转，似乎是为避开潜水器的亮光，后来则直视摄像机。这时，洼表示："它看起来有些孤独。"但依我来看，它应该是饿极了，所以白灯亮起时也没有逃跑。动物的行为有等级之分，就这只大王乌贼而言，我认为它一旦开始进食，摄食的生理需求便会压倒逃亡本能。

它头朝上竖直浮于水中，缓慢拍打着鳍，诱饵鱿鱼则被置于肌肉腕足的底部。在水中下降时，这些腕足会向侧边翻起。我们估计，这只大王乌贼从尾巴尖端到腕足末端的长度约为 10 英尺，也就是说当其触须完全舒展开，长度将达到 20 英尺，与两层楼房一样高。

我们全神贯注地看着屏幕。大王乌贼仍在享用着这顿美餐，吉姆则将潜水器调整为与它同步下降，"魔术师"使用高分辨率摄像机进行长镜头与特写镜头拍摄，一直跟拍到缆绳完全拉紧的 3 000 英尺深处，下潜被迫停止。这时，大王乌贼显然察觉到事态有变，抛下剩余的食物喷射而去，消失在黑暗之中。

对船上大多数人而言，这段录像都算是本次科考的顶峰，也是纪录片的高潮所在，但对我来说，另有两个高光时刻等在后面。首先是第五次部署美杜莎时再度拍到大王乌贼，整段视频颇具戏剧冲突性，可以看到整只鱿鱼的进攻形态——将腕足与触须拧成"矛头"，*向电子水母骤然俯冲而来。一开始它似乎是以电子水母为目标，但就在最后的刹那间，它拱起身子越过诱饵，展开腕足向美杜莎环抱而来，一张大嘴直接暴露在摄像机镜头前。这正是二级捕食者会对防盗警报做出的反应。大王乌贼最初瞄准发光物，却在最后一刻转而攻击旁侧的大家伙，大概是将其视为引起警报的捕食者。

第二个高光时刻发生在考察结束前一周，我仍在苦苦思索为何这片水域看起来生命如此匮乏，却能养活巨型的大王乌贼和抹香鲸。我试过一次海底潜水，发现那里的生物也较为稀少，所以应该不是海水挟营养物质上涌的原因，所以我猜测黑潮边定有涡流，裹挟大量浮游生物从日本东南海岸流至此处。黑潮又名日本暖流，与北大西洋的墨西哥湾暖流相似，是海洋中奔腾的河流，将热带水向北输送。暖流的东部边缘有着独立旋转的涡流，直径可逾100英里，构成其独特的生态系统。这些涡流会为捕食者打造出食物丰富的狩猎场，在我看来是大王乌贼最有可能的食物来源。

本以为考察中可以获取卫星数据，事实却是不能，所以我没有实时确定涡流的直接手段。尽管如此，我坚持争取在更北部的水域下潜，美杜莎就是漂浮至此时拍到了大王乌贼，因而在此最有可能遇到涡流。我还希望能够夜潜，拍摄一些生物发光现象。最终成行时，我几乎立即得到了回报：在550英尺深处，厚厚的

---

* 在纪录片中，他们没有按顺序播放，而是将这段视频放在了潜水器彩色摄影之前。

磷虾层迸发明亮的生物光；在 1 200 英尺至 2 100 英尺深的宽阔水域中，遍布着令人惊叹的回闪光。终于，我在这里找到了庞然巨兽们所需的食物资源。

更妙的是，深度刚刚超过 1 000 英尺时，我在潜水器上目击到自己所见过的最大鱿鱼，它几乎是在触手可及之处飞驰而去。其硕大的体形一开始让我以为是大王乌贼，随后我才欣喜地意识到，这是一只广鳍八腕鱿（*Taningia danae*）。广鳍八腕鱿得名于其幼年时代的 2 根触须与 8 条腕足，成年后却通常没有触须，尾部到腕足尖端可超过 7 英尺。但是，它们拥有已知生物中最大、最亮的两个发光器官，位于两条腕足的末端，大小颜色与柠檬相似，只不过发出的是蓝光。

这次潜水，我照搬了洼的方法，并同时使用了鱿鱼诱饵和电子水母。就在初次照面的一个半小时后，我们在 1 338 英尺深处再次与它相逢，也可能是遇到了另一只高度相似的鱿鱼。这次我们得到了丰厚的回报，广鳍八腕鱿奋力试图抓住鱿鱼诱饵，力度大到让我们感到潜水器的颠簸。这是一种接触！此番考察最后的科学潜水有了一个振奋人心的戏剧性收尾。

离开潜水点的前一天，我们为迈克·迪格瑞举行了追悼会，与他相识的人们共同聚在船尾的夕阳之下。他本该在这里共享胜利的喜悦。大家分享着迈克过去的故事，谈论他为整个世界带来的积极力量，我本准备讲些什么，但轮到我时却一句话也说不出口。这个结果让我感到歉疚，好在不久之后我在题为《我们如何找到大王乌贼》的 TED 演讲中得以弥补，我将它献给了迈克。

视频点击量已超过 500 万次。

***

探索频道为纪录片取名《大王乌贼：怪兽真实存在》（*Giant Squid: The Monster Is Real*），计划在我们返回 6 个月后播出。我、洼和奥谢都强烈反对这个耸人听闻的题目，大王乌贼**当然**是真实存在的，科学家自 19 世纪中叶便开始研究死亡标本，但它绝非怪兽！

与历史上的许多恐怖现象一样，当我们正面视之，便发现传说中的庞然大物其实是一种相当害羞的巨型生物，躲在黑暗深处本能地避开勘探平台的光亮，或许与其躲避齿鲸周身的光场一般。它们对自己在人间的邪恶声誉一无所知。

洼下潜归来后回收潜水器时，我们发现了人类认知错误的又一个证据。诱饵尚在，大王乌贼持续进食 23 分钟之久，鱿鱼尸体却还剩下很大部分！套膜上留下的痕迹更像是优雅的小口啃咬，与通常描述的恐怖撕咬截然不同。

著名的大王乌贼猎人克莱德·罗珀受邀为我们拍摄的影像发表评论，他对我们的成绩大加赞扬，还帮助我们一同反对探索频道的纪录片标题。最后，双方各退一步，名字从《大王乌贼：怪兽真实存在》（*Giant Squid: The Monster Is Real*）改成了《深海巨兽：大王乌贼真实存在》（*Monster Squid: The*

Giant Is Real）。*

NHK 和探索频道设法对我们的成果完全保密，直到 2013 年纪录片播出。宣传工作提前陆续开展，公众显示出高涨的热情，全国各地为首映举办了许多大型鱿鱼派对与庆祝活动。人们为我发来各式各样的大王乌贼玩具、甜点、艺术品与文身，庆祝大王乌贼揭开神秘面纱。说真的，我被广大公众的浓厚兴趣惊呆了。

我觉得纪录片播出后这股热潮自会平息。但我想错了。2019 年，我带着美杜莎系统踏上一程不同寻常的旅行，这是由 NOAA 资助的墨西哥湾科考任务，我们称之为"午夜之旅"（into Midnight）。

***

我和宋克、塔米仍轮流担任深镜视觉生态学任务的首席科学家，这次轮到宋克。我们乘坐 135 英尺长的"苏尔之角号"科考船出海，既没有载人潜水器，也没有电视工作组，我们的勘探工具有 1 艘名为"环球探索号"的遥控潜水器、1 张中层水域"塔克"（Tucker）拖网，以及配有漂浮装置的美杜莎系统。† 我们组建了一个奇妙的团队，希望探索 3 300 英尺以下的开放水域环境——这是海洋中人类探索最少的区域。纳森·罗

---

* 不禁又让人想起古巴之行，探索频道神奇地改变了"禁止"（forbidden）一词的含义——由《古巴：禁行水域》（*Cuba: Forbidden Waters*）改为《古巴：禁忌深渊》（*Cuba: Forbidden Depths*）。

† 这是美杜莎日本之行后第一次在中层水域部署。

宾逊（Nathan Robinson）*为协助美杜莎完成作业，加入了我们的团队。

我们在 2019 年 6 月 17 日星期一将美杜莎系统投放水中，这是本次任务中的第 5 次，也是最浅的一次部署。之前 4 次均在 3 300 英尺以下，而此次的 2 500 英尺深度与在日本附近海域发现大王乌贼的深度（2 400 英尺）最为接近。周二晚些时候，我们将美杜莎回收。队友们从研究中抽空出来帮忙拖线，甚至开玩笑似的相互比赛，看谁能最快将线卷入箱中。晚餐后，纳森开始下载视频。

当天夜里与第二天早上，纳森和我交替从笔记本电脑上观看录像。大概看了 20 多个小时以后，纳森找到我，二话不说让我跟他走，看起来像是发现了什么。我随他走进实验室，越过肩膀看他点击播放视频。

起初，画面上只有水平漂浮的海雪，美杜莎显然在被水流裹挟着移动。突然间，屏幕的左侧出现了一只鱿鱼，向水平方向喷射推进，腕足摆在前方，紧跟电子水母而去。水中的波浪顺着缆绳传来，美杜莎与电子水母上下轻轻摆动，鱿鱼也跟着起起伏伏——它似乎在靠视觉追踪电子水母！

---

* 如果你看过"向塑料吸管说不"运动的宣传视频，那个将吸管从海龟鼻子里拔出来的人就是纳森·杰克·罗宾逊。此次任务开启时，纳森是巴哈马群岛伊柳塞拉角研究院（Cape Eleuthera Institute）主任。美杜莎系统闲置时期，我曾将其借给伊柳塞拉角研究院，用于深海鲨鱼研究，同时帮助培养新一代海洋考察人才——该研究院下属岛屿学校（Island School）的高中生们。该学校为青少年提供了真正参与科学研究的机会。

采取攻击时，它似乎有些随意，腕足弓起聚成一个矛头冲向电子水母，碰到的一瞬间又四散分开。一条腕足的吸盘吸附在电子水母边缘，其他腕足则轻抚着电子水母及旁边的诱饵袋，尝了几口发现不是很合胃口，于是离去。

看到这一幕，我和纳森疯狂地尖叫起来，科学工作者与船员们从各处闻声而来。我们将这段视频播放了一次又一次，试图估计出鱿鱼的尺寸及其他关键分类学特征。这可能是有史以来第二次在深海中拍到大王乌贼，如果美杜莎系统真的在我们家门口的海域——新奥尔良东南 100 英里处——成功拍到，那可太了不起了，也证实第一次的成功并非运气。但在正式宣布前，我们必须确认其身份，本计划将视频发给史密森学会鱿鱼专家迈克·韦基奥内（Mike Vecchione），但恰逢暴风雨，我们断网了。

而正当我们探讨着估算鱿鱼大小的最佳方法时，船被雷电击中，刺耳的爆破声乍响，我们纷纷跑到甲板上，发现船上的远程天线被炸成了碎片。雷击的威力非常恐怖，电子设备，尤其是计算机，极容易受到破坏，因此刚刚意识到被雷击中，我和纳森立即回到实验室检查他的笔记本电脑。确实有一台电脑被烧了，但纳森的笔记本却奇迹般地毫发无损，正当我们劫后庆幸时，船长却从舰桥走下，警告我们左舷外正在形成一个巨大的水龙卷。我们好像触怒了海神波塞冬，只因试图将他的利维坦展现在世人面前。

谢天谢地，水龙卷最终绕过了我们的船，海面开始恢复平静。我们一边持续检查网络连接，一边再次尝试估算鱿鱼的长度，用宋克的话说，这就好比测量一条向你弹射而来的橡皮筋。根据电子水母的尺寸，我们保守估计鱿鱼有 10 英尺长，后来经过更加仔细的测量计算，我认为应在此基础上再翻一倍。*

网络刚刚恢复，我们立即将视频发给迈克，焦急等待回复。在收到他的大拇指表情时，我们甚至已经打好了新闻稿。我、宋克和纳森通过"苏尔之角号"的卫星线路接受《纽约时报》采访，同时，我们将此次故事及视频发布在 NOAA"午夜之旅"网页上，立即受到广泛关注。世界各地的新闻机构都报道了这一事件，无数采访请求纷至沓来。

从我们看到的报道来看，本次事件的影响范围甚至超过了日本那次考察。没有纪录片作为载体，我们自然无法用酷炫的外景镜头，比如发现鱿鱼时的第一反应，充实这个故事，却能够近乎实时地分享这个发现，视频资料也不存在可用性限制。我们同样可借机向更广泛的民众自由宣传重要的海洋议题，而非重复那些与大王乌贼有关的厄运与海难传说。

在 NOAA 网站上，我和宋克指出此次发现鱿鱼的海域位于墨西哥湾油井边缘，这里每天生产近 200 万桶石油。事实上，我们与阿波马托克斯深海石油钻井平台距离极近，这是地球上最大、最深的钻井平台之一，我们每天晚上都能看到他们在日落时分燃烧甲烷。由于对化石燃料的长期依赖，人类的痕迹竟已扩展

---

* 不过没有举杯庆祝，毕竟尚有存疑之处。

至传说中北海巨妖的巢穴！

采访中，我多次强调人类对地球的实际探索非常有限。抹香鲸胃中发现了大量大王乌贼喙状嘴，美杜莎则轻易就能拍到它们，从这两点来看，大王乌贼应当并不罕见，只是非常害羞。此前，我们只有在它们死后漂浮到水面时才获知这一物种的存在。[*]我们对水下世界的探索如此有限，还常常用错了方法，究竟还有多少神奇的生物没有被发现呢？

又有多少恐惧仅仅源于不够了解？几个世纪以来，大王乌贼被丑化为骇人的北海巨妖。但经过仔细观察，我们发现它并不可怕，而是奇绝壮美的。漫长的历史中，人类往往将大自然视为要去对抗的怪兽，欲将其击溃征服。在《白鲸》中，巨大的白色抹香鲸象征着大自然，而亚哈船长将其视为邪恶统治的化身，拒不屈服。作为对比，作者梅尔维尔笔下另一位捕鲸船长虽曾因抹香鲸而失去了一条手臂（亚哈则失去了一条腿），却仍然认为这种生物并无恶意，劝告亚哈与白鲸保持距离。故事的最后，亚哈因其自负的痴迷走向毁灭。白鲸摧毁了一切，亚哈自己、他的船与几乎所有船员——只有一人侥幸逃脱。人口剧增，我们破坏地球的能力也增强了，我担心，如果坚持将自然界看作需被征服的怪物，只会落得与亚哈船长同样的下场。

---

[*] 这是因为它们的身体组织中含有铵，这只见于少数深水鱿鱼，所以你也不用担心我们在学会如何找到它们后会在菜单里看到"全有机、自由放养的北海巨妖"。

第十四章

同类相食

　　第一次遇到美洲大鱿鱼，是在 1 090 英尺深处的昏暗水域。它从左到右呈弧线形游动，腕足在前，硕大的三角鳍蜷缩在背部，几乎一动不动。高效的喷射推进系统使其能轻而易举地快速行进，它坠入深潜器红光范围外的黑暗之前，我只来得及匆匆一瞥，却也感受到它的强力与重量。

　　第二只鱿鱼出现在 1 475 英尺深处，从上方的黑暗中游进我们的视线——它的目标是潜水器前方长杆上的电子水母。这只美洲大鱿鱼的八根腕足握成一柄利器，又在最后一刻将腕足向后卷起，包裹住电子水母。它的身体庞大而有力，在垂直方向上几乎填满了视野。当它发现这只"猎物"其实是一台机器，立即拍打着巨大的鳍旋动漏斗形的身子，扭头撤了。"终于搭上话了！"我激动地大喊。

　　这招真的好用！我们的做法是利用电子水母吸引美洲大鱿鱼，作为 BBC 最新自然系列纪录片《蓝色星球 II》的素材，该纪录片计划于 2017 年年底播出。*这些鱿鱼深受电视节目的青睐，它们体形巨大、生猛好动，好似球星"大鲨鱼"奥尼尔大小的捕食者，拥有众多奇异的行为技能，包括惊人的视觉交流能力。它们的身体就像公告牌一样，可通过收缩"色素体"（chromatophore，微小色素囊），眨眼间在红、白两色间闪变。它们同时携有蓝色发光器官，能够带来截然不同的发光表演。

我们沿着智利海岸外的水域追踪鱿鱼，那里属于世界最大的无脊椎动物渔场，而美洲大鱿鱼是其中的王牌。这片水域盛产鱿鱼，每年能捕捞数十万吨，呈上世界各地的餐桌。你在餐厅点的欧芹大蒜鱿鱼很可能就来自这些 7 英尺长的食肉动物，它们通常一窝蜂群体性进食，以极强的攻击性闻名，甚至会相互厮杀乃至吃掉彼此。

为拍摄这种鱿鱼，我们再次使用了"阿卢西亚号"以及在日本考察时用过的两个潜水器：可载三人的"特里同"和可载两人的"深海漫游者"。这一次，"特里同"上的两名观察员是 BBC 制作人奥拉·多尔蒂（Orla Doherty）和摄影师休·米勒（Hugh Miller）。"特里同"前方共配备两台高分辨率摄像机，其中一台为超低照度。我和托比·米切尔（Toby Mitchell）乘坐的"深海漫游者"配有红、白光高强度外灯，用以照亮"特里同"摄像机的拍摄对象。这就要求我们协调工作，托比需要灵活操纵

---

* 《大西洋月刊》（2018 年 1 月 16 日发行）将其描述为"有史以来最伟大的自然纪录片系列"。（据说这带动了更多人申请海洋生物研究专业。）

"深海漫游者"，为奥拉和休希望拍摄的景象打背景光和侧光，制造最强对比度，并将反向散射控制到最小。

从船上的登记表来看，我在此次考察中的正式头衔为首席科学家，奥拉则干脆称我为"鱿鱼低语者"。我挺喜欢她给我的昵称，但"首席科学家"其实不太准确。我曾在多个潜水器科考任务中担任首席科学家，这一名衔带来的压力与疲惫我再熟悉不过了。一般来说，我要负责撰写资助提案，争取国外水域作业许可证，组建科学团队，协调团队旅行和住宿，管理科学团队、船只及潜水器工作人员之间的交流沟通，最后还要尽量让大家过得舒心。不过，这次考察中我不用操心这些。BBC与合作单位阿卢西亚工作室（Alucia Productions）将包揽上述工作，这意味着我可以专注于最有趣的事情：探索。

至于"鱿鱼低语者"的称号，我很乐意接受。从"黄蜂"与"深海漫游者"的失败到海中之眼和美杜莎的大获成功，再到日本考察结束时激动人心的瞬间，我为破解光的语言做出了多年努力。*此次考察中，我不仅有机会再次，或许是多次与之亲密接触，还有希望观察到一种此前从未见过的生物发光交流形式。

我将美洲大鱿鱼引至相机范围内的方案与日本之行的方案相同：将电子水母悬于潜水器前方，我们与相机则使用红光隐蔽地暗中观察。我没有带上美杜莎，所以只能通过潜水器观察并录制。

第一个潜水点离岸 13 英里，海底深度约为 3 000 英尺。我

---

* 当然我只会说一句话：开饭了！

们选择下午 4 点动身，目的是探测同一片水体日落前后的状态。我预测将在阳光消失的最佳位置碰到鱿鱼，根据我的想象，鱿鱼将从那里准备夜间的垂直向上迁移。

下潜后不久，我意识到需要修正对深度的预期。这片水域与我此前经历过的截然不同，最上方有一层 200 英尺厚的浮游生物，细密而厚实，将阳光完全吞噬。潜至 300 英尺时，日光已近乎消失，可过去在巴哈马群岛附近水域的几百次潜水中，2 000 英尺以下的光照水平都不至于如此暗淡。

此地渔业的惊人产量，自然离不开表层海域的丰富生物，与墨西哥湾暖流和黑潮一样，秘鲁寒流（旧称洪堡洋流）也是大洋环流的重要组成部分，沿南美洲西海岸向北流动。该洋流带动营养物质上升，是生命的构成要素，也为此处异常丰富的生命体量打下基础。

尽管对理论颇为熟悉，亲眼见到仍是惊喜万分。富含浮游植物的水体呈深蓝绿色，150 英尺深处如同一锅水母汤——胶状生命体熬成的高汤，它们以浮游植物为食，有时亦同类相食。但下潜愈深，原本丰富的生命也愈渐稀少，在 700 英尺深处仅凭肉眼已看不到任何生命迹象，海水也变成乳白色——这里是大洋最小含氧层（oxygen minimum zone，OMZ），表层极"阳"之处的"阴"。

任何生命最终都将走向死亡，当水表的浮游动植物寿命耗尽沉入海底时，微生物会将其分解，过程中消耗大量氧气。在以美洲大陆西海岸为主的某些地区，缺乏流动性的海水会形成明显的低氧层，大多数海洋大型生物都无法在此生存。于是这里仿佛一片大小、深度和范围时刻波动的水中沙漠。

第一只美洲大鱿鱼闯进视线时，我们早已深入阳光不可抵达的1 090英尺深处，刚刚脱离最小含氧层。继续向下，我们越过一群美洲大鱿鱼的常见猎物：灯笼鱼。灯笼鱼的名字来自遍布其身的发光器官，在盐度较高的深水处较为常见，全球各大洋几乎都能看到它们的身影，而在这片海域，灯笼鱼似乎集中在1 800英尺至2 100英尺深之间。从中穿行而过，我们又遇到了7只美洲大鱿鱼，最后两只在2 070英尺深附近，其中一只朝电子水母发动了攻击。此后动物数量逐渐减少，直到2 990英尺深的海底。

至此，我们共花费一个多小时，走了不到12个城市街区的路程，却越过镜子来到了另一个世界。在这里，一种与众不同的生命形式大量繁衍，那就是最初被遥控潜水器操控员们称为"无头鸡海怪"的梦海鼠远洋海参。在我看来，它们美极了，眯起眼睛望去，这种动物的身体确实有点像一只拔了毛又无头无翼的鸡，但游动时的巨大网状纱膜又为其带来芭蕾舞者般的优雅姿态。这层纱膜先是指向前方，而后像扇子般展开向后卷起，将水从纱膜与身体之间排出。

它们的颜色也绝不像鸡，白光照射下半透明的身子呈现出粉红的色调。更奇妙的是，一旦被外物触碰，海参的体表便会脱落些许黏稠的蓝色发光仙尘，这或许是一种抵御捕食者的手段，原理与银行防抢劫用爆炸染色包相近。任何试图捕食这些"鸡鱼"的蠢家伙都会沦为发光的靶子，暴露在天敌的视野之中。

此前我通常见到梦海鼠单独游动，顶多是两三条组成的一小群，但这里却有数百条，如同热气球的盛会。这些海参浮游在不同的高度，有些则聚集在海底，伸出蕾丝般的进食触须，将泥沙卷进口中。考虑到上层水域落下的大量碎屑，这些"海底吸尘器"的大量繁殖也就不奇怪了。

我本想留下来欣赏翩翩起舞的海参，控制中心却称天气正在好转，要求我们提前返回海面。临近日落，我们上升时灯笼鱼已经开始迁移。在这伸手不见五指的漆黑水域中，光亮显然不是其每日之旅的讯号，我好奇灯笼鱼体内是否存在提供迁移指示的生物钟。在我们下潜时，最早见到灯笼鱼是在1 800英尺的深处，而如今它们已上游至1 000英尺深处。也正是在1 000英尺至1 300英尺深之间的上限区域，即最小含氧层下方，我们再一次发现了美洲大鱿鱼。

它们正在专心狩猎，却是以一种与此前攻击电子水母时截然不同的方式。初始动作趋同——鱿鱼腕足紧扣瞄准鱼群，但随后张开八条腕足，两条弹性十足的触须飞射而出，抓住猎物，后者闪过一道光芒"尖叫"求救。同时，部分鱿鱼会制造一种频闪的视觉效果，整个身体在红、白之间变换，每秒2至4次。对于如此巨型的凶悍捕食者而言，光效是相当可怖的。值得思考的是，我们从未在单独行动的鱿鱼身上发现过类似举动。频闪发生时，周围一定不止一只美洲大鱿鱼——这是一种信息沟通的方式，如操控风钻一般微妙。但它们在说些什么呢？

这些同类相食的鱿鱼在大快朵颐时，必须保证信息传达的正确性：如果两只鱿鱼同时进攻一个猎物，失败者可能会决定袭击并吃掉胜利的一方。两只鱿鱼的搏斗中，体形差异是决定生死胜负的重要因素。全身闪光时它们试图传达：**我要攻击这条鱼，它是我的，离我们远点！**同时也是展示体形与力量的一种手段：**退下吧，兄弟！我比你个儿大。**

第一次下水就看到了 30 多只鱿鱼！这对我而言犹如极乐。但"特里同"潜水器上的奥拉和休却有些沮丧，虽说能够看得见鱿鱼，距离却又不足以拍摄到他们期望的镜头。不过，我们至少可以确定鱿鱼就在此处，但愿只要不断耐心尝试，就能得到满意的结果。

然而在随后几次潜水中，纵使鱿鱼屡次被电子水母吸引而来，我们却一直没能得到奥拉想要的镜头。这确实是设计上的缺陷。防盗警报是生物的最后一道防线，二级捕食者必须动作够快，在一级捕食者消灭猎物并离开以前赶到现场。因此美洲大鱿鱼需高速冲向电子水母，发现不可食用后再以同样的速度迅速地离开。

为了让鱿鱼多停留一阵，我们尝试在电子水母旁挂一个诱饵鱿鱼。效果立竿见影，一幕幕电影大片级的画面在眼前展开。一只 7 英尺的巨型美洲大鱿鱼直奔电子水母而来，抓住诱饵鱿鱼试图使其脱钩，整个身体在红、白之间来回转换。潜水器被鱿鱼的拉力震得摇摇晃晃，大家伙却没有轻易放弃，让我们赚足了镜头。我觉得这个效果已经非常理想，但奥拉又担心《蓝色星球》工作组认为这并非自然行为，不予使用。

另有一次潜水拍摄，我罕见地不在潜水器中，*他们居然成功

---

* 此处脚注有脏话，经审查予以删除。

记录到鱿鱼的同类相食——有史以来第一次！一只体形较大的鱿鱼将另一只小鱿鱼擒住，喷出一股墨色的烟雾试图掩盖战利品，这时游来一只更大的鱿鱼，短暂的拉锯战后将猎物抢走。整个场景留下了完整的特写镜头，精彩而简短迅猛。欲讲好这个故事，还需更多补充内容。

时间飞逝，我们很快只剩最后一次下潜机会，待完成清单却非常长。我的首要任务是拍摄生物发光，此前已设法说服奥拉，美洲大鱿鱼故事的重要意义之一便是探清生物发光对于视觉交流的作用。如果这片海域漆黑无光，那么此前看到的美洲大鱿鱼红、白颜色的快速转变就没有意义了。但是，美洲大鱿鱼的身体既然布满了发光器官包括套膜、头颅、触须、腕足和鳍（上下皆有），它们很可能运用生物发光复制了这种频闪，只是我们的红灯打得太亮没有看到。

之前某次潜水中，我不确定自己是否看到了鱿鱼的生物发光现象。当时我们关掉了"深海漫游者"的灯光，坐在黑暗中向下方的美洲大鱿鱼看去，它们在"特里同"潜水器的红光中接近隐形。我勉强看到这些鱿鱼在频闪，却不是通常的通体红、白转换，而更像是蓝色的生物发光。这种生物闪光非常暗淡，我也很清楚人的大脑可以根据期望填补细节，于是希望靠视频确认。但奥拉不愿在拍摄鱿鱼时关掉红灯，总担心会错过精彩镜头。她的首要任务就是保证在红光下拍到鱿鱼画面，而在可能出现生物发光的情况下贸然关灯似乎有些冒险。

不过，这一次我们是专程来拍鱿鱼的生物发光现象以及这片海域的发光浮游生物的，并计划使用"特里同"潜水器上安装的 SPLAT 网进行刺激。我相信，BBC 的低照度相机必将呈现出壮观的浮游生物景象。与此同时，我们也计划花些时间拍摄海底的"鸡鱼"海参及其生物发光，这也是肯定的。

我们计划于上午 10 点出发直奔海底，遇到鱿鱼才会暂时停下来拍摄。到达海底后，我们会花些时间跟拍海参，而后慢慢上浮，以 50 米（164 英尺）为深度间隔记录发光的浮游生物，途中期待能遇到聚集的鱿鱼。我们共有 8 个小时。

这一次依然是我和托比乘坐"深海漫游者"，奥拉和休乘坐艾伦·斯科特（Alan Scott）驾驶的"特里同"潜水器。我们花了一个多小时才潜至海底，尽管有意拉近两艘潜水器的距离，但抵达 3 000 英尺深的海底后，我们已彻底不见"特里同"的踪影。我们不免有些担心，托比试图通过水路通信联络艾伦，却没有收到回复。随后他希望从我们的声呐显示器上找到"特里同"潜水器，却依然没有收获。他又联络了地面联络处，看看任务控制中心是否能取得联系，结果也是不能。万幸的是，船上的团队能够通过超短基线定位系统（USBL）获得"特里同"的方位，回声测深仪上也能显示它与海底相差几百英尺，这就有些奇怪了。

至少我们现在有了寻找的方向。在向"特里同"驶去的过程中，托比不断尝试通信，终于得到艾伦的简短答复，说他的计算机控制系统出现了间歇性故障。我们顿时松了一口气，幸好他们没有生命危险，即使没有电脑控制也能卸下压载上浮，但同时我们也不禁陷入极度的失望情绪中，因为这次潜水可能就要中止了。

当我们相会时，艾伦似乎已经能够控制潜水器，将其停在海底。靠近后，我看到奥拉蜷起双腿坐在右舷的座位上，整体似是放松的，只是平日里欢快的笑容被一片阴郁笼罩。艾伦继续与计算机做斗争，我和托比则侦察四周。在海底巡游时，我不禁又开始思考那不可撼动的墨菲定律——不仅设备出了问题，海洋也给我们制造了一个大难题：这里一只梦海鼠都没有！海底不见"鸡鱼"，却密密麻麻铺满了大型底栖虾，各自在沉积物的浅凹中休憩。当我们像 UFO（不明飞行物）入侵一般在它们上方盘旋时，无数金色的眼睛直勾勾地盯着我们。

很显然，我们精心安排的拍摄计划是彻底完蛋了。艾伦目前能对某些功能进行手动控制，但远远达不到拍摄生物发光的程度。尽管可以操控推进器，但仍无法根据需要调节灯光。我们驾驶两艘潜水器在海底寻找了近 4 个小时，最终发现了一些梦海鼠，却远远不及此前那般壮观繁盛。

至此，8 小时的潜水时长只剩 3 个小时，我们开始驾驶潜水器向上浮动寻找鱿鱼，内心的期待值并不高，因为下潜过程中仅遇到了一只。但为了不落得彻底惨败，我们会停下来拍摄视野中缓慢移动的生物，比如水母，此举无须"特里同"潜水器进行太多复杂操作。

到达最小含氧层时已接近下午 6 点，"特里同"与"深海漫游者"的电量几乎都已耗尽，再过不久必须浮出水面。但就在我们等待后方的"特里同"潜水器跟上来时，一条美洲大鱿鱼突然冲进视野，袭向电子水母的底部。我看了看深度——692英尺，正是最小含氧层的中心。我们已经知道，美洲大鱿鱼能够暂止部分新陈代谢，从而在含氧量极低的水中生存。但此前也认为，它们会在最小含氧层中放弃积极捕食行为，进一步降低氧气需求。好吧……这个假设是立不住了，此情此景简直是"积极捕食"的教科书示例。

眼前的现象已让我感到不虚此行，但美洲大鱿鱼带来的惊喜不限于此。当我们继续上浮抵达灯笼鱼密集的水域，此时仍在最小含氧层，猝不及防地撞见了数以百计的美洲大鱿鱼，它们似乎正在积极猎杀鱼群。我从未见过如此规模的美洲大鱿鱼！虽然潜水器开着白光，鱿鱼们似乎没有受到干扰，反而利用我们的灯光搜寻猎物。现场气氛狂暴喧腾，令人眼花缭乱。"特里同"潜水器就在我们的右舷下方进行拍摄，所以我们只需原地不动，为他们提供照明。画面生动极了，无论将摄像机对准哪个方向，都能拍到在水中穿梭、痛击猎物的鱿鱼。

这些鱿鱼时而向后时而向前，通常拍打着巨大的鳍向后巡游，一旦发现目标就瞬间反向突击。我看着一只又一只鱿鱼向猎物展开猛攻，探出的触须有时用来调整轨迹，有时在最后一刻曲起，拦截一条东躲西藏的小鱼。它们时而失败，时而一击命中，猎物随即消失在鱿鱼的腕足中。若仅仅击中猎物身体的一部分，闪闪发光的鳞片便喷射而出。

美洲大鱿鱼并非战无不胜的猎手，但赢在坚持不懈，即使是在猎物数量不足的情况下。我们在原地停留了十几分钟，足以将一大群磷虾飞蛾扑火般吸引过来，最终磷虾过于密集，难以看清鱿鱼的行踪。突然间，一只鱿鱼径直向我们游来，舒展的腕足好似篮筐。而后腕足向嘴部蜷起，像舀了一捧爆米花，将磷虾塞进口中。我从未见过鱿鱼这般进食，当然除我以外，大概也没有人见过。更多鱿鱼前来赶赴这顿磷虾大餐。

我想记录下这一切，但"特里同"潜水器还在遥远的光场外围拍摄捕鱼动作。我手上有一台尼康，不过它那时已停止工作，我以为是没电了，手上换着电池，视线却一刻不曾离开潜水器前方的壮观景象。越来越多的鱿鱼俯冲而来，如同参加一场吃虾大赛。等到换好电池，相机依然无法工作，我才回过神来发现问题不在电池，而是存储卡空间已满。在我疯狂寻找备用存储卡时，托比掏出了他的苹果手机，成功拍摄了四次篮状摄食攻击，共计 30 秒。坐拥价值数万美元的摄影设备，我们却拿一部苹果手机拍下了自然考察的高光时刻！所幸我后来发现"特里同"潜水器周围也出现了同样的磷虾盛宴，那边也能记录下这种奇异的摄食行为。

拍摄鱿鱼约 15 分钟后，它们突然高速移动，从我们视野左侧猛地向右冲去，像是受到了极度惊吓。返回船上我们才了解到，鱿鱼逃窜时正值一架智利军用直升机对科考船发出警告，随后不久，一艘高速军舰以近 24 节的速度呼啸而过。* 我们推测惊

---

* 智利海军对我们的潜水考察表示怀疑，尽管我们已经获取了所有必要的许可，同时邀请了一位智利科学观察员上船。

动鱿鱼的正是这些巨响，其极端的逃窜反应自然是一种逃避捕食者的行为。

鱿鱼没有耳朵，却长着能够探测低于 500 赫兹低频的平衡囊（statocyst），天敌齿鲸本应是其竭力躲避的对象，它们每天可以吞食超过 2 000 磅的鱿鱼。不过在人类已知范围中，齿鲸发出的唯一声响是一种短促尖锐的超声波，作为生物声呐定位猎物并进行交流。这声响约为 17 000 赫兹，远远超过乌贼可以探测的范围。近期研究表明，鱿鱼对超声波脉冲毫无反应，也不会受到伤害。而相同分贝下，人类的鼓膜会破裂。

那么如果这些鱿鱼对齿鲸这类捕食者无动于衷，如此恐慌又是从何而来呢？其实，鱿鱼需要躲避的另一发声捕食者正是人类——我们同样是鱿鱼的贪婪猎食者。美洲大鱿鱼是否已经习得或进化出避开发动机噪声的能力？显然，这些动物的适应能力极强，不仅策略层出不穷，还会根据情况需要改变猎食偏好，从鱼到磷虾再到同族。它们可以忍受超低氧气浓度，某种程度上亦是气候变化的受益者。此前它们仅在北太平洋东部生存，如今似乎已拓展至加利福尼亚近海中部水域，就连阿拉斯加湾也出现了它们的身影。在这个高速变化的世界里，它们凭借超强适应力成为潜在的幸存者。因此，它们若已经开发出一种探测和避开机动捕鱼船的方法，我并不会感到惊讶。

回到甲板上，我兴奋得像是飘浮在空中。**这些鱿鱼是多么神秘莫测、妙不可言啊！** 我们有幸获得千载难逢的好机会，得以从内部观察它们，而正如往常一样，此次经历引出的问题比得到的答案还多。我急切地想要知道是什么惊动了这些鱿鱼。如果是声音，那么我很好奇科考辅助船发出的噪声是否关系着我们观察到鱿鱼的概率。我那天真的看到它们身上的生物闪光了吗？它们通体颜色变化究竟是为传达什么信息？还有，水中的生物发光潜能会对它们的行为产生何种影响？那一刻，我甚至觉得可以对着这片海域开心地研究一辈子。

＊＊＊

若想对这片海域增进理解，需先了解"地球号太空船"（Spaceship Earth）是如何运作的。巴克敏斯特·富勒（Buckminster Fuller）集多个头衔于一身，他是发明家、建筑师、系统理论家和未来学家，他创造了"地球号太空船"一词，强调何谓生活在一个资源有限的生态系统中。如果我们损坏了维系生命的机器而无法修复，关键时刻也不会有什么补给船来拯救我们。鉴于此，你可能会认为，理解世界如何运行的重要性早已不言而喻，但经验表明并非如此。我们人类往往只在拥有之物消失后才会认识到它的价值。世界各地渔业的崩溃只是众多案例中的一个。

其中我最熟悉的当属缅因湾的乔治斯浅滩渔场。乔治斯浅滩是位于科德角（Cape Cod，又名鳕鱼角）以东 70 英里的一片水下高地，面积超过马萨诸塞州。北方营养丰富的拉布拉多寒流与南方的墨西哥湾暖流在此交汇，曾将这里打造为草木繁盛的伊甸园。洋流汇集之处，大量浮游生物支撑着物种丰富的海洋生态系统，其中包括鲱鱼、鳕鱼、剑鱼、美洲黄盖鲽（yellowtail flounder）、扇贝和龙虾，以及魅力四射的大型动物群，如海豚、鼠海豚（porpoise）、海龟、鲸和各色海鸟。

北美印第安人无疑受益于这片海洋的馈赠，从西班牙北部渡海而来的巴斯克人亦如此，他们表示在哥伦布发现美洲前近半个世纪就已找到这片富饶的渔场。与世界各地的渔场历史一样，乔治斯浅滩也见证着从早年编年史家笔下"篮子一舀就能捕到鱼"的繁盛之景到过度开发的过程。而随着渔业资源减少，现代捕鱼技术又发展出一种补偿手段，靠飞机与声呐无情追踪鱼群，并通过大规模拖网作业将底层鱼类一网打尽，这严重毁坏了海洋底部生态。巨型加工渔船（factory ship）在 1 小时内拖网所得鳕鱼的数量，相当于 17 世纪渔船一整个捕捞季的捕捞量（约 100 吨）。政府机构尽管接到了渔业资源枯竭的警示，却还是向短期商业捕鱼利益屈服，最终导致乔治斯浅滩渔业的彻底崩溃。

大多数人应该都听过一则经典童话《下金蛋的鹅》：某天，一位农夫发现了一只每天下一颗金蛋的鹅，售卖金蛋让他越发富有，也越发贪婪，直到有一天他想一次性提取所有黄金，将鹅肚剖开，最终他不但一无所获，还永远失去了财富来源。而依乔治斯浅滩来看，这只鹅在 20 世纪 90 年代初已经暴毙，政府不得不在 1994 年推行捕鱼禁令。但一切都太晚了。

人类假设时间会让渔业资源逐渐复原，但这就等同于假设当你在生命之网中撕破了一个洞，无论丢了什么，都将原封不动地修补回来。但事实上，填补这一空缺生态位的往往与设想不符。

生态系统依靠反馈机制维持稳定，当其中一个或多个反馈控制被彻底改变，整个机制会愈加不稳定。也就是说，即便很小的变化也会引发巨大的影响，此即所谓的"引爆点"。

1989 年，我第一次乘约翰逊海洋林克潜水器在乔治斯浅滩以北的威尔金森海盆（Wilkinson Basin）潜水时，曾亲眼看见引爆点的后果。刚一下水，我们就发现这片水域以水母为主，漂游着大量包括球栉水母（*Euplokamis* sp.）、侧腕水母（*Pleurobrachia pileus*）和蛾水母（*Bolinopsis infundibulum*）在内的栉水母，和包括小水母（*Nanomia cara*）在内的管水母，生物发光现象颇为壮观。但此情此景也是阻碍渔业恢复的绊脚石：水母不仅会和鱼类争夺浮游生物，还会摄食鱼卵和幼体。

多种刺激因素共同导致了乔治斯浅滩的渔业崩溃。问题还不只是鱼类消失这么简单，棱皮龟、剑鱼等水母天敌的根除也反映出关键反馈机制的失灵。富含营养物质的地表径流和污水注入海洋，制造出更利于水母而非鱼类生存的低氧海域，而海洋因吸收了越来越多的二氧化碳而酸化，pH 酸碱度降低，这也对鱼类不利而对水母有益。另外，温度与洋流模式的变化也适合水母的繁殖，最终导致生存概率压倒性地向水母倾斜，捕鱼压力的减少已不足以使生态系统恢复平衡。如果人类早些了解上述复杂机制，或许能及时实施禁捕令，拯救这只"鹅"。

正因如此，我们必须投入时间和金钱探索并了解秘鲁与智利附近的这片海域——美洲大鱿鱼是全世界捕捞量最大的鱿鱼。截至当下，美洲大鱿鱼种群似乎依然强势，一方面是因为捕捞鱿鱼仍属新兴产业，其经济重要性曾被低估，*因此暂时逃过一劫；另一方面，鱿鱼捕捞仍是鱼钩手工作业，不仅可限制渔获量，也有助于控制副渔获物，后者是由选择性较差的渔具，如渔网，无差别捕获上来的，从业者会将其视为不需要的废弃物直接扔回海里。

历史上，政府只有在生态系统崩溃**后**才会拨出大笔资金用于相关研究（甚至很多时候，在这种情况下照旧一毛不拔），这样做是为了回应民众的呼声："把它修好！恢复原状！"但如果我们从未在其运转良好时进行研究，又怎么可能完成修复？我们甚至不曾充分地**探索**海洋，更不用说以制定"操作手册"为目标进行长期研究和观察。现在还妄想出一个**维修手册**？

与此同时，人们并不是简单地推动控制地球生命支持机制的复杂杠杆、齿轮和开关，而是**在上面跳来跳去**，那"深思熟虑"的程度仅次于蹦蹦床上的小孩子。一开始还挺好玩的，但事态很快出现灾难性转变。

面对地球上无法解决（至少是他们无法控制）的问题，已有部分人开始转变思路，转向探索太空。我们的探索欲是如此根深蒂固，只需获得微弱的理性支持就能拥抱太空探索。音乐奏响，火箭轰鸣，支持之声铺天盖地——"探索宇宙是我们的天命……我们需要激励下一代探索者……它将激发公众的想象力……我们需要研究其他星球，从而更好地了解地球……我们是探索者。"

---

* 这就是所谓的沿着食物网捕鱼，先是将最理想的鱼类捕走，而后是次理想的，一层一层下去，直到我们只能吃到炖水母。

这些的确是实话，但在环境问题危机四伏的当下，它们又真的是合理的吗？

趁现在还来得及，人类需将重点放在对地球的探索上。我们已明白海洋赋予地球生机，却又对它知之甚少，我们需要开启一个全新的探索时代，专注于我们最宝贵的财富——**生命**。

迄今为止，地球仍是我们所知唯一孕育生命的星球，而其背后的原理仍谜团重重。人类若想继续享受这份恩赐，似乎值得展开进一步考察。我拥抱探索精神——任何形式的探索，因为相信总有新知等待发掘。但预算有限，必须做出艰难的选择时，我选择将目光从头顶的星空移走，转向我们的海洋。生命与自身的存在是我选择的探索对象，这里有摇曳的海带丛，藏着顽皮的海獭和霓虹橙的高欢雀鲷（garibaldi fish）；海草草甸上有勤恳吃草的海牛、神秘的叶海龙（leafy sea dragon），以及列队游行的龙虾；珊瑚礁由颜色绮丽、精美交织的活体建筑结构组成，周围靛蓝色的雀鲷、柠檬黄的刺尾鱼（tang）和蛋白石彩虹色的鹦嘴鱼（parrotfish）宛如旋转的万花筒；半透明的蓝色水体中浮游生物蜂拥来去，浩瀚的银色鱼群在巨型蓝鲸身边转圈巡游，海豚旋转跳跃着，发出哨声和短促的鸣叫；阳光下漂浮的冰山为北极熊、海象和海雀提供休憩之地；当然还有那深海珊瑚园，闪烁着生物发光的壮美景色，巨型六鳃鲨与大王乌贼在黑暗的边缘漂流。这么说固然不乏偏见，但讲真的，贫瘠的火星表面又怎么比得上呢？

这些惊人的自然奇观，许多正从我们的视野里彻底消失，而我们却尚未探清其在宇宙中存在的复杂性。当我们将自然界的宝藏洗劫一空，以快速致富计划的名义宰杀一只又一只金鹅时，便亲手谋划出最终的庞氏骗局——事不关己高高挂起，把难题甩给子孙后代处理。大毁灭当前，那些提倡将时间与资源集中在无生命岩石上的说法显然是荒谬的。当我们的后代在崩溃的生态系统与不稳定的气候剧变中挣扎求存时，势必会质问道："你们当时到底怎么想的？"

大多数人都意识到探索欲根植于人类的 DNA 中，但我们有必要探明其背后的目的。对于原始人，某些方面的知识，如哪些蘑菇有毒，具有巨大价值。从过去到现在，知识一直是我们最宝贵的资源，正是它将我们与其他物种分隔开来。我们通过集体与积累吸收知识。

集体知识意味着只要部落中有一个值得信赖的成员拥有知识并愿意分享，便不需要每个人都学会分辨毒蘑菇；积累知识则意味着每一代人无须亲自试毒吸取教训，因为我们已经找到了积累知识并传递下去的方法，先是口头传授，而后是通过书面文字与当今的互联网。

很长时间以来，由于错误信息（比如地震是罪人引起的）与正确信息（比如不要吃毒蘑菇）一样易于传递，人类进步受到了一定的阻碍。但当科学方法逐步建立，提供出一种检验真理的手段，知识便会成倍累积，文明也随之繁荣发展。

分享信息的能力不断提升，使人类有别于地球上的任何其他物种，同时也促成一种全新的进化模式，速度远高于达尔文提出的自然选择，那就是人类文明进化，不受自然选择法则下的随机遗传变异所限。其新型进化的惊人力量源于这样一个事实：每代人所学的知识都可以直接传递至下一代。任何其他物种都无法做到这一点。

人类交流沟通的爆炸扩张远远超过任何其他地球动物的信号系统，但令人震惊的是，这个时代最重要的信息却没能得到传达：我们正在毁灭大自然，而这样做也威胁着自身的生存。

人类进化而来的威胁感知与应对能力与如今面临的险境并不匹配，生存本能正在失效。对于不可见的危险，我们很难相信其真实性，新型冠状病毒肺炎给我们上了痛苦的一课。许多研究显示，人们对大流行病与气候变化的反应指向如下结论：缺乏感受的知识亦缺乏充足的动力。

恐惧能够成为部分人行动的理由，但对许多其他人而言，危险的感受仍太过遥远。气候变化的灾难日益逼近，但毕竟不是立刻显现，抵押贷款与有线电视账单却近在眼前。我们的问题在于如何协调二者的关系，因为权衡后胜出的往往是那些紧迫而不太重要的需求。为改变这一局面，我认为必须转变观点，将注意力放在积极而非消极的方面，正如育儿指南中所说的那样，唠叨和哄骗孩子去做他们不想做的事，往往只会适得其反。正面的激励措施效果更佳。

儿童发展心理学家艾莉森·高普尼克（Alison Gopnik）指出，大自然让人类做对自身有益之事，也是要先"使其显得有趣"。她甚至挑衅地表示，正如性高潮为生育提供了积极促进作用，探索世界带来的惊喜也具有同样强大的效果。于是我们拥有了一个

值得传播的理念：探索比性爱更佳——没有包袱的高潮！

如果你曾防范过两岁小孩的"拆家"行为，就能明白她所说的探索本能是多么强大。用高普尼克的话说，强烈的好奇心和惊奇感受在孩子之中如此普遍，他们甚至会"为了弄清世界的因果结构而冒下生命危险"。* 根据我自己与许多同事的个人经验，这种情绪的强度并不会随着年龄增长而减弱。人人都应该用好这样的情绪。如今，我们比任何时候都更需要它。

我们冒险进入深海，因为这是人类的本能：探索。政府对海洋探索的拨款日益缩减，私人的资助却在上升，新的深潜技术也在发展之中。2012 年，电影导演及深海探险家詹姆斯·卡梅隆私人资助开发单人潜水器"深海挑战者"（Deepsea Challenger），并将其驶入海洋最深处：关岛附近 35 756 英尺深的马里亚纳海沟。2018 年，美国富商维克多·韦斯科沃（Victor Vescovo）发起"五大洋深处探险计划"（Five Deeps Expedition），乘坐一艘名为"极限因子号"的潜水器（委托生产"特里同"潜水器的公司打造）深入五大洋。而在 2020 年，亿万富翁慈善家瑞·达利欧推出 286 英尺长的研究船"海洋探索号"（*OceanXplorer*），配备 3 艘潜水器、2 架水下机器人、1 架直升机、干湿实验室、现场直播和视频制作设备，立志将人类与他口中"世界上最伟大的资产"联系起来。在描述即将揭示的奇观时，达利欧曾讲

---

* 详见 Courtney Stephens and Alison Gopnik, "Why Ask Why? An Interview with Alison Gopnik," *Cabinet Magazine*, Fall 2005, cabinetmagazine.org/issues/19/stephens.php。

到 2013 年他在太平洋深处潜水时的经历，我对他这样做深感欣慰。当时四下漆黑，摄像机灯光一闪，激起周围的阵阵生物发光。"宛如烟花，"他说，"一切都在回应着我，难以置信。"*

问题是：历史是否让我们认识到，仅以剥削为目的的探索是一种短视？我们需要更加明智地对待地球的最后疆域和我们的未来，也就是说，要彻底认识到最宝贵的资源不是石油或金属，而是生命。

人类有着改变自身视角的奇妙能力，既可以关注一个细胞内部的运作与亚原子粒子力学原理，又能够扩大视野，想象那无垠的宇宙。我们所拥有的超能力，正是根据需要调整焦点。此时此刻，我们在这个星球上的未来取决于聚焦促成生命的条件，这要求我们以新的眼光看待生命。

生物发光让曾经隐形而晦暗的生命熠熠生辉，跳进我们的视野，在这地球最大生存空间的无垠黑暗之中，一点点微小的闪光宣告着生命的非凡实验。鞭毛藻这直径不足 40 微米、肉眼无法识别的小生命，发起光来却能穿透数英尺的距离，这是多么了不起啊！然而，它却没有得到应有的赞誉。其实，海洋中的大多数动物都以其生物发光方式作为独特的标识，让我们通过前所未有的新途径观察生命。如果生命的意义在于了解自身，或许生命之光能够照亮前方的道路。

---

* 详见 William J. Broad, "A New Ship's Mission: Let the Deep Sea Be Seen," *New York Times*, September 17, 2020。

何以乐观

现在，要成为环保主义者，就**必须**保持乐观——总要相信自己能够改变些什么，不然图什么呢？

2005 年，我协助创办了非营利环保组织海洋研究和保护协会（Ocean Research & Conservation Association，ORCA），随着港湾海洋研究所的潜水器项目逐渐减少，我意识到需要关注那些与海洋健康有关的严峻议题。最近的两份重要研究报告 *引起了我的注意，它们的共识是，海洋正处于危险之中。面对危机，两份报告都强调需要更加先进的海洋监测技术。

现代医院中，人人都能体会到监测仪器的重要性。当你未确诊时到急诊看病，医生做的第一件事便是监测你的生命支持系统——心脏、血液和肺。他们据此找出问题所在，然后确定助你好转的治疗方法。这也正是我们需要为地球生命支持系统所做

---

* 2003 年皮尤海洋委员会的报告及 2004 年美国海洋政策委员会的报告。

之事。

我们还需要靠加强监测以提供预测。随着气候愈加难以捉摸，若能对海平面上升、风暴潮、洪涝、海啸和飓风进行更有效的预测，便能拯救无数生命；同时，精确定位疏散对象、部署沙袋也将大幅度节省财政支出。这就是所谓"环境情报"，在快速变化的世界中，它是每个国家能对未来经济和安全做出的最划算的投资之一。

启动ORCA时，我想要致力于开发技术解决方案，收集环境情报，并以改善后的高性价比环境监测为重点。系泊海中之眼与我们正在开发的高科技沿海水质检测器一样，都属于这个范畴（后者名为吉劳埃，传说"二战"时这位神秘的美国大兵到处留下"吉劳埃到此一游"的字样，我们希望检测器最终也能遍及各处）。根据我们的设想，吉劳埃应小巧便捷、太阳能供电，与停泊点相连，利用手机通信技术将各片水域的污染参数传送至互联网。通常情况下，如果你建造的东西只有同类系统的一半大小，成本又缩至2/3，理应非常抢手，但2008年的经济危机削弱了我们的势头。各州和联邦监测项目被关停后，指望出售吉劳埃资助环保科学的商业计划行不通了，我需要一个B计划。

打造吉劳埃的目的是追踪污染源，找到阻止污染的方法，所以我开始寻觅一些更便宜的方法。我开始思考进入本地水域的污染物是如何影响生命有机体的。

幸运的是，我生活在印第安河潟湖岸边，该潟湖位于佛罗里达州东部海岸边156英里长的河流入海口。这个河口的生物多样性曾被誉为全美之最，浅水潟湖与郁郁葱葱的人字形树林接壤，野生动物异常丰富。1989 年，我和大卫刚刚搬到这里时，每天早上都能看到玫瑰红琵鹭掠过屋顶，海牛爬到码头上用我们的水管喝水，水獭在码头的木桩上挠后背，日落时分，耳边回响着鲻鱼跳跃并拍打水面的声音。

河口是海洋的幼儿园，许多海洋居民来到这里产卵，因为红树林根部与海草草甸等栖息地有着丰富的食物资源与藏身之处。河口也为许多陆生野生动物提供养料，包括许多常年栖居于此或迁徙的鸟类。因此，河口是地球上生物多样性最丰富的栖息地之一，与珊瑚礁和雨林齐名。如果要在海洋生态系统中挑选一个重点保护对象，那一定就是它了。

我们刚刚搬来时令人陶醉的野生动物景观已经越来越少。随着水质下降，许多海草已经消失。我们观察到海豚生了菜花状的真菌病（瘢痕型芽生菌病），海龟则长着使其衰弱的巨大纤维乳头状瘤（fibropapilloma tumor）。

农业与草坪污染物、污水渗透以及化粪池系统正毒害着河口生态，我想要确定这些毒物来自何处。特定化学物质的测试可能非常昂贵，特别是当你不知道想要测试什么。所以，我开始寻找作为指标的生态系统，也就是"煤矿里的金丝雀"。这就是所谓的生物检定法，而我选择了老朋友——发光细菌。我开始研究市场上已有的一种生物检定法：基于无害生物发光细菌的发光细菌法。它们的光输出与呼吸链有关，任何损伤呼吸的毒物都会干扰光的输出。我想用发光细菌法测试河口底部采集的沉积物样本毒性，此前已有几位调查员尝试过，但事实证明不太可靠，基本都已放弃。为迎接这一挑战，我聘请了贝丝·福尔斯（Beth Falls），这是一位真正具有探险精神的科学工作者，她找到了有效的方法。

由于污染物在沉积物中的存在时间往往比在水中更久，这种生物发光检定法让我们找到了污染汇集地——河口处污染最集中的区域。ORCA 开始制作污染地图，借此与公众和政策制定者们分享我们的发现。它看上去很像一张天气图，只是红色代表有毒，蓝色代表无毒。尽管不能说明有毒物质的成分，但这些污染图确实能告诉我们采样与采取措施的重点应放在哪里，能大大节省时间和资金。我们现在将这种方法扩展开，对包括营养物质在内的一系列污染物进行沉积物采样，并使用地图衡量污染缓解项目的作用。我们为 ORCA 打造的口号是，"绘制污染地图，寻找解决方案"，可以说这正是我们的方法。

我们幸运地得到许多社会群体的支持，先是与当地高中生合作收集和分析数据，最近又与 ORCA 培训的公民科学家共事。号召当地公民参与能带来事半功倍的效果，极大扩充数据量，也有助于为我们宝贵的河口培养一批有知识的强大拥护者。正如博学多识的选民是民主的先决条件，具备科学知识的公民对维护地球健康也是至关重要的。

但在与这些公民，以及 ORCA 辛勤工作的团队成员交谈的过程中，我意识到生态焦虑究竟是多么严重。这种情绪普遍存在，却带来反面效果，会让人彻底放弃努力，闭目塞听。因此多年以来，我学着在讲座中宣传乐观精神，一开场就玩笑说："我不是天生的乐观主义者，是结婚后才变得乐观。"我会描述丈夫大卫为何是我见过的最乐观之人。我俩刚刚结婚时，我一直觉得他对现实把握不清，因为有时候他的乐观似乎有点罔顾逻辑，但又不是盲目乐观。他明白要做最坏的打算，却要期待最好的结果。

多年来，我屡次看到他循着马粪找小马，只因相信它一定存在。这让我逐渐改变了对大卫的看法。只有乐观主义者才能找到事情的解决方法，所以我一直说，要停止散播绝望，专注于为下一代探索者提供工具，帮助他们找到小马。

为了阐明这种乐观主义，我曾引用斯托克代尔悖论（Stockdale Paradox）。詹姆斯·柯林斯（James Collins）曾在商业图书《从优秀到卓越》中讲述他对詹姆斯·斯托克代尔将军的采访，后者在越战期间曾被关在"河内希尔顿"（Hanoi Hilton）战俘营。七年半的凄惨境遇与难以言表的痛苦折磨并未将他击溃，斯托克代尔不仅保持着士气，还激励着营地中的其他囚犯。当被问及应对策略时，斯托克代尔说道："我从未对故事的结局失去信心，我不仅从未怀疑自己能活着出去，还相信这段经历将成为我人生中的决定性事件——一段不愿失去的经历。"

而当被问到那些精神崩溃的囚犯时，他回答："哦，事情很简单，这些人太乐观了。他们总是说：'圣诞节前我们就能出去。'圣诞节来了又去，他们就说：'复活节一定能活着出去。'复活节来了又去，然后是感恩节，再来是下一个圣诞节。他们死于心碎，这个教训非常重要。你绝不能放弃终将胜利的信念，但也不能将其与当下现实中最残酷的事实混为一谈。"斯托克代尔有能力在看似无望的现实与终将胜利的坚定信念中取得平衡，因此这被称为斯托克代尔悖论，是一种让许多人摸不着头脑的乐观主义。

近几年，我发现了一种更容易传达乐观精神的方法：让观众们回想马特·达蒙在《火星救援》中扮演的马克·沃特尼（Mark Watney）。当然，我完全清楚其中的讽刺意味，但神奇的原著和出色的改编电影完全抓住了探险者的精神。尽管沃特尼的处境——被认定为死亡并遗弃在火星——似乎已没有希望，但他并没有欺哄自己，而是正视现实，不断处理问题，按照优先次序接受挑战。

在本书的最后，请让我将以下两个观点留给各位：

乐观主义是值得争取的，我们必须继续努力，永不放弃必胜的信念。

再有，用马克·沃特尼的话说，面对毁灭性的困难，我们只有一个选择："靠科学杀出重围。"

致谢

　　我曾在 1997 年写过一部名为《光之汤》(*Light Soup*)的文稿，希望向读者介绍生物发光现象。我的代理人向各家出版社推荐此书，都得到了相同的回复："你需要加入更多个人体悟。"而我作为一名科学工作者，此前接受的都是非第一人称写作训练，根本不知道如何下笔，只好把稿子塞回书架。

　　2011 年 12 月，代理人法利·蔡斯 (Farley Chase)通过《纽约时报》的一篇文章了解到我的科学研究，借此找到我，询问是否考虑写一本回忆录。我直截了当地拒绝了他。

　　过了一年半，大王乌贼系列纪录片播出后，他又一次找来，将我的见闻与值得书写的故事条分缕析地讲给我听。这一次我被说服了，于是把《光之汤》手稿寄给了他。在对我大加称赞的同时，他又一次提出了我已听过无数次的建议："你需要加入更多个人体悟。"我依然很抵触："不行，我做不到。"

　　但在之后的 40 多封邮件里，他的耐心鼓励与推荐书目让我深深感受到那份温和与坚定。2015 年年中，我同意做出尝试，两年间起草多版大纲与样本章节，终于在 2017 年年初达到了提交图书选题的标准。

换句话说，没有法利·蔡斯就没有这本书，他的功劳最大。

法利和兰登书屋（Random House）的优秀编辑安妮·查格诺（Annie Chagnot）在我写作的过程中耐心提供指导，不断告诫我："要去展现，而不是讲述！"安妮恰到好处地给予我批评与鼓励，我由衷感谢她，不但在我重新构思第一稿时帮了大忙，还在新冠肺炎疫情期间怀着孩子修改了第二稿，推进产房前最后一刻仍在编辑。万幸的是，她生下了一个健康的女孩。

我的模范丈夫大卫也阅读了每一版稿件，提供了许多有效反馈，并始终耐心地鼓励着我。为了帮我腾出写作时间，他一手包揽了所有家务，做好每一顿饭——这确实是大卫自告奋勇的，我多少有点犹豫，因为他的厨艺向来飘忽不定（这已经是很乐观的形容了）。而如今，他已成长为优秀的大厨。最近一次采访中，有人问我职业生涯中最明智的决定是什么，我毫不犹豫地回答："嫁给我的丈夫。"他是承托我双翼的风，是我鳍间的流水。

在写作过程中，朱莉·格劳（Julie Grau）为前几章提供了宝贵建议，助理编辑罗丝·福克斯（Rose Fox）在安妮·查格诺休产假期间出色地接手了相关工作，文字编辑威尔·帕尔默（Will Palmer）在修改措辞方面投入了诸多心血，塔米·弗兰克从科学角度给我反馈，理查德·道金斯则为前四章贡献了深刻见解。

我衷心感谢书友会的优秀女孩们，她们不仅帮我磨炼文笔，还对我毫无信心的早期草稿不吝激励，她们是罗宾·丹纳豪威尔（Robin Dannahower），P.J.邓普西（P. J. Dempsey），深切思念的简·费尔曼（Jan Fehrman），米歇尔·林内亚尔（Michelle Lineal），利·霍普（Leigh Hoppe），苏·范·戴克（Sue Van Dyke），和温迪·威廉姆斯（Wendy Williams）。

我还特别感谢海军少将托马斯·唐纳森五世（Thomas Q. Donaldson V）为我提供了德国 U 型潜艇指挥官莱因哈德·哈尔德根所说的那句话。

本书中讲述的大多数故事是多方合作的成果，这里无法将参与者的姓名一一罗列，我真心感激所有合作者、潜水员、船员、同事和朋友的有力支持。在此，请允许我多少列出一些被正文遗漏的重要参与者的姓名，希望能补上一句谢谢。他们是：梅尔·布里斯科（Mel Briscoe）、马丽·查普曼（Mary Chapman）、托尼·西马格里亚（Tony Cimaglia）、安德鲁·克拉克（Andrew Clark）、拉里·克拉克（Larry Clark）、戴夫·库克（Dave Cook）、杰瑞·科索（Jerry Corsaut）、吉姆·埃克曼（Jim Eckman）、沃伦·福尔斯（Warren Falls）、马乔里·芬德利（Marjorie Findlay）、赫伯·菲茨·吉本（Herb Fitz Gibbon）、杰弗里·弗里曼（Geoffrey Freeman）、史蒂夫·哈多克（Steve Haddock）、约翰·汉克（John Hanke）、彼得·赫林（Peter Herring）、佩奇·希勒-亚当斯（Page Hiller-Adams）、乔治·琼斯（George Jones）、帕特里克·莱希（Patrick Lahey）、贾宁·梅森（Janeen Mason）、埃德温·梅西（Edwin Massey）、吉恩·马西翁（Gene Massion）、哈里·梅瑟夫（Harry Meserve）、米尔布里·波尔克（Milbry Polk）、埃里克·里斯（Eric Reese）、文·瑞安（Vin Ryan）、马克·施洛普（Mark Schrope）、克里斯·蒂泽（Chris Tietze）、D. R. 威德（D. R. Widder）、查理·延奇（Charlie Yentsch）。